三维地籍建模技术

应　申　史云飞　贺　彪　赵志刚等　著

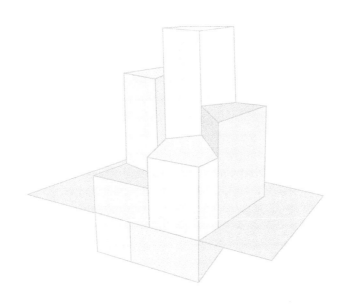

科学出版社

北京

内 容 简 介

本书是作者多年从事 3D GIS 和三维地籍的研究成果。全书系统论述地籍的概念与发展、三维地籍的需求和研究进展、三维地籍产权体的形式化与表达、相关数据模型、空间分析与计算、三维产权体构建、三维地籍系统构建，以及三维地籍可视化等内容。

本书既可以作为地理信息科学、地理科学、土地管理、城市规划等专业本科生教材，也可以供相关专业从业人员参考。

图书在版编目（CIP）数据

三维地籍建模技术/应申等著. —北京：科学出版社，2023.12
ISBN 978-7-03-076416-4

Ⅰ. ①三… Ⅱ. ①应… Ⅲ. ①三维定位–地籍测量–建立模型 Ⅳ. ①P228 ②P271

中国国家版本馆 CIP 数据核字（2023）第 181639 号

责任编辑：杨帅英 张力群 / 责任校对：郝甜甜
责任印制：徐晓晨 / 封面设计：图阅社

科 学 出 版 社 出版
北京东黄城根北街 16 号
邮政编码：100717
http://www.sciencep.com

北京九州迅驰传媒文化有限公司 印刷
科学出版社发行 各地新华书店经销
*

2023 年 12 月第 一 版 开本：787×1092 1/16
2023 年 12 月第一次印刷 印张：18 1/4
字数：430 000
定价：190.00 元
（如有印装质量问题，我社负责调换）

《三维地籍建模技术》
撰写委员会

主 任　应　申　史云飞　贺　彪　赵志刚

委　员（按姓氏笔画排序）

王　猛　李　霖　李威阳　李程鹏

杨　杰　张玲玲　陈乃镔　程青林

靳凤攒　虞昌彬

序

  联合国粮食及农业组织将土地视为人类最宝贵的财产。为了确保土地的可持续开发和利用，人类必须建立一个完善的土地管理系统。正如企业的成功运营需要建立在一个完善的财务系统之上，一个国家或地区良好的土地管理系统运转也需要建立在一个"大账本"之上。这个"大账本"就是地籍，它登记并管理着一个国家或地区的不动产"家底"，其地位、作用和重要性不言而喻。

  从维度上讲，目前国际通用的地籍模式是二维地籍，其秉持二维思维，以宗地的平面界址点形成的闭合多边形作为地籍管理的基本单元，其逻辑基础是垂直方向上土地权利的同质性以及权利主体的唯一性。近 300 年来，二维地籍对世界城市化进程起到了十分重要的支撑作用。然而，由于不动产占据的空间具有原生的三维属性，以二维方式表达立体产权存在先天的逻辑缺陷。

  近几十年来，城市化进程快速推进，土地资源大量消耗，人地矛盾日益加剧，促使立体化利用成为当前城市土地开发的重要模式。立体化利用不仅导致了土地分层开发和产权分层设立，同时也引起了垂直方向上土地权利的分异以及权力主体的多元化。基于二维宗地的地籍难以描述三维空间分层叠加的不动产权属信息，无法支撑立体化的土地权属管理，给社会带来巨大的财产安全和权属纠纷隐患。因此，秉持三维思维，探索三维地籍，是我国也是世界城市化进程中的一个重大任务。

  以该书作者为重要成员的三维地籍研究团队从 2006 年开始以深圳市的土地管理案例为基础启动三维地籍研究。经过多年的努力，他们在三维地籍理论、技术、应用等方面均取得进展。2012 年，国际测量师联合会（FIG）在深圳顺利召开了第三次三维地籍国际研讨会，他们开发的应用系统在会议上进行现场演示，并得到肯定。

  为将最新的研究成果呈现给读者，该团队出版了《三维地籍建模技术》。该书重点讨论了现有地籍模式的局限性、三维地籍需求与研究进展、地籍数据模型、产权体的形式化表达、产权体的空间计算与分析方法、基于 CityGML 的三维产权体构建和检验、三维地籍可视化等内容。该书多个章节的内容是该团队部分成员 2014 年出版的《三维地籍》对应章节内容的补充与深化。

  《三维地籍建模技术》综合考虑了三维地籍的国内外研究现状和现代信息技术，描述了如何利用现代信息技术来建设有效的土地管理基础设施。通过该书，我希望更多的读者能够认识三维地籍，了解三维地籍，从而更好地推动三维地籍的研究与应用。

郭仁忠

中国工程院院士

2023 年 5 月

前　言

地籍被认为是土地管理系统的核心。地籍图能够完整和全面地表达地块的空间信息，并登记土地相关的权利、限制和责任（rights，restrictions and responsibilities，RRR）。直到今天，世界上大多数国家都在使用以二维宗地为登记单元的地籍管理模式。工业革命以后，城市集聚了大量的人口和产业。为了节约集约用地，城市土地由平面转为立体利用。土地的利用不仅构筑了城市的物理人居环境，也"织造"出了复杂的虚拟三维财产场景。为了保护财产权，人们期望像管理二维宗地一样来管理三维财产权。由于传统地籍通过向地表投影的方式来呈现不动产，其无法容纳垂直空间中复杂、叠置的分层产权。因此，我们面临这样一个困境，即现代建筑技术足以支持土地的立体化利用，但现有地籍技术却无法有效地管理分层产权，现代土地管理系统需要提升第三维度管理的能力。

另外，世界人口的剧增和城市化进程加速了自然资源的消耗。为此，各国以公共利益的名义出台公法以限制自然资源的过度利用。尤其是二战以后，很多公法被制定。然而，传统地籍仅考虑了辖区内私法权利对象，很少涉及公法、习惯法定义的权利对象，这阻碍了善政的公平性和包容性。一些政府试图通过宗地来管理这些权利、限制和责任。然而，由于权利、限制和责任的多样性，有些权利、限制和责任根本无法用宗地边界来界定，因此，现有基于宗地的地籍架构无法容纳或支持越来越多的复杂权利、限制和责任管理。在未来，由于生物、碳、水等新的利益具有不同的技术特征，我们需要改进基于宗地的土地组织方式，在三维框架内重建地籍管理模型，研究和建立三维地籍，以响应用户对不同权利、限制和责任的需求。

三维地籍概念出现在 2000 年，最初的三维地籍国际研讨会于 2001 年在荷兰代尔夫特举办。随后，分别于 2011 年（第二届）在荷兰代尔夫特，2012 年（第三届）在中国深圳，2014 年在阿拉伯联合酋长国迪拜（第四届），2016 年在希腊雅典（第五届），2018 年（第六届）在荷兰代尔夫特，2021 年（第七届）在美国纽约召开研讨会。经过 20 年的研究与探索，学界已经积累了大量三维地籍的理论和实践。

三维地籍课题组从 2006 年开始以深圳市的土地管理案例为基础启动三维地籍研究。经过多年的努力，取得了一些研究成果。在理论上，拓展地籍"宗地"的内涵，提出三维产权体的概念和兼容二/三维地籍的统一数据模型，实现了三维土地权利的有效表达和管理，为二/三维地籍集成管理提供了理论基础和实施逻辑机制，同时为不动产统一登记提供了理论基础和技术框架。在技术上，提出三维地籍产权体拓扑关系自动构建和检验算法，三维产权体分析计算和可视化方法，支撑了土地开发、建设和交易过程中业务环节对产权对象的分析处理。在应用上，研制了相关技术标准，研发了三维地籍管理信息系统，提出并实际验证了二维地籍向三维地籍升级的工程路径。

本书是已出版的《三维地籍》的扩展与深化。全书共八章，按照地籍的发展、三维地籍的需求、三维地籍产权体的形式化与表达、数据模型、空间计算与分析、三维产权体构建和三维地籍系统设计与实现、三维地籍可视化的先后顺序来构建全书框架。第 1 章"地籍及其演化"由史云飞、王猛、贺彪、赵志刚、李霖撰写，应申统稿；第 2 章"三维地籍概念与需求分析"由史云飞、应申、王猛、赵志刚撰写，应申统稿；第 3 章"产权体的形式化与表达"由史云飞、李霖、应申、贺彪撰写，史云飞统稿；第 4 章"地籍数据模型"由史云飞、王猛、贺彪、应申撰写，史云飞统稿；第 5 章"三维产权体的空间计算与分析"由应申、虞昌彬、程青林、赵志刚、王猛撰写，应申统稿；第 6 章"基于 CityGML 的三维产权体构建和检验"由靳凤攒、应申、贺彪、王猛撰写，应申统稿；第 7 章"基于 Cesium 的三维地籍系统设计与实现"由应申、杨杰、赵志刚撰写，应申统稿；第 8 章"三维地籍可视化"由应申、陈乃镔、贺彪撰写，应申统稿。

本书由作者整理加工，还得到众多学者的支持。深圳大学郭仁忠教授是中国三维地籍的发起人和践行者，武汉大学李霖教授是三维地籍研究组最重要的成员之一，他们的部分研究生几乎全程参与了我们的研究，他们贡献良多，提出很多建设性建议，对本书的撰写也给予了具体的指导和帮助。本书的出版得到国家自然科学基金面上项目（42071366）支持，也得到科学出版社的大力支持，在此一并致以诚挚的感谢。由于作者知识和能力的局限，本书一定存在不妥之处，我们衷心地欢迎与期待使用本书的同行提出批评与建议。

作　者

2022 年 10 月

目　　录

第 1 章　地籍及其演化

1.1　地籍的概念

　　地籍是国家上层建筑的工具，早在战国时期，《孟子·滕文公上》中提出了"夫仁政，必自经界始。经界不正，井地不钧，谷禄不平，是故暴君汙吏必慢其经界。经界既正，分田制禄可坐而定也"的思想，强调要治理好国家，必定要从田地的分界开始。而《管子·问》则强调"理国之道，地德为首"。可见地籍对于一个国家而言具有举足轻重的地位，备受上至天子、下至百姓的重视。1816 年拿破仑提出了"地籍仅就其本身就可作为帝国的上层建筑"论断，强调了地籍的重要性。从地籍管理的内容及其作用来看，地籍又是包罗百科的科学，是社会经济制度的载体，是土地产权的凭据，更是富国、强民、安天下的基础。

　　放眼世界，因法律框架、社会制度、土地管理模式和登记方式等不同，各个国家地籍概念的内涵与外延也不尽相同。维基百科（Wikipedia）给出的地籍定义为：地籍是一个国家不动产的综合登记，通常包括宗地的所有权、使用期限、位置、面积、价值和耕种情况等详细信息。而国内学者（杜海平，1999）则认为："地籍是国家监管的，以土地权属为核心，以地块为基础的土地及其附着物的权属、位置、数量、质量和利用现状等土地基本信息的集合"。

　　随着计算机技术尤其是地理信息系统技术的发展，以纸介质为载体的传统的地籍簿和地籍图被数字化的地籍数据库和信息系统所取代，产生了以地籍管理为主要任务的土地信息系统技术，我们称以地籍册和地籍图为基础的地籍为传统地籍，而以土地信息系统技术为基础的地籍为数字地籍。因数字技术在地籍中的发展应用，地籍的定义也在发展变化，国际测量师联合会（Fédération Internationale des Géométres，FIG）1995 年给出的关于地籍的定义为：地籍是以宗地为基础，记载诸如权力、限制和责任等现势性内容的土地信息系统［A cadastre is a parcel based and up-to-date land information system containing a record of interests in land（e.g. rights，restrictions and responsibilities）］。

　　比较以上三个定义可知，地籍定义所包含的内容有所不同，有的包括附着物，有的则不包括。所以 Williamson（1985）认为，要给出一个严格准确并且通用的地籍定义是十分困难，甚至是不可能的。不同国家或地区因使用不同的理论体系导致地籍的概念难以形成统一的描述。

1.2　地籍的构成

　　在一般层面上，地籍是一个国家或地区分割土地的记录。早期的社会将土地视为共享的资源，没有地籍的需求。随着社会的发展，个人可以获得土地，就出现了对地籍的需求。传统地籍主要由两部分组成，即确定地块所在位置的地图（地籍图）和标识谁拥有地块的登记册或列表（地籍簿），如图 1-1 所示。由于一系列政治和实际原因，这两个组成部分是分开发展的。

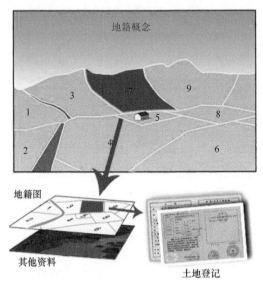

图 1-1　地籍的概念（FIG，1995）

1.2.1　登记部分

人类早期文明就出现了登记，即将交易发生的内容通过文字或列表的形式记录下来。与食物、工具、衣服等可移动物体相比，不可移动的物体（如土地）难以转移（交易），导致土地类的不动产不容易被"占有"。而占有权即意味着所有权。人们为了占有或转移不动产，就需要采用不同的方法。为此，人类制定了多种制度，每种制度都包括财产的授权和证明交易的方法（Larsson，1991）。最早的不动产交易使用了口头协议并辅以象征性行为和目击证人完成，即不动产交易通过口头协议，在证人的见证下，通过某种象征性行为完成。图 1-2 是早期荷兰土地交易的示例，卖方通过在土地上将树枝或树叶"扔"给购买者的象征性行为完成土地权利转让。

1. 私人转让

文字出现使得纸被用来"见证"不动产的转移。这些见证转移的文件被称为契约。传统上，这些契约留在"新"所有者手中，并一次又一次地移交给下一个"新"所有者。经过几次转让后，一堆契约被移交给下一个"新"所有者。在转让过程中，这些契约通常需要法律人员核查，这种转让制度被称为"私人转让"（Zevenbergen，2002）。"私人转让"制度运行的基础是卖方通过拥有以前转让的契约来证明其权利。例如，某块土地最早由政府赏赐给甲，甲转让给乙，乙转让给丙；当丁从丙购买土地时，丙需要向丁展

图 1-2　转让土地的象征性行为（Bennett et al.，2008）

示"契约链"。这种制度存在三方面风险。一是契约被盗窃或销毁，无法证明土地所有者对土地的所有权，不能再有序地转让土地。二是契约伪造，伪造者可以将土地出售给无辜的第三方，第三方将拥有土地所有权；而原所有者也同样拥有该土地的权利，毕竟其仅丢失了契约，而不是土地所有权。三是"一地多买"，所有者自己伪造和复制契约，将同一块土地卖给多个不同的买方（Zevenbergen，2002）。

2. 契约登记（deed registration）

由于"私人转让"制度存在契约丢失、销毁、伪造等风险，许多国家或地区通过设立专门的登记机构来登记和保存契约文件，这形成了契约登记。契约登记制度在法国产生，故又名为法国登记制、登记公示主义、登记对抗主义等（罗乐，2015）。契约本质上是一纸文书，用以记录权利人之间土地移转合同的约定，通过订立契约完成土地权利的转移。根据这种登记制度，土地物权的取得、丧失及变更经权利人订立契约即生效，由国家设立的登记机关将契约所载内容登记到土地登记簿上，以便利害关系人了解土地权利状况。契约登记制实质上是对有关土地交易的状况做出记载，它所反映的是土地交易的动态过程。

契约登记弥补了私人转让的一些缺陷。早期，契约被"转录"到公共登记册中，契约的内容和注册日期被真实地保存，欺诈行为更加难以实施。如今，契约登记需要向登记处提交一份契约副本，该副本需注明日期并盖章或密封以具有相同的效果。买方可以去登记处查看登记的契约副本，防止受骗，为业主提供一定程度的安全保障（Zevenbergen，2002）。由于契约登记记录的不是所有权，而只是所有权的"证据"，即转让或处理各种利益的文书，因此，潜在购买者必须通过检查这些文书以及财产来决定卖方是否是真正的所有者并有权出售土地，必须将债权的历史或所有权链追溯到其原始根源，并且必须研究与该财产有关的所有已登记的文书。

3. 产权登记（title registration）

产权登记不是描述权利转让的契约，而是交易的法律后果——权利本身。产权登记的内容是土地上的权利和法律关系，其通过登记宗地来创建权利（Stoter，2004）。在产权登记制度中，当发生的法律事实是旨在改变宗地的所有人时，登记的不再是该事实的书面证据（契约），而是向登记处提交一份契约或表格，说明谁正在放弃权利以及谁正在获得权利。登记人员经过核查后，将更改宗地的权利人姓名。一旦宗地的权利人姓名被更改，根据法律，更改后的权利人即为宗地的权利持有人。

大多数产权登记遵从托伦斯三项基本原则。镜像原则（mirror principle）：登记和产权证书被认为精确完整再现权利的状态。门帘原则（curtain principle）：登记具有绝对的效力即公信力，即使在此前还有其他的导致权利瑕疵的原因，但只要现在的产权证书登记上没有记载，那么，过去的一切导致权利瑕疵的情形都视为不存在。从而隔断了权利证书之外的非可知因素对受让人权利的影响，极大地保护了交易安全。保险原则（insurance principle）：如果由于登记不正确，给权利人造成了损害，通过保险基金对损失加以补偿（李凤章，2005）。在产权登记制度中，登记册应反映正确的法律情况，体现了"镜像原则"；除登记册外，无须进一步（历史性）调查，体现了"门帘原则"。对于善意的第三方来说，无论登记什么，都保证是真实的，没有出现在登记册上的善意占有人将获得赔偿，体现了"保险原则"。

产权登记制度有多种。特别是在"保险或担保原则"方面，存在许多变体。此外，在描述和识别宗地的方式上也存在很大差异。劳伦斯总结了产权登记的五个特点（Lawrance，1980）：

（1）它由两个独立但相关的记录组成：一是对所有土地的明确定义（通常是一系列地图，有时是单独的平面图），二是提供所有相关信息的描述性记录；

（2）所有权取决于登记行为，而不是文件或司法命令；交易是通过在土地登记册上登记实现的，而非其他途径；

（3）土地登记册由每个地块的对开页组成，包括财产、所有权和费用三个部分；

（4）登记可以有选择地应用于特定地区，但汇编是义务；

（5）减少了重复调查所有权的麻烦和费用；任何人在登记处向拥有人购买土地，即可获得不可分割的所有权，不管卖方的所有权有任何缺陷。

劳伦斯认为产权登记的发明"虽然很简单，但意义深远，因为本质上它仅仅涉及登记单位的改变。"在契约登记制度中，登记的是契约本身；在产权登记制度中，登记的则是土地地块本身，因此"将主要注意力从对地球表面的一小块土地临时拥有或主张权利的流动的、致命的、容易弄错的人转移到不可移动的、持久的、精确定义的受影响的土地单位，并采用这些单位作为记录的基础"（Lawrance，1980）。

契据登记和产权登记制度均有其支持者。随着发展中国家开展土地管理项目并采用新的登记制度，20世纪七八十年代的辩论尤为激烈。Zevenbergen（2006）对主要问题进行了讨论，强调虽然产权登记是最好的方法，但许多国家仍然缺乏维护系统的能力，而更简单的方法更合适。现实情况是，这两个制度都在使用。实际上，大多数国家采用两种系统的组合（Mclaughlin and Williamson，1985）。

总的来说，契约登记和所有权登记制度都未能解决新的土地利益，大多数新的利益都是在这些制度之外进行管理（van der Molen，2005，2003）。它们往往有自己特定的登记系统。在许多情况下，替代制度既不遵守所有权原则，也不遵守契约登记原则

（Bennett et al.，2008）。没有使用契约和所有权系统的原因有很多，例如，在数据库出现之前，不可能整合大量的信息；登记系统记录了私人利益而非公有制利益（Ruoff，1952；Dowson and Sheppard，1952）。

1.2.2　地图部分

地籍图是地籍测绘的图件。地籍测绘具有悠久的历史。公元前 3000 年左右，埃及人就开始使用测量土地的工具。公元前 2300 年，美索不达米亚人在黏土片上绘制了土地和建筑物的平面图。农业社会之前，人们只需要居住区附近的地形图。例如，澳大利亚原始居民采用绘画方式描绘景观和洪水（Sutton，1998）。当个体获得所有权后，个体产生了对地块位置、形状、大小等方面的需求，就出现了地籍图。公元前 305～前 30 年，托勒密时期出现了土地财产地图，如图 1-3 所示。到了 16 世纪、17 世纪，地籍图开始大量地出现。埃及人使用地图进行土地征税，地籍图成为他们税收的重要工具。希腊人系统地对城乡土地进行了划分。随着罗马帝国的衰落，地籍图也被雪藏，取而代之的是用文字描述地籍（Bennett et al.，2008；Bennett，2007）。

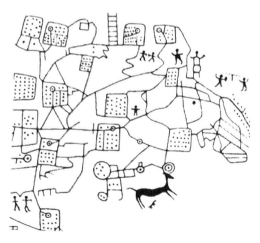

图 1-3　公元前 300 年的地图（Larsson，1991）

文艺复兴初期，地图又重新回到人们视野。与罗马人保存的地图不同，新的地籍图是以私人名义创建和保存，它们主要用来解决土地财产的争议问题（Kain and Baigent，1992）。随着封建社会被资本主义替代，地籍图成为土地流转的工具（Ting，2002）。在16 世纪和 17 世纪，公共部门和州政府增加了地籍测绘业务。在 16 世纪的荷兰，地图被用于制造和管理圩田，并用于解决什一税和边界的争议（Kain and Baigent，1992），而其他地区也紧随其后。发展地籍的最显著原因是税制改革（Kain and Baigent，1992）。17 世纪早期，瑞典就开展以税收为目的绘制地图（Larsson，1991）。在欧洲大陆，类似的尝试是通过地图来提高税收质量（Steudler，2004）。在十八世纪早期，奥匈帝国引入了 Theresian 地籍来提高土地税收，尽管仅在一个省进行了绘图（Steudler，2004；Kain and Baigent，1992；Bennett，2007）。

中国的地籍历史源远流长，远可追溯至两千多年前的夏朝。《周礼·地官司徒·大司徒》记载："掌建邦之土地之图与其人民之数，以佐王安抚邦国，以天下土地之图，周知九州之地域广轮之数，辨其山、林、川、泽、丘、陵、坟、衍、原、隰之名物"。自唐代始，就开始有立契、申牒或过割制度（黄常青，2009）。宋以来，田土的登记更有鱼鳞图册的设立，这种鱼鳞图册更接近西方近代的地籍图册，因此，中国的研究往往将地籍制度追溯到宋元时产生的鱼鳞图册（牟振宇，2021）。鱼鳞图册是南宋以来官府为了征收赋税、清丈田亩后制作的一种土地登记簿。鱼鳞图分为总图和分图。总图是以字号为单位，标绘某一鱼鳞字号内所属各号田土位置，状似鱼鳞；而分图则按字号排列，详细记载每号田土所属各项内容，如字号、都保、业主姓名、土名、田土类型、四至、面积等内容（栾成显，2004）。在明朝洪武年间，"地籍"完全从户籍中独立出来，标志着"地籍"制度的最终确立（黄常青，2009）。

在当代，地籍图是反映地籍要素的专门地图，是一种详细划分土地权属（所有权或使用权）界限的大比例尺地图，用于说明或证明权属土地的位置和面积等。现代地籍图对土地表层自然空间中地籍所关心的各类要素的地理位置进行描述，并用有序的标识符进行标识，通过标识符使地籍图与地籍数据和表册建立有序的对应关系。地籍图首先反映行政界线、地籍街坊界线、界址点、界址线、地类、地籍号、面积、坐落、土地使用者或所有者及土地等级等地籍要素；其次反映与地籍密切关系的地物及文字注记。现代地籍图具有文字描述无法比拟的精度和信度，在探究土地产权与土地利用，揭示土地空间形态特征与规律等方面具有重要的价值。

1.3 地籍的演化

在十九世纪，欧洲大陆的大多数国家建立了不同质量和范围的系统性地籍（Kain and Baigent，1992）。19世纪早期，法国在欧洲的统治地位使得拿破仑的地籍能够影响欧洲的地籍设计（Larsson，1991）。殖民地和帝国主义将地籍测绘传播到亚洲、非洲、美洲和太平洋的新殖民地定居点。而当地的条件又促使地籍概念发生演变并在当地社会发挥重要的作用。Williamson 等（2007）归纳了三种主要类型的地籍，即财政地籍、司法地籍和多用途地籍。

1.3.1 税 收 地 籍

地籍的发展与社会发展水平及其土地管理水平相适应。从农业革命到封建社会，土地是财富的主要来源和象征，地籍的主要作用是记录土地权属，为税收服务，称为税收地籍。税收地籍又称财政地籍，主要用来征收赋税（Williamson，2007）。十六、十七世纪的许多欧洲地籍系统都是为该目的而创建的。拿破仑对地籍进行了推广和标准化，使得法国地籍成为欧洲国家的典范。法国地籍包括文字描述的地籍簿和绘制了宗地位置和边界的地图两个主要部分（Steudler，2004）。地籍使用大比例尺地形图来记录宗地，并记录地块相关的编号、面积、用途和价值，地图利用相对统一的地籍调查系统建立，每块宗地的唯一编号在地图和文字描述之间建立了联系（Larsson，1991）。

税收地籍的主要内容是纳税人的姓名、地址和纳税人的土地面积以及土地等级等。建立税收地籍所需要的工作主要是测量地块面积和按土壤质量、土地的产出及收益等因素来评定土地等级。从数据组织看，税收地籍的重要特点是以权利人即纳税人为主体而不是以宗地为主体，因为税收地籍关心的是谁纳税而不是哪块宗地纳税。税收地籍通常由管辖区的税务机关编制和管理，具有不同的准确性（Williamson et al.，2007）。法国、西班牙、希腊、葡萄牙、拉丁美洲和南美洲的西班牙语或葡萄牙语国家都使用这种模式的地籍。由于税收地籍的管理通常不属于测量师的专业范畴，因此该系统的设计缺乏良好的空间部分（Williamson et al.，2007；Bennett，2007）。

1.3.2 产权地籍

工业革命打破了土地对人的限制，导致土地市场的产生，地籍成为土地交易和产权保护的工具，称为产权地籍。产权地籍亦称法律地籍，除了税收用途外，主要用于产权保护，是国家为维护土地所有制度、保护土地所有者、使用者的合法权益而建立的地籍。因为产权地籍最重要的任务是产权保护，所以产权地籍必须精确并准确反映宗地的面积、界线和界址点，很多情况下在地籍图上直接标注界址点坐标。与税收地籍不同，产权地籍主要关注土地权属关系，即谁拥有这块土地而不是某人拥有多少土地，因此产权地籍以宗地为主体组织数据。

产权地籍出现在欧洲与那些受英国普通法和英国殖民时期影响的国家。随着土地所有权和土地使用权转让的增多，地籍记录的安全性和可靠性变得更加重要（Ting，2002）。1858～1874 年间，澳大利亚殖民地都采用了托伦斯开发的新产权登记制度，它比当时英国使用的系统要简单得多（Steudler，2004）。托伦斯系统在土地登记过程中确立了地籍图的精确和关键作用，它的简单性使其在 19 世纪末和 20 世纪初被引入泰国、巴西和夏威夷等国家和地区，然后进入美国（Williamson and Grant，2002）。韩国、许多非洲国家和太平洋岛屿国家现在也使用该系统。地籍的财政方面进一步弱化，而更加强调产权方面（Bennett et al.，2008）。

直到 20 世纪 70 年代，产权地籍的管理才成为专业土地登记处或土地所有权办公室的领域。土地登记处具有支持所有权和契约进行法律调查和地籍测绘的双重功能（Williamson et al.，2007）。一些发达国家产权地籍的图表/索引图能够包括所有地块（Williamson，1985）。在许多系统中，这些地图获得了较高的精度[①]。与许多税收地籍不同，产权地籍可以提供完整的达到某种精度的地图。当这些地图被数字化时，它们对于管理土地活动和利益变得非常强大。21 世纪初进行的许多项目都侧重于升级产权地籍，以便更广泛地用于土地管理（Bennett et al.，2008）。

---

① Williamson I P, Enemark S, Wallace J. 2005. Proceedings of the Expert Group Meeting on Incorporating Sustainable Development Objectives into ICT Enabled Land Administration Systems, 9-11 November 2005, Centre for Spatial Data Infrastructures and Land Administration, The University of Melbourne, Australia.

1.3.3　多用途地籍

地籍的最终类型是多用途地籍。多用途地籍的历史基础在于法国早期的财政地籍模型。与财政地籍不同，多功能地籍采取了附加步骤，它通过地籍测量将他们的契约登记簿转换为所有权登记簿。与产权地籍不同，多功能地籍把土地市场活动从创建、维护和更新地籍的过程中分离出来（Williamson et al.，2007），把土地市场运作与地籍管理分开。拥有多用途地籍的国家包括德国、奥地利、东欧和中欧的大部分地区。

德国是使用多用途地籍的典型国家。在 1871 年德国帝国成立之前，德国使用了契约登记。然而，普鲁士采用了所有权登记，并且到 1900 年扩展到整个德国。所有权登记导致产权登记制度的引入（Kain and Baigent，1992）。登记簿的每个页面或"对开"都对应了当地的一个所有权宗地。每一页都有一个唯一的编号，并包含相应宗地的所有信息，独特的定义使得引入高度安全性和可靠性的所有权登记系统成为可能（Larsson，1991；Bennett，2007）。

二战以后的重建和人口快速增长使得城市和区域规划变得十分重要，地籍在其中发挥了重要作用。20 世纪 80 年代开始，环境保护、可持续发展、社会公平成为社会的关注点，土地及其利用的信息越来越重要，这拓展了地籍信息的用途，同时对土地信息的综合集成提出更高要求，这迫使人们发展多用途地籍以适应日益多样的土地信息需求。多用途地籍，亦称多功能地籍、现代地籍，其目的不仅是为课税或保护产权服务，更重要的是为土地利用、保护和科学管理土地提供基础资料（詹长根等，2006）。

到 20 世纪后期，多用途地籍的使用被认为是"最佳实践"（Steudler and Williamson，2002）。这是管理新土地利益的最合适的模式。自 20 世纪 70 年代以来，许多地籍已经被数字化，并为政府的土地管理提供了基本数据集（Williamson et al.，2006）。在许多国家，多用途地籍已经存在了一个多世纪，并且在技术的帮助下，可以很容易地扩展到权利、限制和责任。负责维护地籍的机构在与许多利益相关者打交道时也经验丰富。这在目前由若干不同机构管理的新土地利益领域尤为重要。但是，到目前为止，还没有一个国家具有全面推行多用途地籍的解决方案。

1.4　我国地籍管理的由来与历史

地籍管理工作源于人们自古以来对土地的占有、收益、分配思想，这种思想是"人-地"关系形成的基础，地籍的产生则是对这种关系的量化描述。在中华上下五千年历史中，土地与人的关系发生着演变，地籍的相关工作也从最原始的形态逐步进展到如今高度信息化的状态。

1.4.1　土地意识的形成及地籍的出现

数百万年前，人类祖先——早期直立人已产生领地意识，占据一定的土地范围作为生活空间，狩猎或采集该领土内的食物，建立生存必要的物质基础。早期直立人在自己的领地里觅食、栖息、繁衍，并会在相对固定的时间间隔在其领地范围进行巡视，在植物上、土地上留下自己特有的标志进行领地的边缘的区分。在领地边界没有划定的地域，领地可以直接通过"先入为主"形成。对于已经形成的领地也可以武力进行调整领地的大小，在体能上优胜劣汰。从本质上来看，早期直立人的地盘争夺所表现的土地意识实质是自然资源的占有。

随着直立人的进化，出现了智人类，逐渐形成了新的社会形态——母系社会。母系社会中，同一个氏族的活动范围是在一个固定的区域，氏族的人们依赖这块固定的范围来获取生存的物质，这便是人类土地意识形成的萌芽状态。随着人类文明的进步，各类工具的开发，人类开始有计划地对土地进行开发利用，比如耕地和圈养，按照土地的肥沃程度、自然产物的不同对土地进行等级划分，逐渐形成了人类的土地意识。

随着社会生产力的发展，出现了凌驾于劳动群众之上的国家机器，这时，地籍作为维护这个国家机器运行的工具出现了，它在推行土地制度、保障国家税收方面发挥了重要作用。

1.4.2　地籍的历史沿革

地籍是历代政府为征收田赋而建立的土地清册，主要为税收服务，后期也为产权服务，因此属税收地籍。地籍管理的主要内容是土地清丈、土地调查及后期的土地登记。图 1-4 给出了地籍历史沿革总图。

从地籍在社会生活中的影响力来看，地籍最初依附于户籍，作为附带项目登录于户籍中，因此户籍兼有地籍和税册的作用。虽也有单独编制的地籍或税册，但仅起辅助和补充的作用。在社会生活中，地籍的影响力低于户籍。但到了唐代中叶以后，尤其到宋代，随着均田制的废止，土地私有制进一步发展，土地的多少在确定门户等级高下、社会地位高低方面更显重要。于是，各种类型的地籍，如方账、庄账、鱼鳞图、流水簿等相继出现。这时，地籍已经逐步取得了和户籍平等的影响力。到明代中叶后，则升高于户籍之上。

从土地所有制的变化来看，分为了四个阶段：①中国的奴隶社会经历了夏、商、周和春秋时期，实行的是土地井田制。其性质是国王所有的贵族土地所有制，土地所有权属于国王，诸侯臣下能世代享用，奴隶主驱使奴隶集体耕作并剥夺奴隶的劳动果实。诸侯要向国王交纳一定贡赋。这种土地制度，始于商朝，完备于西周，春秋后期逐渐瓦解。②封建社会实行的是以封建地主所有制为主体的多种形式的土地私有制，即封建地主土地所有制、封建国家土地所有制和自耕农土地所有制形式。秦朝时代商鞅变法，"废井田，开阡陌"，政府承认土地归私人所有，允许自由买卖，标志着封建地主土地私有制的确立。③民国时期土地制度承袭清制。孙中山领导资产阶级民主主义革命即"辛亥革命"，推翻清王朝，但没有改变土地制度，依旧是封建社会的土地所有制形式。④新中国成立后我国的土地所有制完成了从私有制向社会主义公有制的转变，目前我国实行的是城乡二元的土地公有制结构，城市土地与农村土地的产权主体不同。城市土地为国家所有，农村土地为农民集体所有。

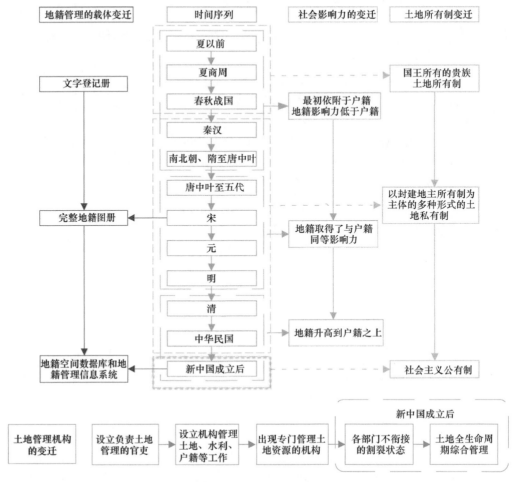

图 1-4　历史沿革总图

　　从地籍管理的载体来看，经历了文字登记册、完整地籍图册、地籍空间数据库和地籍管理信息系统等阶段。早期的地籍管理仅有文字的描述，如春秋战国时期，采用册籍对土地利用和分配状况进行登记。随着对地籍的理解与管理意识的加深，人们发现地籍单纯采用文字描述，难以直观地知道土地所处位置及大小，于是开始采用文字与图相结合的方式进行地籍管理。如宋代的"砧基簿"中要绘制地籍图，注明四至，权源（即权属）。明代在总结宋代的经验基础上，创立了鱼鳞图册制度，图册中除了相关的文字信息外，还配有辖区总图及地块分图。随着电子信息技术普及应用，地籍开始走向信息化管理时代，我国的地籍管理信息化工作开始于 20 世纪 80 年代中期。1990 年 1 月，国家土地管理局与联想集团公司联合开发的"县（市）级地籍管理信息系统"正式通过技术鉴定，并在全国各地开始试用，随后我国相继研发出各类地籍空间数据库和地籍管理信息系统。近年来由于城市的立体化建设，地籍数据库及地籍管理信息系统也开始向支持三维地籍的方向发展。

　　从土地管理机构来看，我国早在商代就有负责管理土地的官吏。后至西周，便有了负责的机构如"大司徒"，到隋之后的"户部"，由此至清末，虽名称、隶属屡有变迁但性质大体相同，该时期土地、农业、水利、户籍为同一部门管理，没有机构专管土地事宜。到 1947 年（民国三十六年），国民政府设立地政部，是我国第一个专门管理土地资源的机构。1949 年后我国的土地管理的各个阶段都有专门的管理部门负责，但各个部门互不衔接、处于一种割裂的状态。后来经过改革重组形成了自然资源部，土地管理也由各自为政的割裂状态，发展到由自然资源部统筹的全生命周期的综合管理状态，这种改革极大提高了政府办事效率，减轻了群众办理相关业务的负担。

1.5　传统地籍的局限性

联合国粮食及农业组织认为土地是人们拥有的最宝贵资产。所有生物都依赖土地获取自然资源、食物和水，建筑材料、石油、煤炭和天然气等也都来源于土地。更重要的是，土地是一种商品，可以在土地市场上进行交易。土地和土地相关活动构成了所有经济体的基础，也构成了所支持社会的基础。

随着人口的增长，越来越多的人需要食物、水、住房、交通、能源等。这种发展导致自然资源消耗的增加，特别是土地的消耗。众所周知，对自然资源的无序消费将导致自然界、环境乃至人类的退化。怎样合理地开发和利用自然资源是人类面临的一个难题。为了将土地作为一种宝贵资源进行管理，土地管理系统应最大限度地提高社会、经济和环境利益，而不损害土地，并在可能的情况下促进土地的改善。土地管理就是在这三重竞争的因素之间找到平衡点以实现可持续的土地利用[①]。因此，为了确保土地的最佳利用，使社会能够实现可持续发展，必须有一个可持续的土地管理框架。在这个框架内，土地管理将发挥关键作用（Enemark，2006）。

就像企业的成功运营和发展建立在完善的财务管理系统基础之上，人类的可持续发展也必须有一个完整的土地管理系统来支撑。地籍系统就是一个国家或地区的不动产家底的财务系统，它登记和管理着不动产的位置、边界和法律状况，是支持世界可持续发展的土地管理基础。然而，随着用户对土地信息需求的日益增加以及土地相关新法律、利益等产生，传统地籍暴露出以下局限性。

1. 注重私有权利，很少涉及公共与习俗权利

在法律制度的发展过程中，私法占主导地位。大多数国家的宪法都定义了公民的权利，其中之一是对所拥有财产的保障权。民法典加强了这一保障，并规定了明确的程序和制度，以保护公民的权利不受让渡。这些程序之一是土地权利的登记。土地登记有四项原则，包括预订原则、同意原则、公示原则和专业原则，它们或多或少得到普遍应用（Henssen，1995）。可以注意到，这些程序和机构已经成功运作了一个多世纪，现在仍在运行。图 1-5 左侧是基于私法的传统地籍，它已经非常完善，以至于它们的法律安全级别甚至能够达到 100%。

世界人口的剧增和新技术的快速发展导致土地的集约化利用。为了保护包括土地在内的自然资源不被完全消耗或破坏，需要以公共利益的名义对自然资源的权益加以限

---

① World Bank. 2006. Sustainable land management Washington, The international bank for reconstruction and development.

制。在公共利益被认为比个人利益更重要的情况下，各国开始对区域进行限制。尤其是二战之后，越来越多的新公法被制定出来，土地利用规划、环境保护、噪声防治、建筑法、自然灾害等都由公法规定，它们定义了允许或禁止做某些事情的区域。这些区域的边界原则上独立于私有财产边界，但它们对土地的用途可能产生影响。

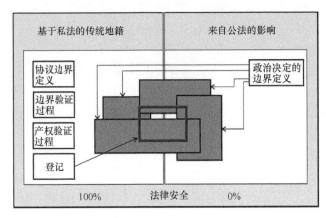

图 1-5　基于私法的传统地籍与来自公法的影响（Kaufmann and Steudler，1998）

　　然而，公法界定的权利和限制的边界并没有在官方登记簿中登记。在基于传统地籍的土地登记系统中，私法权利的法律安全性接近 100%，但公法限制的法律安全性接近于 0，如图 1-5 所示。除了来自私法和公法的土地对象外，一些具有传统权利的国家还出现了第三类法定土地对象。这些对象可以与其他合法的土地对象重叠，如私有财产权、公共权利和限制，以及开采自然资源的特许权。这些传统的习惯权利也没有记录在案。因此，传统地籍仅考虑了辖区内私法权利对象，很少涉及公法、习惯法定义的权利对象。

2. 基于二维方式表达 RRR，无法表达三维 RRR

　　传统地籍本质上是一个国家或地区内的宗地进行边界测量的数据清单，是记录与宗地相关权利的空间框架。传统地籍是土地平面利用的产物，是一种以地表权利为核心的二维地籍。主要记载土地在二维平面的权属信息，土地的所有权以及其他权利都是以宗地为单元进行登记，宗地之间不能有重叠和裂缝，形成地表的一个连续剖分。这种地籍的理论基础是同一宗土地在垂直方向上权籍一致性，即地下、地表和地上的权属空间属于同一个权利人。

　　工业革命以后，城市爆发式地聚集了大量的人口、产业，城市规模不断扩大，土地供应日趋紧张。隧道、地下停车场、购物中心、地上公路和铁路网络、商业和住宅相结合的多层公寓等数量剧增。为了集约节约用地，城市空间不断由地表向地下和地上延伸，城市土地利用由原来的平面利用转为立体利用，即地表、地上、地下空间可以分层开发并分属不同权利人。在土地立体化利用模式下，越来越多的边界被定义为三个维度，涵盖多层建筑、地下环境（包括隧道、通道）和空域的权利。在我们密集使用的城市空间尤其如此，那些创建和传输三维 RRR 的人期望三维 RRR 信息能像二维 RRR 那样得到高效的管理和利用。这表明现代土地管理系统需要提高管理第三维度（高度）的能力

（Zlatanova and Stoter，2006）。

3. 很少涉及其他 RRR 的登记和空间表示

历史上，有限数量的土地权益被组织在地籍中，对于土地中存在其他 RRR，则没有记录或记录不全。除了私有权益外，政府还需要管理以下权益：采矿、渔业、用水、废水排放的权利；地下空间、空域开发利用的权利；地役权、地上权、水平所有权、公寓单元权、共有权等土地立体权利；遗产地、排水沟、地下管线等基础设施的维护责任；环境保护规划和用水的限制，如禁止开荒、用水、化学药品使用等行为；防火区、洪涝区的责任；自然资源保护区，生物群保护区；爆炸物、危险材料和受污染场地的放置位置和边界；碳信用，海洋区域的 RRR。

当前关键问题是如何将新的利益和 RRR 纳入地籍管理，尤其是当它们远离物理对象甚至空间识别时。一些政府试图通过传统的宗地来管理这些 RRR。然而，由于 RRR 的多样性，有些 RRR 根本无法用宗地边界来界定，因此，现有基于宗地的地籍架构无法容纳或支持越来越多的复杂 RRR 管理。在未来，由于生物、碳、水等新权益具有不同的技术特征，我们必须改进基于宗地的土地组织方式，创新地籍管理模式，以响应用户对不同 RRR 的需求。

综上，有限数量的土地利益被组织在传统地籍中，基于宗地的数据模型提供了传统地籍的基本构建块。尽管基于宗地的数据模型相对成功，但随着公法约束、土地立体化利用等出现，传统地籍凸显出其局限性：当前地籍数据模型不够灵活，无法纳入越来越多的土地 RRR 和生物、碳、水等不同技术特征的新权益；宗地垂直方向上权籍一致性无法表达分层设立的土地空间权；传统地籍是二维地籍，不支持 3D 数据，无法进行 3D 可视化，用户无法进入 3D 对象内部查看详细的 3D 信息。

1.6　地籍领域的典型改革

1.6.1　CADASTRE 2014

1.6 个声明

国际测量师联合会认识到传统地籍的局限性，在 20 世纪 90 年代，就开始了地籍领域改革。FIG 专门成立了第七委员会，负责地籍和土地管理相关主题的讨论、研究、标准起草等工作。CADASTRE 2014（地籍 2014）是 FIG 第七委员会在 1994～1998 年出版的具有重大影响力的出版物，已被翻译成 28 种语言，其核心是 6 个声明（Kaufmann and Steudler，1998）。

（1）地籍应该显示土地的完整法律状态，包括公法和限制。快速增长的世界人口导致越来越多的自然资源利用和对环境的影响。显然，私人土地权利登记没有提供足够的信息来收集土地法律状况的完整状态。在过去的几十年里，法律环境发生了显著变化。为了谨慎利用土地和其他资源，社会在公法下引入了新的立法，出现了有关土地规划、环境保护和有限自然资源开发的新法律。土地所有者过去对其地块的绝对控制越来越受到为社会利益制定的公法的限制。许多社会问题的解决取决于如何处理私法和公法之间的关系。

（2）"地图"与"登记"的分离将被废除：过去由于制图和土地登记需要不同的技能，需要将它们分开，并建立独立的地图制图和土地登记部门。地图和登记的分离阻碍了信息基础设施的发展，而信息基础设施是简化基于信息治理的必要条件。借助信息技术，可以将土地对象与注册所需的信息直接联系起来。

（3）地籍制图将死亡，建模万岁：信息技术处理数据并提供对现实和法律世界的对象进行建模的能力。没有数字技术，就无法满足对创新系统的追求。

（4）"纸笔"地籍将不复存在：当涉及"大数据"时，手动工作已被证明是麻烦的，使用"笔和铅笔"工作是不可持续的。

（5）地籍将高度私有化，公共和私营部门开展密切合作。

（6）地籍可以收回成本。

2. 7 个原则

除了 6 个声明外，CADASTRE 2014 还给出了 7 个原则（Kaufmann and Steudler，1998）。

（1）私法和公法土地对象采用相似的处理程序。

私法土地对象的处理过程：土地对象谈判→准备产权/契约文件→批准→产权/契约登记→法律效力生效。

公法土地对象处理过程：法定土地对象定义→立法权讨论→批准→由各自的政治权力决定→法律效力生效。

（2）土地所有权的不改变性。

CADASTRE 2014 没有改变土地所有权，但它是其中的一部分。如果法定土地对象是个人或法人的财产，则它是个人土地所有权的一种形式。如果产权属于传统部落或氏族，它是一种习惯权。如果属于集体，它是集体所有权；如果属于国家，则它是公共所有权。

（3）所有权登记。

CADASTRE 2014 采用所有权登记而非契约登记的方式处理传统、私法和公法下的法定土地对象。在所有权登记制度中，土地对象所有权与权利人一起登记。在公法情况下，对法定土地客体权利的裁定过程与以社会为索赔人的名义建立所有权相对应。对于传统的土地权利，所有权通常是政治决定的结果。

（4）尊重土地登记的四项原则。

预约原则、同意原则、公示原则和专业原则是土地登记的四项原则。所有民主国家公法处理的裁决程序都遵循这些原则。地籍作为法定土地对象的公共清单，支持私法和公法领域的原则。

（5）尊重法律独立原则。

法律独立原则是 CADASTRE 2014 重要内容。该原则规定，受同一法律管辖并以独特的裁决程序为基础的法定土地对象必须安排在一个单独的数据层中；由特定法律定义的裁决过程必须为其法定土地对象创建一个特殊的数据层。

（6）固定边界系统。

CADASTRE 2014 基于固定边界系统。这意味着边界是通过测量的坐标来定位，而不是基于边界特征的描述。确定固定边界的准确性一方面由边界使用者的需要来定义，另一方面由物体边界定义的可能准确性来定义。财产边界通常必须以比估价边界更高的精度标准来确定，因为不同值之间的边界不能准确确定。

（7）在统一的参考系统中定位财产对象。

确保法定独立的有组织的土地对象可以组合、比较和相互关联。CADASTRE 2014 规定不同的土地对象放在一个统一的参考系统中，通过多边形、多面体边界叠加方式，定位、组合和比较财产对象。

自 1998 年 CADASTRE 2014 出版以来，FIG 见证了全球地籍的发展，这使得对高效和有效地籍的追求日益明显。CADASTRE 2014 将地籍的登记对象由宗地转变为土地对象（land object）。其中，土地对象是其轮廓内存在均质条件的一块土地，合法的土地对象是由权利或限制的法律内容以及界定权利或限制适用的边界来描述。宗地仅是土地对象的一类。同时，定义地籍是一个国家所有合法土地对象数据的公共清单，该数据来自于对其所有合法土地对象的边界测量。

3. CADASTRE 2014 认为现代地籍系统的设计必须满足以下条件

（1）考虑对土地的所有法律影响，提供关于土地法律状况的可靠和完整的信息。

（2）通过灵活的组织和明确定义的信息结构和数据模型适应社会不断变化的需求。

（3）通过采用适当的技术，提高工作效率。

（4）通过整合公共和私人利益相关者的力量，实现最佳实践和灵活性。

（5）为公民和社区以最低成本运行。

CADASTRE 2014 基于传统地籍的成功原则，但将其应用于更广泛的法律土地对象，支持可持续决策。在它的支持下，政治讨论集中在真正存在的问题和可能的解决方案上。同时，CADASTRE 2014 提供了关于土地的完整和最新的会计信息，并能够有效地利用它，满足人类对土地管理的需求。

1.6.2　CADASTRE 2034

新技术、环境挑战、社会/政治的变革正在影响我们传统的思维和做法，社会需求在未来将发生重大变化。为此，澳大利亚在 CADASTRE 2014 基础上提出了 CADASTRE 2034 战略。

1. 2034 年地籍构想

澳大利亚政府间测绘委员会（Intergovernmental Committee on Surveying & Mapping，ICSM）发布了 2034 年地籍愿景。该愿景从消费者期望、数字经济、垂直生活（vertical living）、智慧城市、支撑技术等方面畅想了地籍的未来（ICSM，2013）。

（1）消费者期望。消费者比以往任何时候都更快地访问位置信息，而且这种趋势将继续下去。虚拟知识环境将成为常态。下一代将是一个庞大的在线社会，移动设备可以记录、存储和检索我们的所见所闻。消费者和开发商可能会使用移动设备来定位土地边界和地下公用设施的位置来满足除法律定义以外的大多数需求。政府将建立一个以数字地籍为核心的知识库，基于该知识库，土地信息可以"按需"提供。当出现火灾、洪水和风暴等灾害时，人们可以立刻收到财产面临威胁的警告。

（2）数字经济。2034 年，人类已经进入数字经济社会，数字经济为世界经济社会的发展提供有力支撑。电子商务和移动支付领跑下的数字经济成为推动商业发展的加速器。不断涌现的新模式、新业态赋能世界经济发展。在数字经济影响下，不同行业对地籍业务产生不同需求。地籍部门将开发新工具、新服务，以响应新的需求，并提高其市场竞争力。

（3）垂直生活。未来更多的人将生活在城市环境中，多层建筑将拥有共享的服务和设施。未来的摩天大楼除了居住外，还将用于垂直农业，并成为人类食物的重要来源之一。这种"垂直"生活方式将创造复杂的财产场景，需要探索面向未来的地籍系统。

（4）智慧城市。地籍信息将在智慧城市中发挥着重要作用。随着更安全、更宜居和有弹性社会的构建，数字技术将被整合并嵌入到政府职能和商业服务中，地籍信息与其他信息的联合势在必行。集成后的系统将在智能交通、紧急服务、医疗保健、环境保护和公用事业等领域发挥更大的作用，为社会提供更有效和更积极的互动。

（5）支撑技术。鉴于测绘地理信息行业过去接受技术变革的潜力，未来其创新潜力可能更大。在未来，地籍将充分利用自动化支持移动业务、在线消费者交易工作流和集成技术，实现土地和财产信息的自动采集、实时传输、数据共享、智能分析等，地籍供应链更加高效。

2. Cadastre 2034 战略框架

ICSM 从愿景、原则、目标、行动、创新和结果等方面构建了 CADASTRE 2034 战略框架。ICSM 认识到土地的相关知识对于现代社会决策的重要性，未来地籍应该是一个"使人们能够轻松自信地确定所有 RRR 位置和范围"的地籍系统（ICSM，2013）。ICSM进一步将愿景分解为五个目标。一是构建以土地所有权为基础和可持续管理的地籍系统。该目标是保持地籍系统的完整性和社会效益，同时提高其管理效率和有效性，为子孙后代保留信息资源。二是构建一个易于访问，易于可视化，易于理解和易于使用的地籍系统。该目标是通过创造更多的地籍系统使用选项来最大限度地发挥地籍系统的潜力，以便在经济、社会和环境等方面对其加以利用。三是构建与土地上更广泛的法律和社会利益相关联的地籍系统。该目标是构建一个与已登记和未登记土地相关权利、限制和责任的地籍系统，以便人们可以互动并就土地做出明智的决定。四是构建三维、动态、测量准确的数字地籍。该目标通过结合测量准确、时间序列和高程数据来捕捉我们环境的复杂性，从而使数字地籍现代化。五是搭建基于通用标准的联合地籍系统。该目标以国家利益为宗旨，为社会提供更广泛的土地和房地产模式，以应对本地、跨辖区和全球挑战（ICSM，2013；Polat et al.，2015）。

为了实现这个愿景，CADASTRE 2034 认为未来地籍需要遵循五个原则。所有权范围的确定性、宗地的唯一定义性、边界系统的完整性和安全性、监管机构与行业之间的密切性和监管的标准性（ICSM，2013）。在这原则基础上，开展相关的行动和创新地籍管理模式，包括优化地籍供应链，开发可持续的商业模式，改革业务流程，调整政策和流程框架，与国际标准接轨，制定投资框架，以客户为中心的交付模式，整合垂直方向的所有 RRR，制定 RRR 准确度标准，为不确定的 RRR 制定标准，描述与时间相关的 RRR；开发三维和四维地籍工具，提高空间精度，改进垂直基准，链接大地测量和地籍框架，开发三维和四维标准和模型等。结果是打造完整、弹性、能够提高生活质量、稳健财政、公平和民众信任的地籍系统；构建以消费者为中心，且易于集成、实时化、标准化、公开、透明、尊重隐私、模拟现实、测量结果准确的三维和四维数字地籍；形成统一辖区、政策、标准、指导方针和立法的未来地籍。

CADASTRE 2034 认为未来有关气候变化、水安全、土地开发、城市化、应急管理、社会包容、生态环境等相关的法律将不断被制定出来，同时，为了更好地了解这些领域正在发生的事情，尤其是有关不同管理和政策系统如何相互作用的信息，政府需要一种决策支持工具。地籍系统正是这一有力的工具，它可以弥合这一差距，在综合物业管理中提供上下文，以准确、易于可视化并包括动态性质的方式将 RRR 与不动产关联起来，使人们能够轻松地识别与不动产相关的所有 RRR 的位置和范围。

1.6.3　SDGs 中的地籍

联合国可持续发展目标（Sustainable Development Goals，SDGs）是联合国制定的 17 个全球发展目标，指导 2015~2030 年的全球发展工作。可持续发展目标是为全人类实现更美好、更可持续的未来的发展蓝图。SDGs 应对我们面临的全球贫困、环境退化、繁荣、和平与正义有关的挑战。Rajabifard（2019）认为，各国需要使用基于地籍引擎的有效、高效和现代土地管理系统，其包含空间精确的地块和相应的权利、限制和责任，以实现可持续发展目标。

可持续发展目标中与地籍系统有关的目标有四个：目标 1、目标 8、目标 11 和目标 16。目标 1，无贫困——这一目标指导实施适合本国的社会保护制度和在国家、区域和国际各级建立健全的政策框架；目标 8，体面工作和经济增长；目标 11，可持续城市和社区；目标 16，和平、正义和强大的制度。在支持和实现这些目标的过程中，地籍系统通过确保社会的财产所有权发挥着重要作用。《关于土地管理促进可持续发展的巴瑟斯特宣言》证实了适当的地籍系统与可持续发展之间的强大联系（Williamson et al.，2002）。利用空间信息系统作为国家土地管理和实现可持续发展目标的关键工具的情况正在增加，但每个国家都以不同的方式使用它们。

1.7　小　　结

地籍作为土地管理系统的引擎，在土地管理过程中发挥着重要作用。为了满足各类 RRR 管理的需求，需要对传统地籍进行改革，构建面向信息通信技术时代（information and communication technology，ITC）的地籍。从管辖的权利体系来看，ITC 时代的地籍不再是仅限于有限数量土地利益的传统地籍，而是涉及私法、公法和习俗法所包含的事实上和法律上所有 RRR 的泛地籍。它不再仅仅是对一个国家或地区内房地产进行边界测量形成的数据清单，而是对司法管辖区内 RRR 的边界进行测量，并对其数据进行系统管理的信息系统。从登记单元来看，ITC 时代的地籍的登记对象不再局限于宗地，而是转变为由 RRR 法律内容与边界确定的新的产权对象，宗地仅是现代地籍产权登记对象的一类。现代地籍针对辖区内私法、传统法、公法定义产权对象，这些对象应具有共同的空间参考。产权对象的组织遵从法律独立性原则，不同的法定产权对象组织到不同的信息层。基于层的组织结构可以适应立法的发展，通过包含新的信息层来添加新的产权对象。从空间维度来看，ITC 时代的地籍应该是三维地籍，是对 RRR 进行完整的（三维）空间表示，并将这些 RRR 与它们对应的空间范围关联起来，通过建立模型的方式来描述 RRR 在立体空间的分布，使得所有 RRR 的空间范围都得到了明确的表示。在空间权立法框架下，通过建模、管理、传输和可视化三维 RRR，捕捉"人-地-权"关系，构建与现实世界各类权属状况一致的三维数字地籍。

参 考 文 献

杜海平. 1999. 现代地籍理论与实践. 深圳: 海天出版社.

黄常青. 2009. 不动产物权变动研究. 吉林: 吉林大学博士学位论文.

李凤章. 2005. 登记限度论. 北京: 中国政法大学博士学位论文.

栾成显. 2004. 洪武鱼鳞图册考实. 中国史研究, (4): 123-139.

罗乐. 2015. 我国不动产登记制度研究. 西安: 西北大学硕士学位论文.

牟振宇. 2021. 地籍图册研究进展及其对城市地理研究的史料价值. 苏州大学学报(哲学社会科学版), 42(1): 186-192.

詹长根, 齐志国, 赵军华. 2006. 三维地籍的建立分析. 国土资源科技管理, (2): 79-81.

Bennett R. 2007. Property rights, restrictions, and responsibilities: their nature, design, and management. Melbourne: PhD Dissertation of the University of Melbourne.

Bennett R, Wallace J, Williamson I P. 2008. A framework for mapping and managing land interests. Survey Review, 40(307): 43-53.

Dowson W, Sheppard V L O. 1952. Land Registration, HRM Stationary Office, Colonial Office Publication No. 13, London, United Kingdom.

Enemark S. 2006. The land management paradigm for institutional development//Sustainability and land administration systems: Proceedings of the expert group meeting on incorporating sustainable development objectives into ICT enabled land administration systems(pp. 17-29). Department of Geomatics, University of Melbourne.

FIG. 1995. FIG Statement on the Cadastre. Canberra, Australia: The International Federation of Surveyors(FIG).

Henssen J. 1995. Basic principles of the main cadastral systems in the world. Proceedings of the one day seminar held during the Annual Meeting of Commission: 7.

ICSM. 2013. 2034—Powering Land and Real Property: Cadastral Reform and Innovation for Australia—A National Strategy. Intergovernmental Committee on Surveying and Mapping(ICSM): Canberra, Australia.

Kain R J, Baigent E. 1992. The cadastral map in the service of the state: A history of property mapping. Chicago: University of Chicago Press.

Kaufmann J, Steudler D. 1998. A vision for a future cadastral system. Scientific Research, 167: 173.

Larsson G. 1991. Land registration and cadastral systems: tools for land information and management.

Reading : Addison-Wesley Longman Publishing Co. , Inc.

Lawrance J C D. 1980. Registration of Title//Papers Seminar 'Title registration, land resource management and land use policy', Kumasi: Land Administration Research Centre. 2-27.

McLaughlin J D, Williamson I P. 1985. Trends in land registration. The Canadian Surveyor, 39(2): 95-108.

Polat Z A, Ustuner M, Alkan M. 2015. On the Way to Vision of Cadastre 2034: Cadastre 2014 Performance of Turkey. FIG Working Week.

Rajabifard A. 2019. Sustainable Development Goals Connectivity Dilemma. Sustainable Development Goals Connectivity Dilemma. Boca Raton: CRC Press.

Ruoff T. 1952. An Englishman looks at the Torrens System Part I: The Mirror Principle'. Australian Law Journal, 26: 118.

Steudler D. 2004. A framework for the evaluation of land administration systems. Melbourne: University of Melbourne, Department of Geomatics.

Steudler D, Williamson I P. 2002. A Framework for Benchmarking Land Admini-stration Systems. Benchmarking Cadastral Systems. Washington DC: FIG XX II International Congress.

Stoter J E. 2004. 3D Cadastre. Delft. Delft: PhD Dissertation of Delft University of Technology.

Sutton P. 1998. Aboriginal maps and plans. The History of Cartography, 2(Part 3): 387-416.

Ting L. 2002. Principles for an Integrated Land Administration System to Support Sustainable Development. Melbourne: PhD Dissertation of the University of Melbourne.

van der Molen P. 2003. PS1. 3 The Future Cadastres – Cadastres after 2014. FIG Working Week, PS1 Cadastre, Paris, France.

van der Molen P. 2005. Incorporating Sustainable Development Objectives into ICT enabled Land Administration Systems in the Netherlands. Proc. Expert Group Meeting on Sustainability and Land Administration, Melbourne, Australia, November 9-11, 83-96.

Williamson I P. 1985. Cadastres and land information systems in common law jurisdictions. Survey Review, 28(217): 114-129.

Williamson I P, Grant D M. 2002. United Nations-FIG Bathurst Declaration on land administration for sustainable development: Development and impact. Washing to DC: FIG XXII International Congress.

Williamson I P, Enemark S, Wallace J. 2006. Incorporating Sustainable Development Objectives into Land Administration Systems. Munich: FIG XXIII Congress, Shaping the Change, Munich 2006, TS 22 –Governance and land administration.

Williamson I P, Enemark S, Wallace J, et al. 2007. Building Land Administration Systems. ESRI Publishing.

Zevenbergen J. 2002. Systems of land registration aspects and effects. Publications on Geodesy, 51.

Zevenbergen J. 2006. Slowly towards trustworthy land records of pre-exiting land rights. Munich: XXIII FIG Congress Shaping the Change, TS 49 -(Social)Land Tenure and Land Administration.

Zlatanova S, Stoter J. 2006. The role of DBMS in the new generation GIS architecture. Frontiers of geographic information technology. Berlin Heidelberg: Springer: 155-180.

第2章 三维地籍概念与需求分析

土地空间可划分为横向空间与纵向空间，横向空间是土地水平范围的空间，其在地图上表现为清晰可见的土地边界；纵向空间是土地纵向范围的空间，包括地上、地表和地下空间。传统的土地利用主要是横向空间，二维地籍能够满足土地管理的需求。土地的立体化利用主要是开发纵向空间，纵向空间可以分层开发并分属不同的权利人，导致垂直方向权籍的不一致性，需要引入三维地籍，以解决土地立体化利用带来的地籍管理问题。

2.1 三维地籍需求分析

2.1.1 土地立体化利用需要三维地籍

人类最初对土地的利用，主要是在二维的地表平面，如在山林里打猎、在农田上耕作或在草原上放牧。工业革命以后，随着产业组织和发展的结构性变革，城市爆发式地聚集了大量的人口、产业，城市规模不断扩大，土地供应日趋紧张。这种对土地单位面积承载力需求的大幅度增长使得城市不得不考虑土地的立体利用，提高单位土地的利用效率，在有限的空间中增加土地的容量。19世纪末期，出现了以钢结构和电梯为代表的现代建筑技术，使得高层建筑不断在城市地区矗立起来，通过对空间大规模的利用实现了不断提高土地利用效率的目标。同时，对地下空间的开发利用也一直是众多城市发展的必然选择。

20世纪六七十年代以来，东京、巴黎、法兰克福、斯德哥尔摩等城市，以地下交通为龙头，形成了土地的地上、地表和地下立体利用模式。土地立体化利用的基本特征是土地空间垂直方向上利用的多元化，即地上、地表、地下空间的分层开发和多功能利用，地表及以上的空间主要表现为建筑综合体、轻轨、立交桥、垂直农场、立体绿化等，地下空间主要表现为地铁、地下停车场、地下道路、地下生产生活空间、市政管沟等。土地立体化利用不仅促生了现代建筑技术，而且造就了城市的复杂财产场景，使得不同的产权单元在空间上叠加在一起，形成复杂的产权簇或产权层，出现了不同形式的三维产权。

1. 地上三维产权

1）普通地块的 3D 开发

一块宗地在未开发建设前是一个权利人相对单一的权属单元。宗地开发建设后，权利人信息没有发生根本变化，但土地利用状况发生了重要变化。随着建筑物（如住宅）以独立住宅单元（套）为单位分割销售给若干业主，建筑物所有者的格局被打破，出现了一幢建筑物内有众多的所有者或使用者的情况，他们分别拥有该幢建筑物的某一部分。特别是多层、高层住宅或公寓，一户居民往往只拥有其中的一套住房，一块宗地范围内产生多个相对独立的产权单元。最后，用户拥有依附于此地块的房产所有权和一定份额的地块使用权，从而产生了多个所有人共同拥有一幢高层建筑物的情况。如此一来，一宗土地上的空间，就分割成很多个三维立体"空间块"，可以分别转让、出租和抵押。而原来作为独立权属单元的宗地则被虚拟化（林亨贵和郭仁忠，2006），仅具有概念和逻辑上的意义，不再作为独立的权属单元来对待。图 2-1 是城市中一宗土地的复杂产权情况，它分为私有、共有等不同的部分（Rajabifard et al.，2019）。

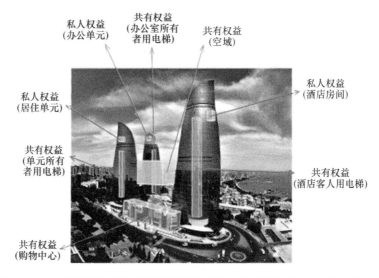

图 2-1 地上三维产权示例（巴库火焰塔）（改自 Rajabifard et al.，2019）

2）跨地表宗地的 3D 开发

除了全部位于一块宗地内的 3D 开发外，跨宗地边界的特殊用地也越来越多。图 2-2 是来自荷兰海牙市的一个骑街楼。该案例通过三块宗地来建立整个建筑物的法律状态。从图 2-2 上部右图可以看出，该建筑物所占的土地由 1718 号、1719 号、1720 号宗地组成。其中，1718 号、1720 号为地表宗地，1719 号为悬于空中的地上宗地，其边界是公路上方建筑物的投影。图 2-2 下部为建筑物在地表的投影轮廓图和地籍图（箭头方向指示了照相机的拍照方向）。骑街楼登记的核心问题是怎样确定建筑物所在的宗地。在中国，没有一种明确的法规来规定这种三维权属形态如何登记，因此很难确定骑街楼的宗地，特别是跨越宗地的那部分。

图 2-3 给出了另外两个地上三维产权形式的例子。图 2-3（a）是日本一个交通线路穿过了建筑物案例，建筑物的用地性质与铁路的用地性质不同。图 2-3（b）是日本难波公园，它是日本开发的城市综合体代表项目，它将城际列车、地铁等交通枢纽功能与办公、酒店、住宅相结合。远看该建筑是一个斜坡公园，从街道地平面上升至 8 层楼的高度，层层仄仄，是一座看起来如同空中花园一样的建筑，产权形式复杂。这两个都是产权分层设立的典型案例。

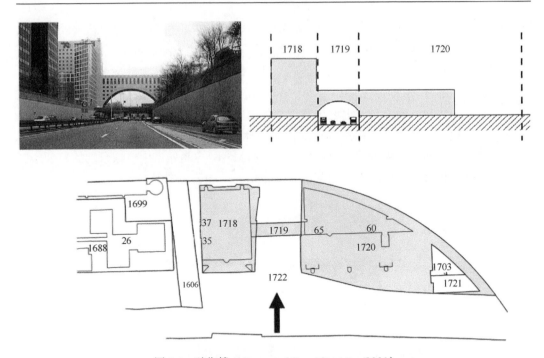

图 2-2　骑街楼（Stoter and Zevenbergen，2001）

注：1606、1688、1699、1718、1719、1703、1720、1721、1722 为宗地号；26、35、37、65、60 为门牌号

(a)日本穿过建筑物的铁路　　　　　　　　　　　(b)日本难波公园

图 2-3　地上复杂三维产权形式

3）单独出让地上空间

地上三维产权的另一种形式是单独出让地上空间。此类土地开发不依附于地表宗地，而是在固定高度的空间内进行开发，并颁发地上空间建设用地的三维不动产权证书。图 2-4 是杭州市规划和自然资源局采用"三维确权、一地多用"方式单独出让地上空间使用的案例。该案例在"地少、人多、发展快"大背景下，创新节约集约用地模式，向立体空间要资源，向技术创新要效益，梯度开发、混合用地，弹性供给地上地下空间综合开发利用的范例。

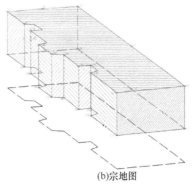

(a)杭州西站枢纽雨棚上盖项目　　　　　　　　(b)宗地图

图 2-4　单独出让地上空间示例（杨文龙，2021）

2. 地下三维产权形式

1）地下空间开发

地下空间作为城市建设新型国土资源，是造福子孙后代的重要空间，也是为城市地表腾挪空间的重要补充，是解决"大城市病"的重要载体。从国土资源属性来看，地下空间是并行于地表空间、海洋空间、宇宙空间的客观空间存在，是继领土、领空、领海的"第四国土"资源（雷升祥等，2019）。城市地下空间利用国际会议发表的《东京宣言》将 21 世纪看作是利用地下空间的世纪（朱作荣和束昱，1992），联合国自然资源委员会把地下空间定义为重要的自然资源（艾东和朱彤，2007）。地下空间分为结建、单建和联建三类。结建地下空间是项目开发人结合地面建筑物而一并开发建设的地下工程，单建地下空间是独立开发建设的地下工程，如地铁、商业服务设施等，联建是结建和单建的结合。从利用深度分类，地下空间分为浅层、中层和深层。其中，浅层（0～–30m）主要用于地下停车场、地下商业、地下管线、地下仓储、地下轨道等；中层（–30～–100m）主要用于地下交通路线、污水处理厂等；深层（–100m 以下）主要用于地下核工厂、油库等。开发具有层次性，一般是从浅层走向深层，当前利用已趋向综合化、立体化和深层化（赵士阳，2019）。

地下空间开发包括地下交通、地下公共服务设施、地下市政工程和地下人防工程。地下交通是有效缓解城市地表交通拥堵的重要举措。截至 2016 年年底，世界上地铁运营总里程超过 6000km，其中超过 100km 的大城市已达到 52 座，地铁输送量已占据城市交通工具运输总量的 40%～60%（雷升祥等，2019）。地下公共服务设施包括地下商业、地下文体娱乐设施、地下科教设施、地下仓储物流等，世界上很多国家和地区开始将城市公共服务设施转入地下。挪威建成了世界上首个奥林匹克地下运动馆，新加坡在海床以下距离地表 150m 处建成了裕廊岛地下储油库。地下市政公用工程属于城市"里子"工程，包括地下市政管线、综合管廊等。截至 2016 年年底，我国累计开工建设城市地下综合管廊总里程达到 2005km，并仍保持高速发展（雷升祥等，2019）。地下人防工程是保护人民生命财产安全的重要防护工程，2017 年，全国新增工程面积 3.5 亿 m²，北京、上海、长沙、厦门等 87 个重点城市的防护工程面积人均超过 1m²。在我国，地下空间利用不断提高，建成的超过 1 万 m² 的地下综合体达到 200 个以上，北京、上海、深圳的地下空间利用面积已经分别达到 9600 万 m², 9400 万 m² 和 5200 万 m²。

2）地下空间产权形式

城市地下空间三维产权同样涉及普通、跨宗地和单独出让三种类型。普通地下空间三维产权形式是最常见，也是最多的一种形式，如将地下空间开发为地下停车场、地下人防工程、地下超市等。

跨宗地的地下三维产权形式是地下空间开发跨越了地表宗地的边界，占用两块及以上宗地的地下空间。图 2-5 描述了一个地下车库"入侵"到邻近建筑物和公园下方的案例。该案例描述了土地立体开发使用邻近或毗邻地段地下空间。传统地籍解决该类用地的典型方式是分割地表宗地，从其权属中切除地下空间，并创建新的权属单元，新单元的高度和深度限制由所切除区域的轮廓和尺寸定义，如图 2-6 所示。

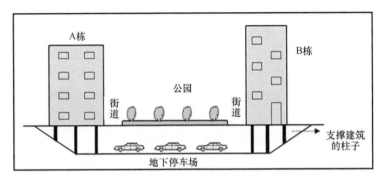

图 2-5　在建筑和公共空间下建造停车场（改自 Aien，2013）

图 2-6 描述了对应的基于宗地表达的法律状况。显然，采用二维地籍模式无法清楚地表达这种法律状况。

单独出让的地下三维产权形式是利用道路、广场、绿地等在地下空间开发的地下工程，包括地铁、地下停车场、商业服务设施、人防设施等。这种形式的地下空间产权与地表空间的权利不一致，其权利范围应该分层设定。图 2-7 是深圳丰盛町地下商业步行街地下结构示意图。丰盛町特殊之处不仅仅因为它是一个地下商业步行街，还因为其特

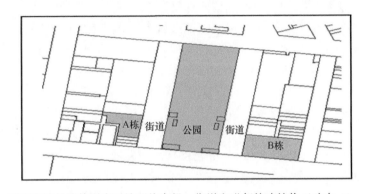

图 2-6　基于宗地的地籍图表示地下停车场、街道和毗邻的建筑物（改自 Aien，2013）

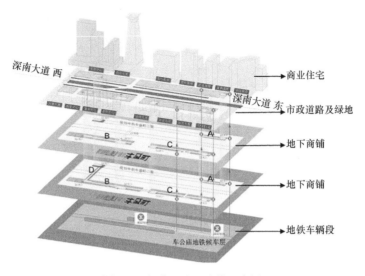

图 2-7　丰盛町地下结构示意图

殊产权状况。其地表部分一部分为深南大道绿化带，另一部分出让给其他房地产开发商。其地下部分和深圳地铁衔接，深圳地铁从其下部贯穿，深圳地铁车公庙地铁站在其正下方。这样复杂的土地立体利用现状使得传统二维地籍难以明晰产权。

图 2-8 是传统二维地籍管理框架下的效果。其中黄色部分为丰盛町占用土地，蓝色边界为深圳地铁车公庙地铁站，另外从图左边可以看到，两条地铁线路从丰盛町下面穿过，这些叠置在一起的宗地本身就违反了二维地籍的基本约束，其图形表达更不能说明其各自形态与相互位置关系，可见现有的二维地籍无法表示分层设立的地下空间权。

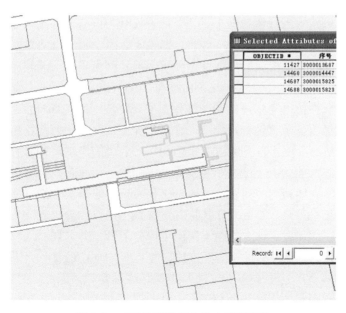

图 2-8　二维地籍系统中的丰盛町宗地

2.1.2　突破传统地籍局限性需要引入三维地籍

在不同的法律框架和制度设计下，土地的内涵外延不尽相同，所以地籍所管理的内容亦有差异。图 2-9 是 Dale 和 McLaughlin（2000）给出的关于土地权利的综合示意图，此图被广泛引用于说明土地权利的多样性。该图表明土地权属可以涵盖地、水、林、农、矿等多个方面。在我国，不动产统一登记前，土地管理不包括矿产、水、林业、农业等资源，它们分别由不同部门管理，甚至土地与房产的管理也是分离的。因此，传统地籍主要管理土地信息。

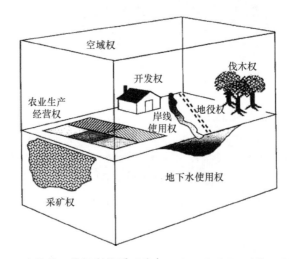

图 2-9　土地的三维权利体系（改自 Dale and McLaughlin，2000）

传统地籍是以宗地为基本管理单元，以地表权利为核心的二维地籍，其理论基础是同一宗土地在垂直方向上的权籍的一致性，即地下、地表和地上的权属空间属于同一个权利人。为了保证所登记权属的清晰性，要求宗地之间无重叠、无裂缝。在地籍信息系统中，宗地通过二维图形描述，一块宗地表示为地籍图中的一个多边形，土地的面积、坐落、权利人等属性信息与宗地的图形挂接，实现土地空间与属性信息的统一管理。

二维地籍已经服务于土地管理领域一个多世纪了，并在社会管理和经济活动中发挥了重要的作用。然而，现实世界中诸如土地和房产之类的不动产都是三维的，这也暗示了地籍也应该是三维的。由于过去经济发展的落后性，致使土地利用主要集中在二维地表，很少涉及土地立体利用的问题，以地表权利为核心的传统二维地籍能够较好地满足社会的需求。近几十年来，土地的立体化利用导致了产权的分层设立，使得垂直方向上产权主体多元化，即地表、地上、地下空间可以分层开发并分属不同权利人，这意味着土地管理不仅要区分平面上不同宗地之间的"四至"，而且还要区分以特定平面和高度形成的立体空间的"八至"，这超出了二维地籍的表达范畴。因此，需要引入三维地籍，解决产权分层设立引起的土地管理问题。

2.1.3　不动产统一登记需要三维地籍

不动产（real property）是人类社会的主要资产，不同国家给出的不动产的定义与范围不同。例如，德国的不动产包括土地、建筑物，还包括添附于土地或者建筑物而在法律上不能与之相分离的动产（程啸，2010）。美国、英国等国家的不动产则由土地以及附着于土地上的建筑物、林木等物所组成，这些物可以是有形的，如土地和建（构）筑物，也可以是无形的，如地役权。我国《中华人民共和国不动产登记条例》定义的不动产包括土地、海域以及房屋、林木等定着物，该概念与国际不动产概念基本一致（付丽莉，2016）。图 2-10 给出了我国不动产内容范围体系。

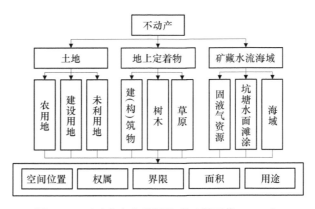

图 2-10　不动产内容范围体系（付丽莉，2016）

为了准确地了解不动产的物权归属和内容，并保护产权，政府需要对不动产的物权进行登记。由于历史原因，我国长期以来一直采用不动产分散登记模式（熊玉梅，2014；贾文珏，2014），即分别由国土、住建、农业、林业、海洋等部门对土地、房屋、草原、林地、林木、海域等不动产物权进行登记，由此衍生的登记机构或部门多达十余类。由于各机构或部门的登记标准、技术、方法等不一致，常发生错漏或重复登记等问题，不利于保障不动产交易安全，引发金融风险，影响登记的公信力。为了解决不动产分散登记问题，我国 2007 年颁布的《中华人民共和国物权法》规定我国实行不动产统一登记制度，整合土地、房屋、林地等不动产，依据统一的不动产登记法律法规，按照统一标准规范进行不动产统一登记。2014 年 1 月，中央编制委员会办公室下发的《关于整合不动产登记职责的通知》（中央编办发〔2013〕134 号）规定：由国土资源部指导监督全国土地登记、房屋登记、林地登记、草原登记、海域登记等不动产登记工作，做到登记机构、登记簿册、登记依据和信息平台"四统一"。

当前，不动产统一登记平台仍然采用二维 GIS 技术来管理不动产相关的空间数据，对于不动产在三维空间中的利用状况，采用属性表或投影的方式表达。在房地一体登记中，楼盘表被用来实现房地的"落宗落户"。楼盘表本质上是反映房屋面积、户型、层数、用途等物理信息二维表格，是不动产登记信息系统与地籍信息系统相互连接的桥梁，其通过自然幢、逻辑幢与户之间的二维关系来表达三维空间房产属性信息，如图 2-11 所示。在登记时，地籍图记录土地与建筑物幢层级的空间信息，幢在地籍图中表现为建筑物外轮廓的投影多边形。建筑物在登记系统中表现为楼盘表，每个逻辑幢对应一张楼盘表。通过落宗将楼盘表与地籍信息系统中宗地的空间数据（幢轮廓多边形）进行关联，从而实现房地的绑定。然而，由于楼盘表是一种属性表，其通过属性数据的关联体现逻辑幢到户之间的逻辑关系。基于该模式创建的系统仅能查询宗地与户的关系，确定户所在的幢多边形，但无法确定户在空间上的具体位置、边界、方向等，更无法开展房产相关的量算、空间分析、拓扑分析等操作。因此，基于楼盘表的房地一体登记模式实现的房地关联是一种属性逻辑关联，而非空间关联，是一种"弱"关联，而非"强"关联，本质上仍然是一种二维地籍模式，无法反映房产产权单元在三维空间的几何形态。

起始层: 1			结束层: 6				
总单元数: 4			起始单元数: 1			创建楼盘	
单元数	1	2	3	4			
单元名	1单元	2单元	3单元	4单元			

复制楼层　粘贴楼层　楼盘预览　保存楼盘　返 回

名义层	楼层名	占物理层数	套间数	无单元	1单元	2单元	3单元	4单元
6	第6层	1	8		2	2	2	2
5	第5层	1	8		2	2	2	2
4	第4层	1	8		2	2	2	2
3	第3层	1	8		2	2	2	2
2	第2层	1	8		2	2	2	2
1	第1层	1	8		2	2	2	2

图 2-11　楼盘表示例

除了房地一体登记外，不动产统一登记还涉及林地、草原、海域等。另外，采矿权、探矿权、取水权、水域滩涂养殖权等这些法律法规还没有明确规定要进行统一登记的自然资源，在后期也将纳入统一登记的范畴。当将这些资源纳入统一空间框架下进行管理与登记时，这些资源分处于地上、地表、地下不同的空间层次，需要分层表达它们权属边界的位置、形状等。显然，二维地籍难以表达这种分层的权利体系，需要引入三维地籍，解决不动产统一登记中的分层产权问题。

2.1.4　技术革新驱动三维地籍

计算几何、新一代 GIS、三维可视化、三维激光扫描技术、空间数据库、人工智能（AI）、区块链（block chain）、无人机（unmanned aerial vehicle，UAV）、物联网（internet of things)、众包（crowdsourcing）、5G、混合现实（mixed reality，MR）、无线传感器网络（WSN）、智能地理空间分析、空间数据供应链、联合空间模型、建筑信息模型（buiding information modeling，BIM）、城市信息模型（city information modeling，CIM）等地理信息学创新和概念发展为三维地籍的建立提供了驱动力。

（1）计算几何：计算几何可应用于三维地籍中的二维、三维几何数据处理。其中，三维 Delaunay 三角剖分、Voronoi 图、多面体计算与分解、凸壳（2D，3D 和 dD）、三维布尔运算、三维网格生成、四面体重构、插值、形状分析等为三维地籍的几何计算、表达、分析等提供了理论与计算基础。

（2）新一代 GIS 技术：二三维一体化、室外室内一体化、宏观微观一体化以及空天/地表/地下一体化等概念的提出，以及三维交互、三维数据共享与标准化、多源异构三维数据融合与处理、三维数据存储与云服务等 3D GIS 技术的革新为三维地籍提供了技术支持。

（3）无人机搭载倾斜摄影或激光雷达设备测量技术：无人机作为一种摄影测量平台，是一种革命性的工具，其在农林植保、电力巡检、测绘、安防、物流等领域都呈现出迅猛增长的态势，诸多领域已显现出"无人机+行业应用"的发展势头。无人机搭载倾斜摄影或激光雷达设备测量，可以在短时间内低成本地采集地理空间数据，为三维地籍数据获取提供了经济、快捷的手段。

（4）区块链技术：区块链是一项高安全、可追溯、防篡改的技术，其与地理信息技术结合后形成空间区块链技术。加密空间坐标系，位置信息共享的安全性是区块链的一个关键优势，它结合了不可变的空间上下文，其中时间和空间参考被保存为区块链记录的一部分。区块链可以实现空间位置数据的保护，比如不动产登记中的电子证照。在三维地籍中引入区块链技术，可以更安全地访问、使用产权数据。

（5）物联网：物联网是物理设备、车辆、建筑物和其他物品的内部网络——嵌入电子、软件、传感器、执行器和网络连接，使它们能够收集和交换数据。对于物联网，位置数据至关重要，因为信息是在空间和时间上进行跟踪。空间权属数据是数据中非常重要的一类，信息基于空间和时间进行键控或标记。在未来，数以十亿计的个人可穿戴设备上，都可以加载小巧、精密的物理网设备，通过跟踪这些设备产生的时空权属数据，可以创建各种实时地图。面向个人的、海量数据云端处理和移动客户端交互的地图服务，以及由此衍生的地理大数据分析技术，在未来将对地籍的发展产生重大影响。

（6）5G 技术：5G 已经触手可及，其广连接、高速率、低时延的特性必将开启全新的生活方式，万物互联即将全面铺开。5G 不仅更新了地理应用场景，它与地理产生的火花还为新技术"插上了翅膀"。与以往做一张地图需要的数天甚至数周的时间相比，在三维地籍中引入 5G 技术+测绘采集工具（如无人机），可以快速完成权属数据的采集、传输、处理、上传至云端等操作，效率大大提高。

（7）混合现实：混合现实是将真实世界和虚拟世界混合在一起，来产生新的可视化环境，环境中同时包含了物理实体与虚拟信息，并且必须是"实时的"。利用 MR 技术，用户可以看到真实世界（AR 的特点），同时也会看到虚拟的物体（VR 的特点）。MR 将虚拟物体置于真实世界中，并让用户可以与这些虚拟物体进行互动。混合现实正在消费者和企业之间成为主流它提供与居住空间数据、事务以及好友之间的本能交互，将我们从受屏幕束缚的体验中解放出来。世界各地数以亿计的在线探索者通过他们的手持设备体验了混合现实。在地理信息（制图、测量、摄影测量等）科学领域中，MR 的应用越来越多，涉及计算机辅助设计、土地、医疗、娱乐和教育、国防、机器人等，图 2-12 是 MR 在三维地籍中的应用示例。

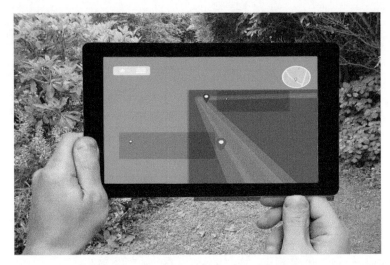

图 2-12　三维权利和限制边界的 MR 视图①

（8）人工智能：人工智能为从计算机视觉到自然语言处理的各种具有挑战性的问题提供了新颖的解决方案，实现了接近人类水平的性能。深度学习的影响已遍及许多应用领域，地学也不例外。遥感和地理空间图像处理是地理和地理信息科学中迅速采用人工智能技术的领域之一。深度学习技术已被采用并进一步改进用于高光谱图像分析和高分辨率卫星图像解释等任务。除了遥感，研究人员还利用深度学习技术从街景、历史地图等地理空间图像中提取信息。人工智能在构建领域数据集、GeoAI 模型等方面大有可为，这些技术将推动未来地籍的发展。

（9）众包：众包是志愿地理信息（volunteered geographic information，VGI），它通过一种机制将个人信息上传到中央数据库与他人共享。已经有人提议在一些欠发达国家采用众包地籍。众包在基于公民收集照片的 3D 建模自动化在线服务中已成为现实，这在协助收集有关边界位置证据方面具有巨大的潜力，未来可用于三维地籍。

2.1.5　空间权的确立形成三维地籍的法律基础

1. 空间权的概念

1927 年，美国伊利诺伊州制定有关空间权的第一部成文法《关于铁道上空空间让与与租赁的法律》，此后空间权概念逐渐广泛传播。1973 年，俄克拉何马州率先完成《俄

---

① Grant D, Dyer M, Haanen A. 2014. A New Zealand Strategy for Cadastre 2034. In 25th FIG Congress.

克拉何马州空间法》，集有关空间权领域的判例与研究成果之大成，"空间权可以成为抵押权的标的"，"空间是一种不动产，可以成为所有、让渡、租赁、担保、继承的标的"等观念被逐渐认同（苗延波，2005）。1919 年，德国单独制定共计 39 个条文的《关于地上权之命令》，史称"地上权令"。依此"地上权令"，德国空间权制度得到了极大的完善。美国明尼苏达州政府在 1985 年 5 月 23 日正式立法，通过了《明尼苏达州地下空间开发条例》。这一行动在美国地下空间开发方面具有历史意义（邵万权，2006）。

1999 年，美国布莱克法律词典中规定了法律意义上的土地是指："由地表、地上空间及地下空间三个部分所构成的一个不可移动和不可毁灭的三维立体空间，包括在此空间内生长的所有生物及永久地附着于此空间内的所有物质"（周树基，2005）。德国、法国等大陆法系国家在法律上对空间权予以确认，以《德国民法典》第 905 条规定为例，该法规定土地所有人行使权利的空间有两方面限制，其一，土地所有人的权利扩及地表上的空间和地表下层；其二，所有人不得禁止他人在与所有人无利害关系的高层和地层中所为的干涉。将空间权作为法律上所有权的内容，并可依土地社会利用的动机按照法律强行设定或按照当事人之间的协议发生转让，其实质上是空间使用权制度（吴敏芝，2004）。事实上，一个现代地籍系统应该能够体现出这样的原则：不动产权利始终授予人们享有立体空间的权利而不仅仅是平面上的权利，否则土地的利用就无从谈起（Stoter，2004）。

空间权分为空间利用权、空间所有权等。空间所有权是指空间所有人对离开地表的空中或地面下横切断层的空间所享有的直接支配的权利。我国土地公有的性质决定了我国空间土地空间权的主体只能是国家或集体组织。空间利用权是指权利人在地表、地上、地下拥有的使用土地空间的权利。空间权概念的确立，使人们对土地权利的观念发生了根本性的转变，一方面改变了过去那种土地所有权上达天宇、下及地心的传统观念；另一方面，土地空间的财产观念也由此深入人心，从而为人类充分利用土地资源提供了法律基础。

2. 建设用地使用权分层设立

我国对空间权的研究起步比较晚，加之目前没有相关的法律规范作为支撑和引领，对空间权的研究并不深入。对于空间权也没有一个统一的界定。王利明（2007）认为空间是位于一定土地表面上下的立体之位置，而对该特定位置之控制和使用的权利就是空间权。梁慧星（1998）主张该项权利是支配和控制特定土地之上下的空间中的特定平面的权利。刘保玉（2003）认为该项权利是以特定地表之上下一定空间为客体所享有的不动产权利。这些学者虽然从不同的角度给出了空间权的界定，但他们都指出空间权是以一定空间为客体，而对该空间所享有的权利（王东奇，2020）。

《中华人民共和国民法典》第三百四十五条规定："建设用地使用权可以在土地的地表、地上或者地下分别设立。"该规定抽象地提出了土地分层利用理念，规定建设用地使用权可以分层设立，确立了土地空间权制度。《中华人民共和国民法典》从法律角度肯定了对于建设用地使用权的纵向利用。由此，确立了地上、地下建设用地使用权的物权地位，为规范土地立体化开发提供了坚实的法律基础。法典确立的土地空间权，在化解有限的土地空间资源与城市建设需求之间矛盾方面可以发挥重要作用，实现土地存量优化，即由地上向地下要发展空间。这使得土地利用的形态越来越多，法律责任关系日趋复杂化。因此，我们要强化三维空间意识，运用分层划分的理念进行空间划分，形成三维宗地，以"体"占有方式表达空间特征，引入三维地籍技术和方法来完善空间权利登记，明确空间产权逻辑关系，解决空间产权冲突，提高开发经营者的积极性，促进城市空间权利用和保障权利人合法权益。

2.2　三维地籍的概念

快速扩张的垂直城市面临一系列环境、社会和经济挑战。在众多的挑战中，世界上所有城市都面临着一个共同问题，即如何高效准确地在空间上表达分层设立的 RRR。三维地籍的引入有助于将空间细分为能够由不同权利人拥有并用于不同目的的分层财产对象，这会在原始宗地或单元的上方或下方创建单独的法律财产对象。

三维地籍概念出现在 2000 年，最初的三维地籍国际研讨会于 2001 年在荷兰代尔夫特举办。随后，2011 年在荷兰代尔夫特（第二届）、2012 年（第三届）在中国深圳、2014年在阿联酋迪拜（第四届）、2016 年在希腊雅典（第五届）、2018 年（第六届）在荷兰代尔夫特、2021 年在美国纽约（第七届）陆续召开研讨会。经过 20 年的研究与探索，已经积累了大量理论和实践。

三维地籍是一个庞大的主题，不同的研究人员提出了不同的三维地籍定义。Stoter（2004）认为三维地籍是在地籍概念中引入三维产权（空间产权）的地籍，它不仅可以登记和洞悉二维宗地的权属状况，而且还可以注册、明晰和界定三维产权单元（3D Property Unit）。Papaefthymiou 等（2004）认为三维地籍提供超出典型平面数据的信息，可以进行地表下方和上方 RRR 的登记，并描述、分析和优化地下、地上空间的利用。Dimopoulou 等（2006）认为现代地籍制度应始终反映所有财产权的状态，包括私有财产和公共财产。这为建筑环境的管理提供了更好的手段。Aien（2013）认为三维地籍是土地管理系统中的一种工具，用于以三维形式数字化管理和表示分层的 RRR（法律模型）及其相应的物理模型，三维地籍能够捕获、存储、编辑、查询、分析和可视化多层复杂权属。通过上述定义可以看出，当前三维地籍并没有形成统一的定义。然而，这些定义通常主张三维地籍应该能够表达地下、地表、地上空间的分层权利体系，采用数字方式表示不动产 RRR（法律模型）与物理对象（如地上、地下建筑物和公用设施等），具有三维数据存储、管理、分析及可视化等功能。

三维地籍是一个复杂的系统，涉及法律、制度、技术等多个方面。Aien（2013）认为三维地籍可以采用图 2-13 所示的树状图表示，其中，法律和土地政策是土壤，为三维地籍提供了养分；三维数据采集、数据处理、可视化等相关技术是树根，它们为三维地籍及其应用向上输送水分和养分；制度是阳光和空气，为三维地籍及其应用提供支持和保护。城市规划、RRR 的三维登记、三维可视化、三维财产保护和融资、不动产增值、基础设施管理等应用构成了三维地籍树的树叶。

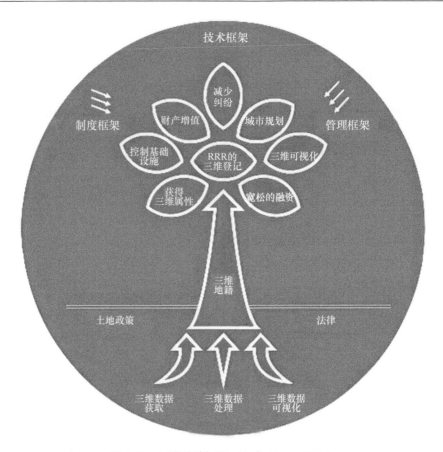

图 2-13　三维地籍树图（改自 Aien，2013）

2.3　三维地籍的登记客体

传统地籍是基于宗地的二维地籍，它以宗地作为基本单元进行权属登记和管理。在三维地籍中，同样需要一种类似于二维宗地的基本单元来登记和管理三维空间中的权属状况。由于三维地籍可以将各种不动产纳入三维地理空间框架下进行统一登记和管理，因此，三维地籍应该整合各种不动产登记单元，构建一种更泛化的基本单元，以应对不动产统一登记与管理。

付丽莉（2016）提出构建土地登记单元、房地登记单元、地林登记单元、海域登记单元以及其他等五种不动产单元。①土地登记单元主要面向无建筑物、构筑物、森林、林木等定着物的土地，它以土地权属界线封闭的范围为不动产单元。②房地登记单元面向有建筑物、构筑物的土地，它以建筑物、构筑物与土地权属界线封闭的范围共同组成不动产单元，原来的房屋登记单元与宗地组合，形成房地登记单元。③地林登记单元面向附着森林、林木等定着物的土地，以定着物与土地权属界线封闭的范围共同组成不动产单元。④海域登记单元面向海洋，对于无构筑物的海域，以海域权属界线封闭的范围为不动产单元；对于有构筑物的海域，以构筑物与海域权属界线封闭的范围共同组成不动产单元。⑤其他单元主要面向取水权、采矿权、探矿权等上述四类未涉及的权属。

　　上述五种单元从不动产类型上进行了区分。从权属的角度，这些单元并没有本质的不同，它们都是对一定空间域的占有或者占用，只是使用这些空间域的目的不同。购买（或租赁）任意一种不动产单元的实质都是购买（或租赁）了一块可利用的地理空间，都可以用确定的空间来表达。因此，可以在三维空间中对各类不动产单元进行集成和表达，形成一个统一的技术框架来处理不动产统一登记问题，实现不动产统一登记和管理。

　　我们将五种单元按照几何特征抽象为面单元和体单元。其中，面单元无须表达不动产单元的高度信息，体单元则需要表达三维信息。进一步将面单元抽象为二维产权体，体单元抽象为三维产权体。二维产权体由界址线限定边界，界址线由界址点限定边界。三维产权体由界址面围成。二维产权体与三维产权体都是产权体的子类。产权体是具有固定的地理空间位置、形体，由权属界线（面）封闭的、独立于主体且权利独立的一块空间域（不动产产权单元），通常用抽象后实体的几何形体来代表其范围，但与其相关的权力空间则是由相关法律法规来确定和解释（史云飞，2009）。界址点/线/面、各类单元以及产权体构成了要素层，如图 2-14 所示。

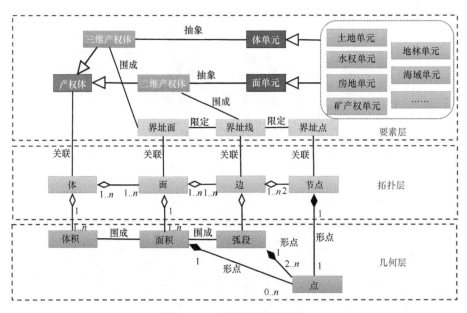

图 2-14　三维地籍产权单元

　　图 2-14 中拓扑层由节点、边、面、体四种拓扑基元构成，而几何层则是用来表达拓扑基元的空间几何形态。它们之间的约束如下：

　　（1）节点（node）由 x，y，z 坐标构成，它既是一个几何点，也是拓扑上的节点，不存在两个坐标完全一样的节点。同一节点可以分属不同的边，可以被多个边共享；

　　（2）边（edge）具有方向性，由起点指向终点，边可以被多个面（face）共享，多个相邻的面片共享同一条公共边；

　　（3）节点和边的关系只有相离，或节点为边的起点或终点，节点和边不能有相交关系，若节点出现在边上，该边被打断成两段，形成两条新边；

　　（4）边的几何形态是由多条弧段（arc）限定，边在空间上不要求是一条直线，也不要求边在一个空间平面上；

（5）弧段（arc）不要求是直线，但 arc 必须在某一个空间平面上；

（6）边与边相交时在交点处打断，以原来的边、交点、节点形成多个新的边，即边与边之间不存在相交关系，相邻边公共节点；

（7）边与面的关系只有相离，或者边是构成面的边界，如果边穿越了面，边将被打断成面内和面外两部分，形成新边，面也被该边分成两个新面；

（8）面（face）的边界由边依次相接围成，不能出现悬垂的边（一个或两个节点均不为面上其他边共享）和重复边，面具有方向，构成面的边的顺序决定了面的方向；

（9）面（face）的几何形态由多个 area 限定，面不要求是空间上的平面，area 必须是空间上的平面；

（10）面与面相交时在交线处打断，形成新的面，即面与面要么不相交，要么相交于公共弧段；

（11）面与体的关系只有相邻，或者面参与构成该体的边界；

（12）体（body）由一系列邻接的面片组成，这些面片刚好围成一个封闭区域，不存在悬垂面片，体必须简单且封闭；

（13）体与体不能相交，只能相离或相邻（共享一个或多个面片，或者共享一条或多条弧段，或者共享一个节点）。

2.4　产权体的主体

产权体作为三维地籍的客体，有其对应的主体。产权体的主体是人，包括自然人和非自然人。非自然人又可分为组织、公司和其他社会机构，如图 2-15 所示。在该 UML 图中，抽象类"人"有两个子类：自然人和非自然人。如果一个人是自然人，则他就不

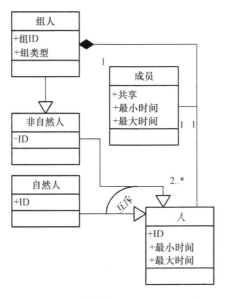

图 2-15　产权体的主体的 UML 图

能是非自然人，即自然人和非自然人是互斥的。除了自然人和非自然人，还有另一个类"组人"（groupperson）。非自然人和组人的区别在于，非自然人用于表达组织、公司、政府机构（和其他人之间没有明确的关系），而组人则用于表达团体、合作社和其他社会结构实体（可能与其他人之间有明确的关系），组人可以包含各种人，如自然人、非自然人以及组人。进一步而言，人可以是多个组人的成员。

2.5　三维地籍的优势

三维地籍具有广泛的社会意义和应用价值。三维地籍在空间上对土地利用的不同层面的权利进行划分和登记，准确反映了土地在不同层次空间利用的分布情况，提供了权属单元的空间范围，明晰了产权单元的界限，减少了产权纠纷，为不同层次土地利用者的合法权益提供了保障。三维地籍能够明确登记 3D RRR，可以很好地查看 3D RRR 的法律状态。它们表达三维空间中分层所有权单元的空间范围，促进了财产权的分层登记。从而进一步加速了土地流转，刺激了土地投资行为，促进了社会经济发展，保护了土地的合理利用，提高了土地的利用水平和节约集约利用的程度。

三维地籍可以为不动产统一登记提供支撑技术，对土地和房产统一进行处理。三维地籍提供的几何计算功能（如体积），为不动产税费的征收和评估提供了科学的方法。传统二维地籍模式下的不动产税收和评估通常是以面积为基础的，这导致房地产商在开发房产时，故意加高楼层的间距而在销售房产时，则在高楼层之间添加夹层，将其一分为二，形成了两个房产单元，以逃避税费。针对上述面积量算带来的缺陷，三维地籍的体积量算能较好地解决问题。因此，三维地籍可以减少房地产投机，保障税收，使得房地产管理更加科学。

城市规划领域需要以三维地籍为基础，在三维地籍所提供的快速建模、可视化、交互工具等支持下，城市空间的利用和规划从以平面为基础的传统模式向以三维空间为参考的立体模式转变，这样不仅可以节约城市建设成本，而且还能减少麻烦。例如，新建设的建筑物或基础设施（如地铁）可能对周围的环境造成影响，因此，可以在开工建设前以三维虚拟现实的方式进行模拟，并与受影响的居民进行讨论，征求他们的意见，从而避免盲目施工带来的麻烦。

三维地籍支持土地开发过程，支持跨越宗地边界的地下或地上桥梁和隧道等大型开发项目；它以三维方式获取综合的房地产信息，这将使得城市的土地和房地产开发过程现代化，并防止决策过程中的混乱、行政摩擦和争议。与此同时，提高了当地政府和公用事业部门有效规划大型项目（如购物中心、桥梁和隧道）的能力，为决策者提供了可靠的立体化城市管理的信息。三维地籍的实施可以为土地开发过程带来长期效益和节约，它能描述 3D RRR 的高度维，而超过 50%的土地开发涉及高度的问题。

三维地籍还可以为移动电话网中转站的建设和微波通道的建立提供决策；模拟地下自然和地质条件，管理地下矿藏、石油和天然气等资源；模拟和分析噪声污染以及其他类型的污染、洪水灾害、城市的扩张；三维地籍的可视化功能可以提供诸如管线、光缆等在现实世界中的空间位置信息。根据这些信息，制定相应的约束条件来限制地表使用者所使用土地的深度（或高度），避免城市建设过程中的破坏行为。另外，三维地籍还能集成土地估价、土地利用、公用事业管理、财产使用权与租赁以及三维环境等方面的信息，这为市政当局和公用事业单位提供无缝的信息和工具，提高了他们的管理效率。

三维地籍依托 3D GIS 的相关技术，不仅可以实现产权体的有效查询、分析和管理等功能，而且还可以通过虚拟现实、可视化等手段，利用视图变化、透视处理、局部放大等功能展现产权体所在空间位置、形态以及与周围产权体之间的空间关系，从而给管理者或业主一个非常直观的产权体的空间形象，便于管理、提高工作效率等。三维地籍还可以作为基础层与三维城市模型（CityGML）、建筑信息模型（BIM）等信息集成，从而产生增值服务。

三维地籍可以辅助多用途土地的管理，及时将成为土地权属、土地价值、土地利用、土地规划等所有土地管理功能必不可少的基础层（需要支持三维实物）。

2.6 三维地籍的国际研究进展

进入新世纪以来，随着城市空间多元化利用模式的出现，产权的分层设立已经成为不可避免的趋势。荷兰、丹麦、挪威、瑞典、澳大利亚、加拿大、以色列等在二维地籍管理的基础上，以三维地理信息系统为依托，开始探寻三维地籍管理的新模式。2001年代尔夫特理工大学与国际测量师联合会联合举办了第一次三维地籍国际研讨会，对三维地籍进行了广泛的讨论。在此基础上，2002 年由 FIG 第三委员会和第七委员会联合建立了三维地籍工作小组，从法律、技术、空间信息系统、组织机构等方面对三维地籍进行研究。不同的国家因法律、地籍框架（取决于历史背景）和技术发展水平的不同，制定了不同的三维产权管理方案。

2.6.1 荷　　兰

在建筑和土地所有权方面，荷兰采用了罗马法的规定。在荷兰，建筑物的所有权包含在土地所有权中。所有权的转移是在契约登记后进行的，并且在 19 世纪引入了以地块为基础的索引，该索引最终发展为所有权登记，并在实际财产登记中发挥了重要作用。

1. 建筑物的登记

建筑物的分层产权使用宗地的地上权、公寓权和地役权等各种（有限）权利来登记。在当前的登记系统中，人们只能看到地面宗地上的权利，但三维产权的空间范围没有登记。建筑物中产权单元的二维和三维范围在地籍图上不可见。除了公寓权利外，地籍单元本身的行政信息在地籍登记中也不可用。只有在公寓权利的情况下，才可以了解实际的三维情况。然而，契约中保存的是公寓大楼纸质或扫描的图纸，它们并不能被整合到地理数据库中。另外，这些地上权利的建立并不是强制的，而是自愿的，这意味着即使查询公共登记部门也不一定能获得更多有用的信息。

2. 基础设施对象的地籍登记

　　在荷兰，电信电缆、管道等基础设施对象的法律地位是通过有限权利和在地表相交宗地上建立的法律告示来确定的。由于在地籍登记中没有维护基础设施对象的唯一 ID，因此无法获得三维物理对象本身的信息。此外，对象有限权利和法律告示与空间描述无关。因此，无法找到基础设施对象在二维地籍图中的位置以及对象到底是位于地下、地上还是地表。在地籍记录中记录基础设施对象将导致宗地"碎片"化，三维对象将被分解成多个部分以使它们与地表宗地相匹配。有限权利和法律告示并不与现实世界中的基础设施对象相关联，而是与基础设施对象的持有者相关联。对每块相交宗地的而言，对基础设施对象持有者的重复引用导致冗余和潜在的不一致的发生。如图 2-16 所示，是铁路隧道法定空间的登记，所有地块都受到地上权利的阻碍，为所有相交的地块创建了新的地块。

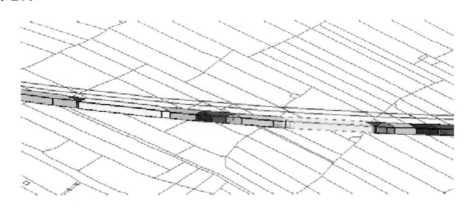

图 2-16　铁路隧道的登记（Stoter，2004）

　　荷兰地籍登记中唯一的对象是宗地，财产权必须与地面宗地相关。因此，房地产的所有权始终建立在地面宗地上。业主可以通过有限的权利限制使用整个宗地空间。根据荷兰法律，不能将土地的所有权划分为三维体，也不能在不转移土地所有权的情况下转移建筑物的所有权。但是，使用公寓权利或"共管权利"可以创建分层产权。为了描述产权的三维边界，只有建立公寓权。公寓权可以在土地登记簿中单独登记每一层的权利。然而，公寓单元必须始终与一个或多个二维宗地相关，只有通过查询在地面宗地上建立实际权利的契约，才能获得有关三维财产单元的信息。此外，电信电缆和管道等可以在地籍数据库中登记。但是，这些对象仍需要在地表宗地（锚宗地）上登记，地下对象的轮廓只能通过使用特定的分类和可见性代码在地籍数据库的地形中表示，实际情况并没有在地籍登记中得到反映，如通过显示地表上方和下方物理结构的三维轮廓来表达。用于确定基础设施对象合法身份的权利类型也不统一，基础设施对象的持有者也可能拥有使用土地的个人权利（短租约）或基础设施对象的所有者与宗地的所有者（如两个政府机构）相同。在这些情况下，地籍登记中根本找不到关于三维产权情况的信息。

2.6.2　以　色　列

以色列国土面积 2.57 万 km^2（实际管辖面积），人口 871 万（2017 年）。以色列中部和北部地区（人口密度达 480 人/km^2）的总人口密度高于德国、比利时、日本或荷兰。为了实现持续的土地开发，需要更有效地利用地上、地下空间。

1. 四种三维地籍方案

以色列是最早研究三维地籍的国家。根据以色列土地法，地块中的财产权从地球中心延伸并径向太空，包括在其表面建造或种植的所有物权。为了实现不同利益方的三维挖掘潜力，有必要定义一个能够在多层地籍现实中登记权利的法律和地籍解决方案。为了做到这一点，以色列的研究团队研究了四种解决方案（Shoshani et al.，2005）：

（1）修订的"土地法"方案：通过在《土地法》内改变一块土地的权利范围，可以实现地下空间和空域的活动。在适用的开采限制范围内，权利无限范围地将被限制在宗地表面上方和/或深度以下的指定高度。

（2）"公寓登记"方案：由于公寓都是由相互叠加的单元组成，因此可以将公寓称为垂直子分割。这种垂直子分割是由宗地空间中许多不同所有者的共存以及同一宗地上的多个不同的财产权产生。《共管公寓登记》规定了同一土地上多个财产所有者的权利状况，并提供在不同高度上独立所有权的法律解决方案。

（3）"对象登记"方案：这种方案是建立与现有的土地登记完全分开的"对象登记处"，该登记仅处理空间对象。

（4）"空间子宗地"方案：此方案为空间对象的登记提供了解决方案。空间对象并不紧挨着登记的表面宗地，它们中都受到明确的权利和义务的约束，如图 2-17 所示。地下空间和地上空间通过分配或征用地表地块垂直边界内空间的特定部分来实现。

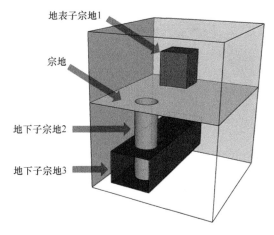

图 2-17　空间子宗地（改自 Shoshani et al.，2005）

为了避免与现有的地籍系统冲突，研究团队制定了空间子宗地的设计原则（Shoshani

et al.，2005）：

原则一：将表面宗地空间细分为空间子宗地来实现空间登记（图 2-18）。该原则保持表面宗地的定义不变。任何建立在空间子宗地中（地表以上或以下）的项目将被一个三维轮廓和它的体所限定。因此，在表面宗地上方或下方延伸的空间工程可细分为空间子宗地。

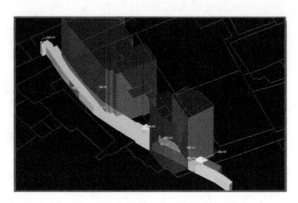

图 2-18　空间子宗地三维展示（Shoshani et al.，2005）

原则二：地表宗地的所有权将根据表面宗地的现有定义保留为在表面上方和下方无限延伸。但是，空间子宗地将被定义为从中减去的有限体对象。

原则三：空间子宗地将作为地表宗地的一部分包含在现有登记中，空间子宗地也将在所有权登记中注明，并包括空间子宗地的三维定义（图 2-19）。

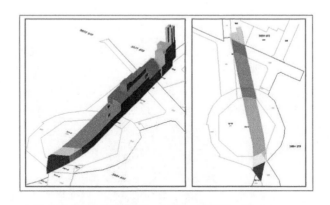

图 2-19　空间宗地和空间子宗地的三维和二维表达（Shoshani et al.，2005）

2. 四种数据模型

目前，以色列的土地管理信息系统的数据库仅包含一个地籍图层，该图层通过二维手段表达了连续的宗地。三维地籍需要一个解决方案来管理和组织三维和多层信息。以色列的三维地籍调查组提出了四种模型①：

（1）图层数据模型：将多层信息按主题而不是空间组织成图层，所有的图层包含了

---

① Benhamu M. 2006. A GIS-Related Multi Layers 3D Cadastre in Israel. XXIII FIG Congress Munich, Germany: 8-13.

地理空间对象。包括多层对象的地表图层将使用户能够发现对象之间的层次关系。

（2）多层数据模型：多层对象的信息将被组织在三个地籍层中，每个空间（表面、下表面、上表面）对应一个图层。该解决方案适用于大多数 GIS 系统中的现有数据模型。此外，它允许使用现有 2D GIS 系统中提供的工具进行多层分析。该数据模型的主要优点在于它保留了当前的地表地籍层。

（3）面向对象的数据库：使用对象而不是图层组织信息，以便将空间财产定义为对象，并且信息数据库不包括任何单个信息级别。对象将被分为三个空间，每个对象被分配一个空间和时间顺序的标识号。

（4）综合数据模型：信息数据库仅包括一个地表地籍层（三维），地理空间对象被定义为链接到地表图层的对象。地表信息将按层组织，多层信息按对象组织。多层对象与地表宗地通过链接关联在一起。

综合数据模型是四种替代方案中的首选模型，因为它允许维护地表地籍层，并且适合于大多数活动在地表上的多层现实。还有一个重要的优点是地表信息和多层信息之间的联系。

2.6.3　挪　　威

根据挪威土地法，不动产的所有权由地表上的边界定义，如果私有所有权对地表财产所有者有任何经济利益，则垂直向下和向上延伸。这意味着所有权的纵向延伸并非由法律具体确定，而是根据具体情况来确定。

1. 分层产权的情况

对于建筑物的分层产权问题，在公寓上允许公寓和其他用途建筑物的分割，即用于办公、商店等不同用途的空间作为单独的不动产登记。然而，挪威的正式法律制度指出所有者或部分所有者拥有整个财产的份额，并拥有使用该部分专有权。共管公寓应始终包括相关建筑物所在的地块。与适用于共管公寓的股份所有权制度相反，分层财产在法律上应从地面分割，并按地面宗地登记为房产。

虽然法律没有明确规定分层产权的设立，但是多年来市政当局已经将宗地上下延伸形成的体进行细分，建立了地表上下的三维体，以便能够以三维形式划分财产。例如，奥斯陆市政当局引入了一种实用的方法，在地籍登记中将三维财产登记为不动产，这些财产与地表宗地具有相同的权利和限制。

在大多数情况下，地下建筑被认为是邻近地表土地的延伸，隧道、储藏室或其他地下建筑都没有在地籍和土地登记簿中进行细分和正式登记。在极少数情况下，投资者需要特定的地下建筑作为抵押物。

2. 建筑物财产权的立法

在 20 世纪 90 年代初，提供三维财产权的可能性被列为改善挪威地籍立法的重要动机，因为目前的司法框架并未提供一个在地面宗地上建立具有独立所有权的三维财产单元的法律。挪威政府于 1995 年专门成立了一个修改地籍法的委员会，该委员会对一些地籍相关的法律事项进行调查，其结论是促进以下三种类型的三维财产权：①地球表面以下的地方，如地下停车场、购物区、隧道等；②竖立在柱子上或通过其他方式在地表上方构建的建筑物和其他建筑物，经常跨越公路或铁路；③海上或淡水柱子上的建筑物（Onsrud，2003）。

委员会提出了一项关于"建筑物财产权"的法律提案。在这项法律中，除了从地表财产中明确细分的三维财产对象，由地表边界定义的地表财产（包括所有永久固定的资产）仍然是基本财产对象。三维建筑财产权具有以下特征[①]（Valstad，2008；Onsrud，2003）：

（1）三维建筑财产权只能通过细分地表财产权的方式来建立，并且可以跨越多块宗地。

（2）由于新宗地只能在规划和建设之后才能建立，因此一般不允许对宗地进行细分，除非该宗地的后续施工可能得到批准。这意味着新宗地与要创建的建筑物之间存在直接联系。当需要支持特定建筑时，将批准建筑物。因此，三维建筑财产法禁止了三维财产单元的自由建设。

（3）只有当建筑物仍然可以用作相关用途的建筑物财产权的一部分时，才能建立三维建筑财产权。因此，直接矗立在地表上的建筑物不能被孤立地赋予建筑物财产权。如果三维建筑物的实际结构倒塌而不能在三年内重建，则该建筑物将不复存在。

（4）只有在单独的建筑物中，三维财产权与相邻财产权之间没有关系，超出相邻地表财产权之间的通常关系才有可能。在其他情况下，必须使用公寓权，例如在新单元是共同拥有建筑物的一部分的情况下。

2.6.4　澳　大　利　亚

澳大利亚国土面积 769.2 万 km^2，总人口约 2639 万。澳大利亚共有八个地籍管辖区，它们都有自己的司法和技术框架。昆士兰州和维多利亚州是探索三维地籍较早的州。

1. 昆士兰州

昆士兰是三维地籍和三维登记的先驱和主要地区之一。昆士兰的法律框架源自普通法，它提供了建立三维房产单元（可以是永久业权和租赁房产）的可能性。在昆士兰，所有权由权利登记处来登记和维护，二维和三维所有权的处理和登记方式都相同（Thompson et al.，2015）。《土地所有权法》（*Land Title Act*）和《土地法》（*Land Act*）分别提供了土地永久业权和非永久业权登记的法律。《建筑单元和组权利法》（*Building Units and Group Titles Act*）和《机构公司和社区管理法》（*Body Corporate and Community Management Act*）提供了建筑单元登记的法律基础。《测绘基础设施法》《测量员法》指导测量员的作业方式并为土地所有者提供保护，几乎所有的永久业权都是由私人测量员进行测量。此外，《土地业务手册》（*Land Practice Manual*）、《地籍调查要求》（*Cadastral*

---

① Onsrud H. 2002. Making Laws for 3D Cadastre in Norway. Washington D C FIG XXII International Congress: 191-199.

Survey Requirements)、《所有权登记规划预备说明书》(*Registrar of Titles Directions for Preparation of Plan*，RTDPP)和一些针对测量员和土地从业者的指令为三维所有权的登记提供了一个强有力的法律框架。

《产权登记规划预备说明书》描述了标准格式、建筑格式和体格式三种测量方案以及使用它们的条件。标准格式方案使用水平面定义土地并参考地面上的标记。标准格式方案用于基础地块(lot)，受限宗地(parcel)和受限的地役权。基础地块指从地心到天空的整个宗地列，如图 2-20 (a) 所示。受限宗地 (其高度或深度受限) 也在标准格式方案中通过相对于地表 (定义为水平平面) 的数值或通过一个定义的平面，如图 2-20 (b) 所示。对于限制的地役权，垂直方向限制应在方案中详细说明，并参考澳大利亚高度基准以及基于此的水准点信息。

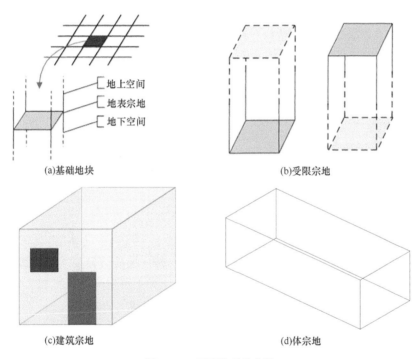

(a)基础地块   (b)受限宗地

(c)建筑宗地   (d)体宗地

图 2-20 不同类型的宗地

建筑格式方案使用建筑物的结构元素来定义建筑宗地，包括地板、墙壁和天花板，如图 2-20 (c) 所示。一个宗地被细分为至少两个建筑单元和一个共享的共有部分。建筑物中的地块号应为数字，由 FL、TFL 或 TL 的形式组成，其中 T 是塔号，F 是楼号，L 是批号。建筑格式方案应包括一个主要平面图和相对于基础宗地外部边界 (即建筑物最外墙的投影) 的每个建筑物或结构的位置。该方案应包括任何地下基础和建筑物各层的图表，显示该层面的宗地和共有部分。

体格式方案使用三维点定义土地以识别每个边界曲面的位置、形状和尺寸，并用于反映体宗地。体宗地完全受到边界表面 (可能不是垂直或水平) 的限制，并且可以位于地面以上，或部分位于地上方或地下方，如图 2-20 (d) 所示。体宗地的使用和目的由当地政府和其他法律确定。一个体宗地可以与多个地表宗地相交。除非另有明确说明，否则体格式方案的所有线都是直线，所有面都是平面。体宗地的角点应尽可能参考现有结构或标记。体宗地的三维描述在土地登记中维护，而体宗地的基底轮廓在地籍图上显示。

昆士兰州的地籍地理数据集有一个"基础层"，该层是地表一个完整的非重叠覆盖，包括地块、公路、铁路、水道等。体宗地不是非重叠覆盖的一部分，但它们的基底需要绘制在基础层上，因此它们与基础宗地重叠。具有单独几何描述的地役权也在基础层上绘制，它们也可能与几个地表地块相交。最初地役权在单个基础宗地上定义，但基础宗地可能会被分割，从而使地役权完整。建筑宗地不在地籍图上绘制。

综上所述，昆士兰的地籍登记中存在三维财产单元（有界和无界宗地）。《所有权登记规划预备说明书》决定了如何将三维信息纳入地籍登记中，体宗地的基底在地籍图上绘制，因此在地籍登记中是已知的，但地籍地理数据集中没有三维几何图形，因此无法从地籍中查询三维情况，也无法查看两个体宗地是否重叠。体格式方案需要三维图表，包括澳大利亚高度基准值。值得注意的是，这些方案都是（扫描）图纸，无法在交互式三维环境中查看三维财产单元。因此，在昆士兰州，三维登记的基本改进是将三维财产单元信息纳入地籍登记，这些信息已在土地登记测量方案中得到了很好的描述。

2. 维多利亚州

维多利亚州在较早时期就对第三维空间相关 RRR 进行立法，以满足三维财产登记的需求。维多利亚使用了两个基本信息来定义 3D RRR：一是 3D RRR 的类型，二是 RRR 空间范围的边界。在实践中，在维多利亚州登记的 RRR 包括地块（私人利益）、共同财产（公共利益）、道路（公共利益）、保留地（公共利益的公园和绿地）、王室土地（政府利益的土地）、地役权（公用事业网络利益）、限制（限制土地使用）、深度限制和空域（地上/外部建筑利益）。在法律上定义 3D RRR 时使用的边界类型包括结构、流动和投影。结构边界基于建筑零件定义，如墙壁。投影边界用于定义不可见的边界，如阳台。流动边界基于动态自然特征，如河流边界（Atazadeh et al.，2017）。

在大多数情况下，道路、地役权、储备用地、皇家土地和限制用地是 2D RRR，3D 宗地、公共财产、限深空域是常见的 3D RRR，它们与 2D RRR 以不同的方式进行登记。公寓单元登记为 lot。公寓单元可包括诸如停车位和存储空间的附件。公寓及其配件在一个所有权下登记。共同财产是另一种类型的 3D RRR，它被登记为公共法律空间（例如走廊和大厅）和物理结构（如墙壁和天花板）。限深和空域被登记为 3D RRR。

维多利亚州法规在促进 3D RRR 登记方面有着长期的历史。维多利亚州已经将三维地籍管理列为主要管辖权之一。虽然 3D RRR 的注册已经存在多年，但它们还没有完全实现地籍的三维可视化。

2.6.5 加拿大

加拿大位于北美洲北部，总面积 998 万 km^2，总人口约为 4000 万。加拿大全国分 10 个省 3 个地区，其中，不列颠哥伦比亚省和魁北克省是探索三维地籍较早的省。

1. 不列颠哥伦比亚省

不列颠哥伦比亚（British Columbia）省是加拿大西部的一个省，又称 BC 省、卑诗省，是加拿大四个大省之一，是加拿大通往亚太地区的门户。不列颠哥伦比亚省的土地业务由皇家土地登记处和土地所有权办公室承担。在不列颠哥伦比亚省，皇家拥有 90% 的土地，剩下的 10% 为私人所有（Gerremo and Hannson，1998）。皇家土地登记处列出所有官方转为私人所有的土地、私有转为官方所有的土地、官方土地使用权、租约、许可或其他有时限的土地，包括记录官方土地位置的地图。

不列颠哥伦比亚省的地籍登记包括所有权登记的土地登记。测量方案作为所有权的一部分进行维护，不列颠哥伦比亚省没有地籍图。在二维视图中，相邻宗地不能集成在一个视图中，因此很难获得宗地之间的关系，如查看两块宗地是否重叠。在不列颠哥伦比亚省的现有司法框架内，允许在一宗地内的三维财产单元拥有独立所有权。为了进一步划分空域，引入"共管公寓法"规则，将空域划分为分层宗地（空域宗地，air-space parcel）。"共管公寓法"规定，建筑物分层方案将建筑物或土地分割为分层宗地。新的分层宗地与土地登记处登记的其他土地具有相同的地位。分层方案必须包含图表，图表显示了分层方案中包含的土地边界和建筑物的位置。

空域宗地（三维宗地）必须在现有的宗地内创建，空域宗地不会与地表宗地边界相交，它可以连续、完全存在于地表之上。创建空域宗地的主要需求是在所有权上提供航空图，该图必须包含三维图，以显示边界位于单个宗地的边界内，如图 2-21 所示（Storter，2004）。该方案必须进一步说明方案中显示的是整个宗地的分割还是其中的一部分，这就需要在地面宗地至少一个点以及分割后的空域宗地的每个点上注明高程信息。

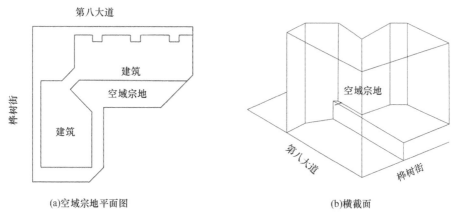

图 2-21　空域宗地（改自 Stoter，2004）

不列颠哥伦比亚省通过扩展法律体系来建立三维财产单元，地籍和土地登记遵循法律实践。空域宗地被称为土地登记中的个人财产单元。三维财产单元用三维图表示，可以从土地登记中的文件和记录中获得。三维方案以类似于昆士兰州的方式提供。不列颠哥伦比亚省的三维地籍登记将通过两个步骤得到改善。第一步是对现有的二维测量方案进行改进，创建一个宗地之间没有重叠和间隙的地籍图。第二步是三维数字化，以交互方式查看三维财产单元，并在数字地籍数据集中包含详细可用的三维信息，并在组合视图中查询具有地籍地理数据集的空域宗地。

2. 魁北克省

魁北克（Quebec）省是加拿大的一级行政单位，是加拿大面积最大的省。早在 1860 年，魁北克省就创建了法律地籍，所有法律文件都根据地块编号，并在土地簿中登记。魁北克土地登记系统不是托伦斯系统，所有权由国家保证。土地所有权的安全取决于契约登记系统，该系统索引和归档了与土地权利有关的法律文件。一个多世纪以来，由于更新程序薄弱，地籍图逐渐过时，新地块没有在系统中用图形表示。1994 年，魁北克省启动了一项重要的地籍改革，旨在更新所有地籍图，建立准确、数字、在线和最新的地籍和登记系统。当前，魁北克省土地登记由地籍册和地籍图组成，可在线访问所有可用的地籍图、地籍册和法律文件，并保持更新。

《魁北克民法典》确定了两种登记财产权的制度（van Oosterom et al.，2018）。第一种是土地登记制度，它使用地籍簿和地籍图来记录和发布与财产信息相关的地块、公寓或位于三维空间中的任何不可移动物体。地籍图包含官方法定财产单元编号、相对位置、尺寸和面积。地籍图上没有表示地役权。如果需要表示共管公寓的共同所有权，那么需要在空间上为这些对象制定强制性的特定协议，包括为每块宗地制作楼层平面图和垂直剖面图，并显示高程、体积等三维特征。图 2-22 是地籍图的示例，图 2-23 是其相应的补充图，左为第二层楼的平面图，右图为垂直剖面图。

第二种登记制度是 FITNO（Fiches Immobilières Tenues sous un Numéro d'Ordre），它针对未明确限制的财产对象，如国家资源和专用公用设施网络。FITNO 基于土地文件，这些土地文件保存在订购号码下。FITNO 制度提出两种登记簿，即国家资源物权登记簿和位于非地籍测量区域内的公共服务网络和不可移动物体登记簿。这些登记簿保存与法律对象相关的房地产交易清单、持有人、地区管理的名称以及记录文件的订购号码。在大多数情况下，该登记系统不提供类似于地籍图的空间表示（Pouliot et al.，2015）。

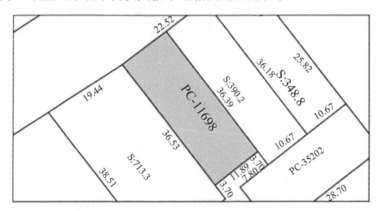

图 2-22　标记为 PC-11698 的分层财产的地籍图（van Oosterom et al.，2018）

注：PC-11698、PC-35202 为宗地号；S 表示面积，单位是平方英尺（1 平方英尺≈0.091m²）；其余表示长或宽，单位是英尺（1 英尺=0.3m）

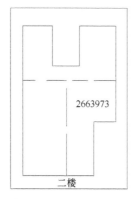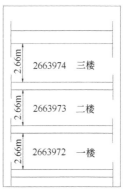

图 2-23　PC-11698 的补充图（van Oosterom et al.，2018）

在立法方面，魁北克没有具体针对三维物体的立法，三维对象通过上述的地籍系统或 FITNO 完成它们的登记。《魁北克民法典》的土地财产对象没有提供第三维的指示。土地财产对象的边界使用 X 和 Y 坐标表示，但这些并没有法律意义。除了作为名称或所有权的法律和描述性信息之外，只有长度、周长和体积的测量值具有官方几何意义。

2.6.6　希　　腊

1. 希腊的复杂产权

在希腊，物权法作为《希腊民法典》的一部分规定了与所有权相关的内容。根据希腊立法，无论地表上方还是下方，它们都属于相应地块的所有者。因此，部分土地的所有权通常包括在其上建造的所有建筑物。该原则的一个例外是根据建筑物的"分割财产"的立法建立横向和纵向财产。因此，存在公寓的个人所有权以及土地的共同所有权。

根据联合国/欧洲经委会的指导方针，公寓所有权有多种形式，从专用于住宅用途的多户公寓到包含住宅单元和用于商业用途的空间公寓。它们可以像塔楼一样垂直延伸，也可以像联排房屋一样水平延伸。这样的建筑物基本上有两个组成部分，即私有部分和共有部分（如电梯，电力和供热等）。

希腊存在复杂产权。例如，在异地上的合法种植权或在异地上的地表或独立所有权财产上种植粮食、树木或建设建筑物的合法权利，在这些情况下，建筑物或土地开发的部分所有者可能不是财产本身的所有者。事实上，在一个单独的所有权案例中，合法权利的所有者甚至不拥有该地块的所有权。

2. 希腊的三维产权情况

希腊的三维产权情况非常复杂，不仅存在公共财产（如基础设施、露天场所和广场）与私人地块和建筑物完全或部分重叠的三维产权情况，而且还存在 yposkafa、anogeia、syrmata 等多种类型的"特殊房地产对象"，下面列出了几个典型案例。

1）公共财产位于私人财产之上

在农村，最典型的私人与公共财产空间重叠是采矿权，这些矿不直接依赖地表地块。在城市地区，特别是在城市化程度较高的地区，汽车密度不断增加，私人停车场通常位于广场或公共建筑物下。如图 2-24 所示，私人停车设施与公共建筑重叠。

图 2-24　私人停车设施和公共建筑重叠[1]

2）私人财产位于公共财产之上

在私人地块下最具特色的公共财产是道路。另外，在希腊的许多岛屿和传统定居点，私人建筑位于公共道路上。如图 2-25（a）所示，足球场位于公共道路的上方。

位于公共拱廊上的建筑通常被称为"anogeia"（上层建筑），并且被认为是拱廊旁边的另一个房产的延伸，因为它们的入口总是位于通过附近其他房产的地面上。"anogeia"在小村庄很常见，特别是在岛屿上，他们有两个地籍 ID 号：一个用于拱廊，一个用于另一个财产，如图 2-25（b）所示。

(a)足球场在公共道路上方　　　　　　　(b)私人建筑在道路上方

图 2-25　私人财产位于公共财产之上（Papaefthymiou et al., 2004）

3）私有财产之间的叠加

在希腊群岛（例如在圣托里尼岛）非常普遍，地块和建筑物部分或完全相互重叠。

① Dimopoulou E, Gavanas I, Zentelis P. 2006. 3D Registrations in the Hellenic Cadastre. //TS 14-3D and 4D Cadastres, Shaping the Change XXIII FIG Congress: 8-13.

图 2-26 为圣托里尼岛的典型的私人财产的重叠例子。这是一个在传统定居点常遇的情况，在山地或山丘上垂直或水平延伸。一个房产的院子可以同时是邻居的屋顶，需要提供两个不同的地籍标识号来登记两个权利。在这种情况下，三维登记是澄清所有权状态的唯一方法。

图 2-26　圣托里尼岛重叠的房地产（Papaefthymiou et al.，2004）

4）地下建筑

地下建筑通常用于商业、车库或储存设施。这些建筑中的每一个都可以在不止一个地块下延伸。因此，由于土地所有者可能不是其下方建筑物的所有者，因此应该应用多个地籍标识号。这种情况的关键价值是地球表面下的深度。

5）带有地表入口的地下建筑

主要指传统村庄（主要是岛屿上）的住宅物业，称为"yposkafa"（图 2-27）。房屋与相应的入口处于不同的层次。

图 2-27　yposkafa（Papaefthymiou et al.，2004）

6）syrmata 类型的建筑物

syrmata 类型的建筑物，典型的海滨定居点，特别是在米洛斯岛，在冬季时船被拖到它们的内部，如图 2-28 所示。

图 2-28　切萨雷奥的地下船坞①

7）基础设施位于私人土地以下

此种类型主要是供应工业区的地下基础设施网络，如天然气管道或电信线路，通常延伸到建筑物下面。对于这些公用事业网络，应考虑与地表地块和建筑物相关的单独登记。这种三维登记有助于对其进行安全维护。图 2-29 示出了这种情况的一个例子。

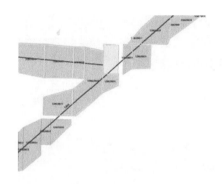

图 2-29　现有地块下的天然气管网①

2.6.7　新　加　坡

1. 平台建设

为了解决用地短缺问题，新加坡在立体化管理与应用等方面做出了长足的努力。2014 年，新加坡政府启动虚拟新加坡计划。虚拟新加坡（图 2-30）是一个动态的三维城市模型和协作数据平台。数据采集方面，第一阶段，运用航空摄影和机载激光雷达采集地形、地面数据，建立数字模型；第二阶段，运用车载激光扫描补充采集街道数据。实现新加坡全域内 16 万建筑物，5500km 街道的三维建模。该平台支持半自动化的规划流程，规划人员可以在平台上叠加温度图和噪声图，以进行仿真和建模，还可以根据预

① Dimopoulou E, Gavanas I, Zentelis P. 2006. 3D Registrations in the Hellenic Cadastre. //TS 14-3D and 4D Cadastres, Shaping the Change XXIII FIG Congress: 8-13.

设参数快速筛选感兴趣的建筑物。

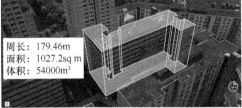

(a)三维城市语义模型　　　　　　　　　　　　　(b)量测功能

图 2-30　虚拟新加坡平台

2015 年，新加坡土地管理局（SLA）设立三维国家地图项目——OneMap（图 2-31），创建和维护了全球首个高分辨率三维国家地图。项目范围包括整个新加坡，覆盖面超过 700km²，满足了新加坡土地管理局的二维和三维地籍管理要求。该项目生产的三维地图数据和 CityGML 模型在政府机构之间共享，同步支持虚拟新加坡平台建设。

图 2-31　新加坡三维地图平台 OneMap

2. 政策与法规

在法规制度方面，为保证集约高效地开发利用有限的土地资源，新加坡政府对土地使用和城市规划进行管制，制定完备的法律制度体系，实现对土地的精细化管理，制定了四部法律，即《国家土地法》《土地产权法》《住宅产权法》《土地征收法》。

《国家土地法》（*State Land Act*）于 1975 年颁布，经多次修订，最终于 2015 年形成现行版本。该法案将土地分为地表土地（land）、空域（airspace）、地下土地（subterranean）（图 2-32），体现了土地立体分层的概念。对地下空间所有权范围的规定中，土地所有权包括使用土地所合理需要的地下空间，深度若无明确规定，默认为 30m。

《土地产权法》（*Land Titles Act*）（1993 年颁布）在《国家土地法》的基础上对建筑物或土地进一步细分为地层单元（strata lots）和附属单元（accessory lots），地层单元是地表土地或空域、地下土地的子集，附属单元则是地层单元的附属单位（如储藏室、卫生间等），不能单独出售。新加坡大多数房屋都是政府出资修建的组屋，划分了数百万个地层单元，地层单元与地层单元之间、地层单元与附属单元之间的权属界限难以明确划分，因此，新加坡对发展三维地籍有极大需求。

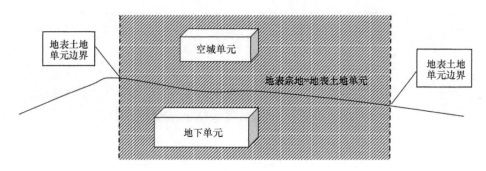

图 2-32　新加坡土地分层示意图（Victor，2011）

《住宅产权法》（*Residential Property Act*）实现对国内、国外人员在新加坡进行房产采购的约束，主管部门为新加坡土地管理部门。

《土地征收法》使政府能够为公共目的而强制性收购私人土地，如建设交通基础设施和公共房屋。

《住宅产权法》《土地征收法》中对住宅产权的交易，地块的征收皆以五类基本地块类型为依据，相关测量、调查、编码工作亦以此为依据（图 2-33）。

地块编码系统

土地、地层和附属物单元的编号旨在提供一个简化且统一的地块编码系统。每个单元编号在每个调查区内连续、唯一分配的，并加有后缀字母，后缀字母表是计算机生成的，用于检查错误。

编号类型	调查区	调查区编号	前缀	地块编号	字母检验	范围
地块单元编号	A(2)	N(2)	–	N(5)	A(1)	1~69999&90000~99999
"空"单元编号	A(2)	N(2)	–	N(5)	A(1)	70000~79999
地下单元编号	A(2)	N(2)	–	N(5)	A(1)	80000~89999
地层单元编号	A(2)	N(2)	U	N(6)	A(1)	U1~U999999
附属单元编号	A(2)	N(2)	A	N(4)	A(1)	A1~A999

图 2-33　新加坡地块编号为分层编号

3. 业务流程

在业务流程方面，新加坡是最早开始业务流程三维化的国家，在规划、报建方面都率先采用了三维模式。新加坡城市更新局（URA）开发了三维规划平台（3D Urban Planner Pro）（图 2-34），该平台实现新加坡规划数据集成，囊括新加坡全域多精度三维建筑模型、重点地区规划等，并提供视域分析功能。

新加坡很早就开始探索 BIM 报建模式。2013 年，新加坡政府规定"对建筑面积超过 20000m^2 的建筑提交 BIM 电子文件"。在 2015 年，所有面积超过 5000m^2 的新建筑项目都需要使用 BIM 模型电子报建，新加坡建筑与房地产网络（Corenet）还对 BIM 建模的规范以及 BIM 提交模板进行了详细的规定。

(a)多精度三维模型　　　　　　　　　　　　　　(b)视域分析功能

图 2-34　三维规划平台

2.6.8　韩　国

首尔市（亦称"首尔特别市"）的人口密度为 17046 人/km^2，居世界第 3 位。为缓解有限的土地资源与城市化、工业化、现代化之间的矛盾，首尔市推进立体化建设，其中，土地立体化利用的主要形式包括高层建筑、立体步行系统、地铁交通、地下商业街等。

1. 数据与平台

韩国政府制定三维国家空间数据基础架构（3D NSDI）的政策，为对空间信息产业的创新、空间数据的基本架构、相关管理系统的研发奠定了基础。韩国三维国家空间数据基础架构经过二十多年的发展，相关产业有了突破性的进展，需求信息从二维静态转变为三维动态形式（表 2-1）。

表 2-1　三维国家空间数据基础架构

项目	第一阶段 （1995～2000 年）	第二阶段 （2001～2005 年）	第三阶段 （2006～2009 年）	第四阶段 （2010～2015 年）
地理信息 构建	地形图、地籍图数字化 编制、土地利用现状图	道路、河流、建筑物等基 本地理信息构建	国家基本比例尺地形图、国 家控制点和空间影像	国家空间信息维护/ 管理及应用体系
应用系统 构建	地下管线系统	土地利用、环境、海洋等 GIS 应用系统	三维国土空间信息、城市规 划信息系统（UPIS）、国土 规划支持系统（KPOSS）	数字知识、 三维空间国土信息
技术开发	制图技术、DB TOOL GIS 技术	3D GIS、高精度卫星 影像处理	智能国土信息化	国产 GIS 解决方案开 发商用化及普及

2012 年，首尔市进行三维空间信息系统建设，其构建的高质量城市三维数据能够服务于公共部门地上地下城市管理、城市立体空间规划服务以及设施火灾模拟等领域。同期建设的岩土综合管理系统中包括的岩土、地层、地下水位和工程信息，为各种建设项目，如地面状况预测、工程开发选址、钻井等项目施工的可行性提供数据支持（图 2-35）。将从这些三维数据中提取的图形或属性信息与各种图形数据和属性数据进行组合来分析和处理综合信息，对政策制定的方案分析，决策模型的操作、变更和检测等具有重要意义。

(a)三维空间信息系统　　　　　　　　　　　　　(b)岩土综合管理系统

图 2-35　三维空间信息系统及岩土综合管理系统

　　为解决土地管理数据复杂多样和存在的重复测绘的问题，促进土地管理信息化建设，韩国自 2001 年建设韩国土地信息系统（Korea land information system，KLIS）。该系统包含的主要子系统有土地管理支持系统、宗地文件管理系统、地图编制管理系统和土地利用分区管理系统。该系统实现土地变更、土地信息维护、地籍测量管理等功能。

　　此后，韩国开始改进三维的土地管理系统建设。新的三维土地管理系统以数字高程模型、正射影像数据、结构化三维模型图为基础，链接了街道地址、土地登记信息、建筑登记信息以及地籍信息。该系统可实现建筑分层、地下管网可视化（图 2-36）。

(a)园区　　　　　　　　　　(b)建筑　　　　　　　　　　(c)地下管网

图 2-36　韩国三维土地管理系统（园区、建筑、地下管网）

2. 政策与法规

　　2002 年颁布的《国家土地规划和利用法》（2019 年最新修订），经历数次修订，逐步完善，明确了国家土地利用、开发和保护制定所必需的相关事宜。2006 年，首尔市根据城市规划修改了《三维土地利用条例》。该条例明确三维边界确定的范围，有效防止设施的重复使用。2007 年，首尔市制定《地下空间总体规划》，实现城市地下空间资源评估和需求预测。2011 年颁布的《地下连接超高层建筑和复杂建筑中灾害管理的特殊法案》（2017 年修订），规定超高层建筑物、具有地下连接的复杂建筑物提供防范、应对和协助救灾的必要事项。2011 年颁布的《房地产登记条例》第 62 条和第 63 条规定：已确立租赁权、地役权或承租权的建筑是宗地一部分，则应附上地籍图或地图显示其位置。地籍测量员必须同时向当局和要求建立公寓租赁权的人出示测量结果和三维绘图数据。

2012 年，首尔市政府根据三维地籍试点项目制定实施《公寓租赁权任务准则》，基于对地下公共设施的三维位置的准确调查，阐明所有权和使用权，以便有效地管理地下公共设施。该标准要求在建立公寓租赁权时，要填写注册表中的位置图、详细图、横截面图和立体图等图纸信息。2014 年，韩国颁布《国家空间数据基础架构框架法案》。该法案中把空间数据定义为空间内存在的自然或人造物体的位置数据，包括地上空间、地下空间、水上空间和水下空间以及与之相关的空间识别和决策所需的数据。同年，韩国施行《特别地籍测量法》，对重点区域、重点项目重新测量。测量内容包括地表、地下结构和设施的三维信息，以提供有关建筑物和地下特征的物理和法律信息，并规定将三维测量数据成果分区表示到土地信息系统中。2017 年，首尔市颁布《地下安全管理特别法》，旨在通过建立安全管理体系来安全开发和使用地下空间，防止地面塌陷造成的伤害，确保公共安全。

2.6.9　中　　国

1. 政策与法规

1）国家层面的法律法规

国土空间是城市建设的载体，创新土地利用模式、提高土地利用效率是当前自然资源统一管理与国土空间规划的重点研究课题。城市化进程发展到一定阶段时，无可避免遭遇空间瓶颈问题，既定的城市空间难以容纳迅速增加的城市人口和城市设施，导致城市功能失衡，引发种种城市问题，这就亟须寻求一种集约高效的发展模式。在对我国土地利用的政策通知梳理中，不难看出，我国的土地管理及利用呈现立体化的倾向，至 2018 年后，政策导向已是全面推进之势。

（1）前期的法律条款在广义上支持立体空间权利及管理的概念。

1995 年，国土资源部颁布《确定土地所有权和使用权的若干规定》，第五十四条规定"地面与空中、地面与地下立体交叉使用土地的（楼房除外），土地使用权确定给地面使用者，空中和地下可确定为他项权利"。同年，发布的《关于加强城市地质工作的指导意见》中提到要探索完善建设用地使用权（地下）出让方式。

1997 年，住房和城乡建设部发布《城市地下空间开发利用管理规定》（2011 年修订），首次实现地下空间利用的管理规定。

2007 年 10 月，《中华人民共和国物权法》实施，规定建设用地使用权可以在土地的地表、地上或者地下分层设立。

2008 年 1 月，《中华人民共和国城乡规划法》实施，在法律层面明确了地下空间的开发利用应遵循的原则。

2008 年 2 月施行的《土地登记办法》第二章第五条规定，土地以宗地为单位进行登记，宗地是指土地权属界线封闭的地块或者空间。其中，"空间"一词兼容立体形式。

2015 年 3 月，《不动产登记暂行条例》施行，2016 年 1 月《不动产登记暂行条例实施细则》实施。从法律层面明确确立了土地的立体空间概念。《不动产登记暂行条例实施细则》中,将不动产单元的概念定义为"权属界限封闭且具有独立使用价值的空间",明确国有建设用地使用权的登记可以在地上、地下分层单独设立。

2017 年颁布的《土地利用总体规划管理办法》指出编制土地利用总体规划,应当综合考虑资源环境承载能力,统筹利用地上地下空间资源,科学合理安排各类用地空间布局。

(2) 2018 年后,全面的三维模式推进。

2019 年 1 月 23 日,《中共中央　国务院关于建立国土空间规划体系并监督实施的若干意见》(中发〔2019〕18 号)将原本的国土规划体系更改为国土空间规划体系,提出了"优化国土空间结构和布局,统筹地上地下空间综合利用"的要求。该体系强调了以后规划编制的空间立体化思维。

2019 年 4 月,中共中央办公厅、国务院办公厅印发了《关于统筹推进自然资源资产产权制度改革的指导意见》,提到要加快推进建设用地地上、地表和地下分别设立使用权,之后又提到要探索海域使用权立体分层设权,真正要做到全域国土空间立体化利用管理。

2019 年 11 月,自然资源部印发的《自然资源部信息化建设总体方案》提出,要"全面增强自然资源三维动态监测与态势感知能力""推进三维实景数据库建设"。

2020 年 1 月,自然资源部印发《自然资源调查监测体系构建总体方案》,要求根据自然资源产生、发育、演化和利用的全过程,以立体空间位置作为组织和联系所有自然资源体(即由单一自然资源分布所围成的立体空间)的基本纽带,以基础测绘成果为框架,以数字高程模型为基底,以高分辨率遥感影像为背景,按照三维空间位置,对各类自然资源信息进行分层分类,科学组织各个自然资源体有序分布在地球表面(如土壤等)、地表以上(如森林、草原等),及地表以下(如矿产等),形成一个完整的支持生产、生活、生态的自然资源立体时空模型。

2020 年 6 月,自然资源部印发《2020 年自然资源部网络安全与信息化工作要点》提出了推进自然资源三维立体"一张图"和国土空间基础信息平台建设。

2020 年 7 月,《国务院关于做好自由贸易试验区第六批改革试点经验复制推广工作的通知》(国函〔2020〕96 号)中,要求自然资源部在全国范围内推广"以三维地籍为核心的土地立体化管理模式"。建立三维地籍管理系统,将三维地籍管理理念和技术方法纳入土地管理、开发建设和运营管理全过程,在土地立体化管理制度、政策、技术标准、信息平台、数据库等方面进行探索,以三维方式设定立体建设用地使用权。

2022 年 2 月,为全面推进实景三维中国建设,自然资源部办公厅印发《关于全面推进实景三维中国建设的通知》,明确提出,到 2025 年,50%以上的政府决策、生产调度和生活规划可通过线上实景三维空间完成。

2)地方层面的法律法规

为了应对中国城市化快速发展引起的挑战,上海、广州和深圳等发达城市受土地资源的限制,开启了城市土地立体化利用模式,三维地籍正成为支持这种三维空间利用管理的有效手段。深圳市是我国最早开始土地立体化管理探索的城市。其充分利用三维地籍的核心技术优势,研究深圳市土地立体化开发利用的新型地籍管理模式,实现了"以二维常规化管理为主,三维特殊化管理为辅"的二维、三维兼容方式,并建立了二维、三维混合的土地管理系统框架。针对深圳"特区中的特区"——前海深港现代服务业合作区,更是推行了全面的立体化管控。在政策法律法规方面,深圳市进行了土地立体化管控的标准化体系建设,多项标准(规范)文件下发。

(1)政策方面。深圳是土地改革的先行示范区。相关政策通知与法规制定较为繁多。2012 年 2 月,国土资源部、广东省人民政府联合批复《深圳市土地管理制度改革总体方案》,提出探索土地节约集约利用新模式。2013 年 5 月,深圳市人民政府印发《深圳市全面深化改革总体方案(2013—2015 年)》,强调土地的集约节约利用。同年,深圳前海管理局印发《前海深港现代服务业合作区土地管理改革创新要点土地管理改革创新要点(2013—2015 年)》(简称《要点》),要求高水平推进土地节约集约利用,高效开发地上地下空间。深化完善前海深港合作区三维空间规划,建立三维地籍、土地空间权利体系,细化地上、地表、地下土地使用权权利边界和权益。《要点》提出奖励集约节约用地,实行有条件的"带设计方案出让"和"带管理方案出让"的土地出让模式。

2016 年,深圳市规划国土委印发《关于开展地籍调查和土地总登记工作的通告》,全面查清全市范围内的土地权属状况,摸清土地资产"家底",建立地籍基础数据库。2019 年 5 月,广东省人民政府下发《广东省人民政府关于复制推广中国(广东)自由贸易试验区第五批改革创新经验的通知》,要求在珠三角九市复制推广以"三维地籍"为核心的土地立体化管理模式。2020 年 9 月,深圳市规划和自然资源局发布《深圳市规划和自然资源局关于提供地籍图公众查询服务的通告》,深圳市地籍信息面向公众公开,宗地信息每 5 个工作日更新一次。2020 年 7 月,国务院下发《国务院关于做好自由贸易试验区第六批改革试点经验复制推广工作的通知》,要求在全国范围推广以"三维地籍"为核心的土地立体化管理模式:建立三维地籍管理系统,将三维地籍管理理念和技术方法纳入土地管理、开发建设和运营管理全过程,在土地立体化管理制度、政策、技术标准、信息平台、数据库等方面进行探索,以三维方式设定立体建设用地使用权。2020 年 10 月,中共中央办公厅 国务院办公厅印发的《深圳建设中国特色社会主义先行示范区综合改革试点实施方案(2020-2025 年)》,提出"支持在土地管理制度上深化探索",要求探索二、三产业混合用地方案,探索盘活存量用地,探索分层设立土地使用权,建立城市空间立体开发的制度保障。

显然,自 2012 年深圳全面土改,土地利用呈现立向发展,各级政府快速响应城市建设实情,从"中央→深圳市→前海"逐步进行政策推动,实现土地的集约节约利用。三维地籍应运而生,采用试点方式探索,形成具有深圳特色的土地立体化管理模式。

(2)法规方面。深圳市对于土地利用相关的通常情况沿用上层法律法规,如房产测绘成果审核工作,仍旧按照《中华人民共和国测绘法》《房产测绘管理办法》《不动产登记暂行条例》等执行,但部分具有其城市特征的内容,制定了相应的规章制度,以适应城市的立体化发展。部分规章制度名称和施行起始年份列举如下:

《深圳市土地储备管理办法》,2006 年

《深圳市地下空间登记规则》,2007 年

《深圳市地下空间开发利用暂行办法》，2008 年

《深圳市房地产登记若干规定（试行）》，2009 年

《深圳市海上构筑物登记暂行办法》，2010 年

《城市地下空间检测监测技术标准》，2010 年

《深圳市安居型商品房建设和管理暂行办法》，2011 年

《深圳市房屋征收与补偿实施办法（试行）》，2013 年

《深圳市地下管线管理暂行办法》，2014 年

《深圳市城市更新办法》，2016 年

《深圳市房屋征收与补偿实施办法（试行）》，2017 年

《深圳市地下综合管廊管理办法（试行）》，2020 年

《深圳市地下综合管廊工程技术规程》，2017 年

《深圳市政府投资建设项目施工许可管理规定》，2020 年

《深圳市社会投资建设项目报建登记实施办法》，2020 年

《深圳市房屋安全管理办法》，2019 年

《深圳市机械式立体停车设施管理暂行办法》，2019 年

《深圳市地下空间设计标准》，2019 年

《深圳市建筑设计规则》，2019 年

《房屋建筑工程招标投标建筑信息模型技术应用标准》，2019 年

《深圳市地下综合管廊管理办法（试行）》，2020 年

《深圳市政府投资建设项目施工许可管理规定》，2020 年

《深圳市社会投资建设项目报建登记实施办法》，2020 年

《人行天桥和连廊设计标准》，2020 年

《三维产权体数据标准》，2020 年

《建筑工程信息模型设计交付标准》，2020 年

《深圳市前海深港现代服务业合作区立体复合用地供应管理若干规定（试行）》，2021 年

《三维产权体数据规范》，2021 年

《深圳市前海深港现代服务业合作区立体复合用地管理若干规定（试行）》，2021 年

《深圳市地下空间开发利用管理办法》，2021 年

深圳市的现有体系覆盖了地上和地下空间利用、建筑模型设计、三维数据（三维产权体）等，但不针对更为细致的内容，如高层建筑建设、立交桥与立体高速建设以及城市综合体等。此外，三维产权体的相关标准仅在前海深港现代服务业合作区进行实践，尚未推广到深圳全域。

2. 平台建设

深圳市近年来开展了大量三维平台（系统）建设，首先在各个区政府间开展，后续由市政府统筹建设统一平台。宝安区于 2011 年率先建设"城市三维仿真系统，市政府依据《深圳市地下管线管理暂行办法》打造"三维可视管线信息库"，龙岗区于 2015 年开发"岩溶地质信息三维管理系统"，至 2020 年，前海开启"三维数字化行政审批创新

试点平台建设"项目,同步建设的有"前海深港现代服务业合作区三维地籍管理信息系统"、"前海深港现代服务业合作区三维地籍管理数据库系统"等。

深圳市现行的地籍管理平台依旧是二维平台(图 2-37),但根据其土改的需求,深圳市数字城市工程中心研发了三维地籍管理信息系统,能够全三维立体划定建设用地使用权,并已应用于一批典型区域(听海大道(桂湾段)地下空间主体工程、09-03-02 地块公共开放空间地下通道工程、前海综合交通枢纽 1 号线、5 号线、11 号线车站地下空间、前海湾消防应急工程(一期)项目、前海听海大道综合管廊、通港街综合管廊、前海-南山排水深隧工程泵站和预处理站等)。

图 2-37　深圳市地籍图公众查询服务平台

2020 年 12 月,深圳市建成可视化城市空间数字平台(一期),该空间平台研发了接入、融合、管理、分析和可视化等子系统,构建了开放服务框架,具备地理空间数据服务和全空间综合查询、空间应用支撑、应用开发框架、市区一体化协同更新等通用服务能力。该平台将作为深圳市土地立体化开发利用的基础底板。

2.7　小　　结

当前,土地管理面临着前所未有的对地上、地下空间使用的增长需求。三维产权形式日益复杂,基础设施的立体交错等都引起了对现有法律、制度和技术的挑战。而城市人口增长率预计到 2050 年将翻一番,现有二维土地权利描述的不足将进一步加剧。在过去的十几年中,全球使用三维登记的数量显著增加。然而,三维地籍包含三维立法、三维测量技术、3D RRR 登记、三维宗地管理及验证和发布,三维宗地与现实对象的对应关系等方面,虽然全球 50 多个国家拥有成熟的土地信息系统,但目前还没有一个国家拥有完整的三维地籍信息系统。

虽然没有国家考虑完全的三维地籍模式,但当前已经有几个国家或地区已经确立了运营解决方案,它们至少部分支持三维地籍。而地籍是一个流程,从使用测量技术的数据采集开始，到传输、管理、存储到负责机构登记，最后，数据可视化和向用户发布。除了法律和技术方面，特定国家的三维地籍实施还需要与利益相关者（测量员、公证人、银行、政府机构、公众）进行沟通，并做出决策。因此，三维地籍是空间发展链的一部分，相关研究各个阶段都取得了进展。

参 考 文 献

艾东, 朱彤. 2007. 土地立体利用与三维地籍. 国土资源科技管理, (5): 126-131.

程啸. 2010. 论不动产登记簿公信力与动产善意取得的区分. 中外法学, (4): 524-539.

付丽莉. 2016. 不动产统一登记管理与信息平台构建研究. 徐州: 中国矿业大学博士学位论文.

贾文珏. 2014. 瑞典地籍管理对我国不动产统一登记的启示. 国土资源情报, (6): 11-16.

雷升祥, 申艳军, 肖清华, 等. 2019. 城市地下空间开发利用现状及未来发展理念. 地下空间与工程学报, 15(4): 965-979.

梁慧星. 1998. 中国物权法研究. 北京: 法律出版社.

林亨贵, 郭仁忠. 2006. 三维地籍概念模型的设计研究. 武汉大学学报: 信息科学版, 31(7): 643-645.

刘保玉. 2003. 物权法. 上海: 上海人民出版社.

苗延波. 2005. 关于我国物权法中是否规定空间权的思考——兼评《物权法(草案)》中关于空间权的规定. 河南财经政法大学学报, 20(6): 16-22.

邵万权. 2006. 城市地下空间开发利用所涉法律问题研究. 上海: 复旦大学硕士学位论文.

史云飞. 2009. 三维地籍空间数据模型及其关键技术研究. 武汉: 武汉大学博士学位论文.

王东奇. 2020. 从《民法典》看我国空间权法律制度之完善. 理论界, 10: 69-72.

王利明. 2007. 空间权: 一种新型的财产权利. 法律科学: 西北政法大学学报, 25(2): 117-128.

吴敏芝. 2004. 论城市土地利用立体模式. 现代城市研究, 19(5): 69-72.

熊玉梅. 2014. 中国不动产登记制度变迁研究(1949—2014). 上海: 华东政法大学博士学位论文.

赵士阳. 2019. 城市地下空间权利体系及登记研究. 南京: 南京师范大学博士学位论文.

周树基. 2005. 美国物业产权制度与物业管理. 北京: 北京大学出版社.

朱作荣, 束昱. 1992. 会讯: 关于城市地下空间利用的 "东京宣言". 地下空间, (1): 66-65.

Aien A. 2013. 3D cadastral data modelling University of Melbourne. Melbourne: PhD Dissertation of University of Melbourne.

Atazadeh B, Kalantari M, Rajabifard A, et al. 2017. Modelling building ownership boundaries within BIM environment: A case study in Victoria, Australia. Computers, Environment and Urban Systems, 61: 24-38.

Dale P, McLaughlin J. 2000. Land Administration. Oxford: Oxford University Press.

Gerremo J, Hannson J. 1998. Ownership and real property in British Columbia: a legal study. Technical Report MSc thesis nr. 48, Royal Institute of Technology, Department of Real Estate and Construction Management, Division of Real Estate Planning and Land Law, Stockholm, Sweden.

Onsrud H. 2003. Making a Cadastre law for 3D properties in Norway. Computers, environment and urban systems, 27(4): 375-382.

Papaefthymiou M, Labropoulos T, Zentelis P. 2004. 3-D Cadastre in Greece–Legal, Physical and Practical Issues Application on Santorini Island. In FIG Working Week: 1-16.

Pouliot J, Bordin P, Cuissard R. 2015. Cadastral mapping for underground networks: A preliminary analysis of user needs. In International Cartographic Conference, Brazil. 08-23.

Rajabifard A, Atazadeh B, Kalantari M. 2019. BIM and Urban Land Administration. Boca Raton: CRC Press.

Shoshani U, Benhamu M, Goshen E, et al. 2005. A Multi Layers 3D Cadastre in Israel: A Research and Development Project Recommendations. FIG Working Week 2005 and GSDI-8 Cairo, Egypt April

16-21.

Stoter J E. 2004. 3D Cadastre. Delft. Delft: PhD Dissertation of Delft University of Technology.

Stoter J E, Zevenbergen J A. 2001. Changes in the definition of property: a consideration for a 3D cadastral registration system. In proceedings FIG Working Week 2001, Seoul. Korea, 6-11.

Thompson R J, Van Oosterom P J M, Karki S, et al. 2015. A taxonomy of spatial units in a mixed 2D and 3D cadastral database. Proceedings FIG Working Week 2015'From the Wisdom of the Ages to the Challenges of Modern World', Sofi, Bulgaria: 17-21.

Valstad T. 2008. The Cadastral System of Norway. Proceeding of FIG Working Week 2008 Stockholm, Sweden 14-19.

van Oosterom P, Erba D A, Aien A, et al. 2018. Best Practices 3D Cadastres: Extended Version. Denmark: Proceeding of FIG Congress.

第 3 章 产权体的形式化与表达

产权体是三维地籍管理中的最小单位，是三维地籍的登记客体，相当于传统地籍中的宗地；同时，产权体是权属独立的不动产产权单元，是对一定空间的占有（或占用）或划分，是对宗地和地籍在三维空间的补充。本章主要对产权体的形式化进行描述，并提出了产权体的表达方式。

3.1 相 关 概 念

1. 球（ball）

定义 1：让 $R^n = \left\{ x = (x_1,...,x_n) \mid x_i \in R, 1 \leq i \leq n \right\}$ 为一个普通的 n 维空间（Damiand and Lienhardt，2014）。让 $r \in R$：

- $B_r^n(x) = \left\{ y \in R^n \mid d(x,y) < r \right\}$，这里 $d(x,y)$ 表示普通 x 与 y 之间的欧式距离，是 R^n 中以 x 为圆心，r 为半径的 n 维开球。
- $\overline{B}_r^n(x) = \left\{ y \in R^n \mid d(x,y) \leq r \right\}$ 是 R^n 中以 x 为圆心，r 为半径的 n 维闭球。
- $S_r^{n-1}(x) = \left\{ y \in R^n \mid d(x,y) \leq r \right\}$ 是 R^n 中以 x 为圆心，r 为半径的 $n-1$ 维球。

图 3-1（a）$B_1^2(O)$ 是二维空间中以 $O = (0,0)$ 为圆心，以 1 为半径的二维开圆球。图 3-1（b）$\overline{B}_1^2(O)$ 是二维空间中以 O 为圆心，以 1 为半径的二维闭圆球。图 3-1（c）$S_1^1(O)$ 是以 O 为圆心，以 1 为半径的圆。

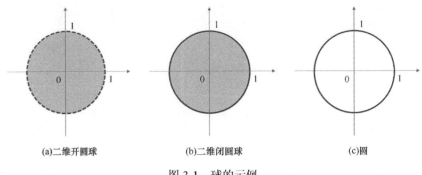

(a)二维开圆球　　　　　(b)二维闭圆球　　　　　(c)圆

图 3-1　球的示例

2. 单纯形（simplex）

定义 2：一个 n-单纯形 S_n 是欧几里得空间（R^m）中最小的凸集（convex set）（$n \leq m$），

它包含（$n+1$）个仿射无关的点。由 $n+1$ 个点构成的 n-单纯形，记作：$S_n = \{v_0, \cdots, v_n\}$。单纯形具有以下特征（Penninga，2008）：

（1）任何（$n+1$）点集的非空子集的凸包定义了一个 n-单纯形，称为该（$n+1$）-单纯形的面（face），面本身也是单纯形。（$n+1$）点的 $m+1$ 子集的凸包是一个 m-单纯形，称为 n-单纯形的 m-面。0-面称为顶点，1-面称为边，2-面称为面，而 n-面就是 n-单纯形本身。一般来讲，m-面的个数等于二项式系数 C（$n+1$，$m+1$）。因此，n-单纯形的 m-面的个数可以在杨辉三角形的第（$n+1$）行和第（$m+1$）列找到。

（2）对于 $S_n = \{v_0, \cdots, v_n\}$ 而言，如果其子集为真子集（即不是 $\{v_0, \cdots, v_n\}$），那么这些面称为真面（proper face）（Giblin，1977）。

（3）一个 n-单纯形共有 $2^{(n+1)} - 2$ 个真面。例如，一个三角形有六个真面（三条边和三个点），而一个四面体有 14 个真面（四个三角形、六条边和四个顶点）。

代数拓扑中，单纯形是用于构建单纯复形的常用拓扑空间的基本元素。这些空间可以通过将单纯形用组合方式黏合在一起来构造。从直观意义上讲，一个 n-单纯形（n 维单纯形）可以被描述为 n 维空间中最简单的几何图形，这里的最简单是指定义该单纯形所需点的数量最少，例如，我们至少需要三个不共线的点来定义一个二维的图形（三角形），因此，三角形是二维空间中最简单的几何图形，称为 2-单纯形（2-simplex）。单纯形可以被看作它所属维数的基元（三角形是二维空间中的基元），用它可以构造更高维的单纯形。如四面体（3-单纯形）是由三角形（2-单纯形）构成。图 3-2 给出了不同维度的单纯形。图 3-2（a）是 0-单纯形 v；图 3-2（b）是 1-单纯形 $v_1 v_2$，它有两个 0-面 v_1 和 v_2，1 个 1-面 $v_1 v_2$；图 3-2（c）是 2-单纯形，它有三个 1-面，1 个 2-面；图 3-2（d）是 3-单纯形，它有四个 0-面，六个 1-面，4 个 2-面和一个 3-面。

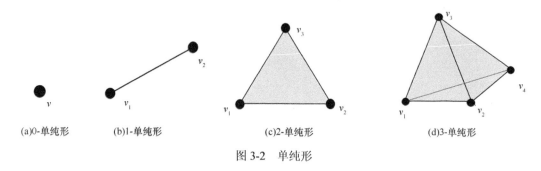

(a)0-单纯形　　　　(b)1-单纯形　　　　(c)2-单纯形　　　　(d)3-单纯形

图 3-2　单纯形

3. 单纯复形（simplicial complexes）

定义 3：复形 C 是相互连接在一起的单纯形的有限集，满足以下两个条件（Penninga，2008）：

（1）C 中单纯形的每一个面都在 C 中。

（2）C 中任何两个单纯形的交是它们之中每个单纯形的面。

单纯复形的维数由单纯复形中的最高维数的单纯形决定（Giblin，1977）。如果单纯复形中的所有低于 n 维的单纯形是该单纯复形中 n-单纯形的真面，那么这个单纯复形被

称为是 n 维齐次（homogeneous dimension）的单纯复形（Penninga，2008）。

4. 胞腔（cell）

在代数拓扑历史上最先研究的是单纯形和单纯复形，其空间剖分的基本单元必须是单纯形，其建立同调群的方式称为单纯同调论。后来为了提高空间描述的灵活性，使用更多的是胞腔和胞腔复形，其空间剖分（构成）的基本单元是胞腔，建立同调群的方式称为胞腔同调论。在进行空间描述时，胞腔复形比单纯复形更灵活，剖分所需的胞腔个数少，计算方便。

定义 4：如果拓扑空间 Y 同胚于 n 维的实心球 D^n，则称 Y 为一个闭 n 维胞腔（闭合 n-胞腔）；如果 Y 同胚于 n 维的开圆盘（球）$\text{Int}D^n := D^n - \partial D^n$，则称 Y 为一个 n 维胞腔（n-胞腔）（王永志，2012）。

在此，0-胞腔、1-胞腔、2-胞腔与3-胞腔分别表示拓扑空间中的顶点(node)、边(edge)、面（face）和体（solid）。一个闭合的 n-胞腔包含一个 n-胞腔和它的边界，边界由 k-胞腔 s 构成（$0 < k < n$）。图 3-3 给出了不同维的胞腔和胞腔复形示例。

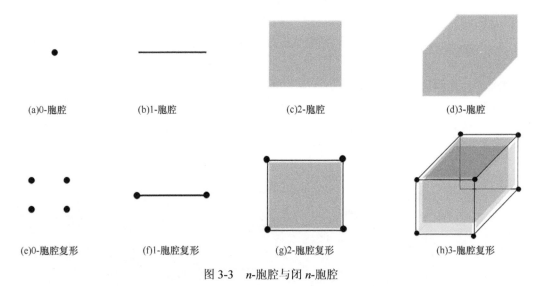

(a)0-胞腔	(b)1-胞腔	(c)2-胞腔	(d)3-胞腔
(e)0-胞腔复形	(f)1-胞腔复形	(g)2-胞腔复形	(h)3-胞腔复形

图 3-3　n-胞腔与闭 n-胞腔

5. 胞腔复形（cell complex）

定义 5：胞腔复形 X，其 n 维骨架记作 X^n（Hatcher，2005）：

（1）从离散点集 X^0 开始，离散点可看作一个 0 维胞腔。

（2）归纳。通过映射 $f_a : S^{n-1} \to X^{n-1}$ 将 n 维胞腔 e_a^n 粘贴到 X^{n-1} 上，得到 n 维骨架 X^n（n-skeleton）。也就是说 X^n 是 X^{n-1} 和一开圆盘组 D_a^n 在等价关系 $x \sim f_a(x)$，$x \in \partial D_a^n$ 下的无交并 $X^{n-1} \coprod_a D_a^n$，即 $X = X^{n-1} \coprod_a e_a^n$，其中，$e_a^n$ 是一个开圆盘。

（3）若 n 有限，根据归纳可得到 n 维骨架 X^n；若 n 无限，规定 X 上的弱拓扑：A 为 X 中开集当前仅当 $A \cap X^n$ 为 X^n 中开集（$\forall n \in N$）。

胞腔复形也有维数，其维数由最大维数的胞腔决定，如一个胞腔复形中维数最大的胞腔是 n-胞腔，则该胞腔复形是 n-胞腔复形。胞腔复形是胞腔的并集，它可以由同维的胞腔构成，如图 3-3（e）中的 0-胞腔复形，它全部由 0-胞腔构成。复形也可以由不同维的胞腔构成，如图 3-3（f）的 1-胞腔复形，它包含两个 0-胞腔和一个 1-胞腔。图 3-3（g）（h）分别是 2-胞腔复形和 3-胞腔复形。

n-复形 K 可被定义为由 $n+1$ 个有限集 $S_0, S_1, \cdots, S_n$ 和对应的 $n+1$ 个代数边界操作 ∂_p（$0 \leqslant p \leqslant n$）的集合。复形 K 中的胞腔需要满足两个特性：一是每个 p-胞腔 c_p 的边界是 K 中有限个（p-1）-胞腔的并 $\partial(c_p) = \bigcup_j c_{p-1}^j$；二是 K 中任意两个胞腔 c^i, c^j 的交集要么为 K 中一个唯一的胞腔，要么为空。

在给定 $S_0, S_1, \cdots, S_n$ 集合基础上，复形使用面（face）-共面（coface）关系来捕获复形中所有的关联关系。对于一个 p-胞腔 c_p（$c_p \in K$），组成其边界的（p-1）-胞腔称为 c_p 的面；同时，p-胞腔又是（p+1）-胞腔的边界，称（p+1）-胞腔是 c_p 的共面。因此，c_p 的共面是以 c_p 为面的（p+1）-胞腔。图 3-4 是 2-胞腔复形的图示表达，点表示 0-胞腔，直线段表示 1-胞腔，四边形表示 2-胞腔。如果将 0-胞腔嵌入到欧式空间，则 0-胞腔是 1-胞腔的端点，1-胞腔在 2-胞腔的边界上（内部的 1-胞腔是 2-胞腔的交集）。曲线箭头表达了定义在胞腔上的面关系，从 2-胞腔中心发出的四个箭头指向它的四个面（1-胞腔），从 1-胞腔中心发出的两个箭头指向它的两个面（0-胞腔）。从图中看出，n-复形并不仅仅是一个图（仅有顶点和边组成）或者一组四边形，而是包括 n 维及其以下所有维的 i-胞腔（$i \leqslant n$）。

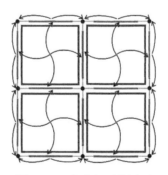

图 3-4　2-胞腔复形的图示

6. 流形（manifolds）

定义 6（Chem, 2009）：设 M 是豪斯多夫空间（Hausdorff space），若对任意一点 $p \in M$，则有 p 在 M 中的一个领域 U 同胚于 m 维欧几里得空间 R^m 的一个开集，称 M 是一个 m 维流形。

流形是局部具有欧几里得空间性质的空间，在数学中用于描述几何形体。点 p 的全体 ∂M 称为流形 M 的边缘，其补集 $M_0 = M - \partial M$ 称为 M 的内部，$\partial M = \Phi$ 的流形称为无边缘流形。m 维流形 M 的边缘 ∂M 是 m-1 维无边缘流形。紧的无边缘的连通流形称为闭流形，非紧的无边缘的连通流形称为开流形（日本数学会，1984）。

图 3-5 给出了流形与非流形的示例，图 3-5（a）2-流形中每一点的邻域等价于一个平面。图 3-5（b）3-流形中点的邻域相当于一个三维空间。图 3-5（c）非流形物体，两个正方体相接的顶点的邻域不像 R^3，即坐标系统不能局部定义。

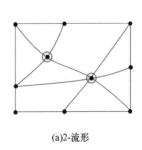  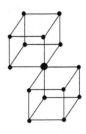

(a)2-流形   (b)3-流形   (c)非流形

图 3-5 流形与非流形示例

7. 准流形（quasi-manifolds）

满足以下条件的复形 M 是一个准流形：

（1）M 中的每个 k-单纯形是至少一个 n-单纯形的面。

（2）对于 M 中的每一个 $\sigma, \mathrm{std}(\sigma, M)$ 是强连通；每一个（$n-1$）-单纯形被包含在至多两个 n-单纯形中。

（3）在 M 中，一个准流形被称为一个相对几何 n-cycle。

让闭 n-胞腔同胚于 n-单纯形，即一个闭 n-胞腔包含一个 n-胞腔和它的边界，该边界由 k-胞腔构成（$k<n$）。取闭 n-胞腔，并将它们沿着共同的边界面（$n-1$）-胞腔"黏合"在一起，来构建 n 维准流形。注意到 1 维和 2 维准流形是流形，即曲线和表面。准流形可能是流形，Damiand 和 Lienhardt（2014）给出了准流形示例。如图 3-6（a）中一个自由 2-胞腔边界上任意点的领域是一个半 3 维球。当两个 2-胞腔"严丝合缝"地"黏合"在一起时，两个半 3 维球变成一个 3 维球。图 3-6（b）中点 v 链接是由立方体内部的半球构成，并被立方体上表面的一个圆盘封闭。这个圆盘的边界由四部分构成：l1，l2，l3，l4。如果采用边 e_1 与 e_3（e_5 与 e_6，e_7 与 e_8）识别，顶点 v_1 与 v_3 被识别，f_1 与 f_2 识别，f_3 与 f_4 识别，生成的结果对象仍然是一个流形。如果面 f_1 与面 f_3 识别，面 f_2 与面

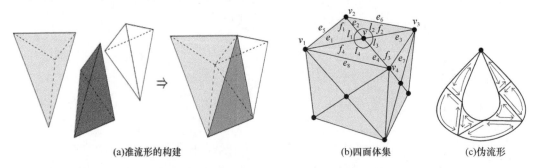

(a)准流形的构建   (b)四面体集   (c)伪流形

图 3-6 准流形、伪流形示例（Damiand and Lienhardt，2014）

f_4 识别，通过边 e_1、e_2、e_3、e_4 识别在一起的方式，边 e_5 与 e_7 识别一起，顶点 v_1、v_2、v_3、v_4 被看着一个点，结果对象仍然是一个准流形，但不再是流形。

8. 伪流形（pseudo-manifolds）

设一个具有三角剖分 K 的拓扑空间 X，如果满足下列条件则称为 n-伪伪流形（贺彪，2011）：

（1） $X = |K|$ 是所有 n-单纯形的并。

（2） 每个 $(n–1)$-单纯形都是两个 n-单纯形的公共面。

（3） 对于任意两个 n-单纯形 δ，$\delta' \in K$，有一系列 n-单纯形 $\delta = \delta_0, \delta_1, \cdots, \delta_k = \delta'$ 使得对于所有的 I，有 $\delta_i I \delta_{i+1}$ 为 $(n–1)$-单纯形。

伪流形的定义是一个组合，类似于准流形的定义，图 3-6（c）是伪流形示例。任意流形都是准流形，任意准流形都是伪流形。但是，伪流形不是准流形，准流形不是流形。

3.2　产权体的形式化定义

3.2.1　基于 k-维伪流形的三维地籍实体的形式化定义

在三维地籍中，空间中实体的维度一定是小于或等于 3。根据空间维数的不同，三维地籍空间实体可以划分成点状实体、线状实体、面状实体和体状实体四类实体类型，其维数分别为 0-维、1-维、2-维和 3-维。一般来说，某些形态特别奇怪的形体在数学上有意义，在现实世界中是不存在的或者没有意义的，如 Klein 瓶。三维地籍中，空间目标的形状一般比较简单的，由于考虑到现实世界的可实现性，根据流形的定义及其拓扑性质，可以将所研究的空间实体类型加以限定，定义为一个可定向的 k-维伪流形（k-pseudomanifold）（$0 \leqslant k \leqslant 3$）。它可以是一个紧致、连通的 n-维流形或准流形，或者是具有一个或多个 n-维流形边界的紧致且连通的 $(n+1)$-维流形（$0 \leqslant n \leqslant 2$）（贺彪，2011）。由此可以定义以下 4 种情形的空间实体型：

1. 体状实体（body entity）

体状实体有两种情形，如图 3-7 所示，图 3-7（a）（b）属于一种类型，图 3-7（a）是凸的，图 3-7（b）是非凸的；图 3-7（c）为另一种类型，其中间有一个贯穿的洞。这两种类型分别定义如下：

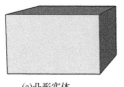

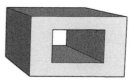

(a)凸形实体　　　　　　　(b)非凸实体　　　　　　　(c)有贯穿洞实体

图 3-7　体状实体

（1）具有封闭、连通 2-维流形边界的有向 3-维流形。表现为一般常见的空间实体，由若干个连通的封闭曲面围成的空间体，如图 3-7（a）（b）所示。

（2）具有 n（$n \geq 2$）个非连通的封闭、连通及有向 2-维流形边界的有向 3-维流形。表现为中间带洞的空间实体，如图 3-7（c）所示。

分析上述定义，无论哪种情形，三维产权体均可以定义为一个有向 3-维流形，即在任何地方都能明确地区分三维产权体的内部和外部，满足了产权体的可定向性。另外每个定义中，产权体均是封闭的。至于构成产权体的表面，可以是连通的，也可以是非连通的几个部分，即可以包含内部空洞。

2. 面状实体（surface entity）

三维地籍中面状实体 2 种，如图 3-8 所示，可以是封闭表面中的一部分，带有内部空洞的面。分别定义如下：

（1）具有一个 1-维流形边界的连通、有向 2-维流形，如图 3-8（a）所示。

（2）具有多个不连通 1-维流形边界的连通、有向 2-维流形，如图 3-8（b）所示。

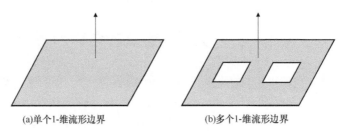

(a)单个1-维流形边界　　　　　(b)多个1-维流形边界

图 3-8　面状实体

3. 线状实体（line entity）

线状实体也可以分为 2 种，如图 3-9 所示。一种为封闭的环，另一种为非封闭的环，不允许有多个分支的弧段组。分别定义如下：

（1）连通及有向的 1-维流形，形成一个封闭环，如图 3-9（a）所示。

（2）具有若干个 0-维流形边界的有向 1-维流形，形成非封闭环，如图 3-9（b）所示。

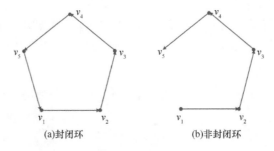

(a)封闭环　　　　　　　　(b)非封闭环

图 3-9　线状实体

4. 点状实体（point entity）

点状实体只有一种情形，即是通常意义上的三维空间中的点，它有空间位置，没有空间扩展，位置由三维空间坐标 (x, y, z) 指定。

3.2.2 基于单纯形与单纯复形的产权体形式化描述

1. 单纯形与单纯复形的形式化定义

设有向 n-单纯形 s^n 的顶点为 $V_0, V_1, \cdots, V_n$，则该 n-单纯形可以表示为

$$s^n = \langle V_0, V_1, \cdots, V_n \rangle \tag{3-1}$$

s^n 中内部任何一点均可以表示为

$$\left\{ \chi \in R^n \mid \chi = \sum_{i=0}^{n} \lambda_i V_i, \lambda_i \geqslant 0, \sum_{i=0}^{n} \lambda_i = 1 \right\} \tag{3-2}$$

s^n 的边界则可以表示为

$$\partial s^n = \sum_{i=0}^{n} (-1)^i \left\langle V_0, \cdots, \hat{V}_i, \cdots, V_n \right\rangle = \sum_{i=0}^{n} (-1)^i \left\langle V_0, \cdots, V_{i-1}, V_{i+1}, \cdots, V_n \right\rangle \tag{3-3}$$

由于每个单纯形均是有界闭集，其构成的单纯复形 c^n 也是有界闭集，同时也是一个紧致空间。c^n 内部的每一点都一定位于构成 c^n 的某个单纯形中，c^n 可以看作是其内部所有的单纯形黏合而成，因此 c^n 也一定是连通的（贺彪，2011）。

任意一个 n-单纯复形 c^n 的形式化描述可以通过欧氏空间内的一组有限多个单纯形的形式化描述的集合来表示。设 c^n 内含有 p 个 k-单纯形（$0 \leqslant k \leqslant 3$）$S_j^k$，则 c^n 可以形式化地描述为（贺彪，2011）

$$c^n = \left\{ S_j^k \mid 0 \leqslant k \leqslant 3, 1 \leqslant j \leqslant p \right\} \tag{3-4}$$

其边界可以表示为

$$\partial c^n = \partial \sum_{k=1}^{3} \sum_{j=1}^{p} S_j^k = \sum_{k=1}^{3} \sum_{j=1}^{p} \partial S_j^k \tag{3-5}$$

其中，$0 \leqslant k \leqslant 3$，$1 \leqslant j \leqslant p$。

2. 三维地籍实体的形式化描述

三维地籍的空间实体对应于 k-维伪流形（$0 \leqslant k \leqslant 3$），三维产权体对应 3-伪流形，二维界址面和二维产权体对应 2-伪流形，界址线等对应 1-伪流形。根据前面的理论基础容易导出三维地籍空间实体的形式化描述，下面按照维数的低到高依次描述三维地籍空间实体的形式化描述（贺彪，2011）：

（1）点状实体的形式化描述。

点状实体（point entity）是一个 0-维伪流形，它的空间位置由坐标指定，没有空间扩展，同时也没有边界。形式化表达为

$$\text{Point} = C^0 = S^0 = (V_0) = [X, Y, Z] \tag{3-6}$$

（2）线状实体的形式化描述。

线状实体是 1-维伪流形，可以使用一个 1-维可定向的单纯复形表达，进而可以剖分成 1-维单纯形的有序集合，集合中的单纯形之间不会相互交叉且不会与其他的单纯复形交叉，它们依次首尾相接即组成线状实体。每个 1-单纯形有 2 个端点，分别为 0-单纯形，称为 1-单纯形的边界，设起点为 V_i、终点为 V_{i+1}，则 1 单纯形表示为（V_i、V_{i+1}）。因此，可通过有限多个 1-单纯形的有序集合来形式化描述线状实体，如：

$$\text{Line} = \langle \cdots, (V_i、\ V_{i+1}), \cdots \rangle \tag{3-7}$$

同时，也可以使用 1-单纯形的线性组合对线状实体的边界进行表示：

$$\partial\text{Line} = \partial \sum (V_i, V_{i+1}) = \sum \partial(V_i, V_{i+1}) \tag{3-8}$$

当线状实体本身为一个封闭环时，定义其边界为零或没有边界，此时 $\partial\text{Line} = 0$。

（3）面状实体的形式化描述。

面状实体是一个 2-维伪流形。先设面状实体的顶点为 $V_0, V_1, \cdots, V_n$，(V_i, V_j) 是其中任意一个 1-单纯形，(V_u, V_v, V_w) 是其中任意一个 2-单纯形，$\{i, j, u, v, w\} \in \{0, 1, \cdots, n\}$，则这个面状实体可以表示为

$$\text{Surface} = \{\cdots, (V_u, V_v, V_w), \cdots\} \tag{3-9}$$

同样，面状实体的边界可以用 1-单纯形或 2-单纯形的边界的线性组合来表示：

$$\partial\text{Surface} = \partial \sum (V_u, V_v, V_w) = \sum \partial(V_u, V_v, V_w) \tag{3-10}$$

当面状实体为一个封闭曲面时，其边界为零（$\partial\text{Surface} = 0$）。

（4）体状实体的形式化描述。

体状实体是 3-维伪流形，根据前面的理论，该 3-伪流形可定向，它对应于一个结构良好的 3-单纯复形，而 3-单纯复形可以剖分成若干 3-单纯形，这些 3-单纯形相互结合到一起，可以构成原始的 3-单纯复形。由于 3-单纯形具有连通性，相互结合而成的 3-单纯复形也具有连通性，它的边界是一个封闭曲面，由一个连通的整体或非连通的多个区域构成。设体状实体的顶点集为 $V_0, V_1, \cdots, V_n$，(V_0, V_p, V_q, V_r) 是其中任意一个 3-单纯形，且 $\{o, p, q, r\} \in \{0, 1, \cdots, n\}$，则这个体状实体可以表示为

$$\text{Body} = \{\cdots, (V_o, V_p, V_q, V_r), \cdots\} \tag{3-11}$$

同样，体状实体的边界也可以通过低维单纯形的边界的线性组合来表达：

$$\partial\text{Body} = \partial \sum (V_o, V_p, V_q, V_r) = \sum \partial(V_o, V_p, V_q, V_r) \tag{3-12}$$

3.2.3　基于胞腔与胞腔复形的产权体形式化描述

在代数拓扑历史上最先研究的是单纯形和单纯复形，其空间剖分（构成）的基本单元必须是单纯形，其建立同调群的方式称为单纯同调论。后来为了提高空间描述的灵活性，使用更多的是胞腔和胞腔复形，其空间剖分（构成）的基本单元是胞腔，建立同调群的方式称为胞腔同调论。在进行空间描述时，胞腔复形比单纯复形更灵活，剖分所需

的胞腔个数少，计算方便。下面对三维地籍空间对象进行定义和描述。

1. 点状实体

三维地籍中的点状对象为 0 维胞腔，其边界为空。多个点组成的点集对应于 0 维胞腔复形对象。点状对象可以形式化表达为

$$0 - \text{Cell} = V = (x, y, z)$$
$$0 - \text{CellComplex} = \{V_0, V_1, \cdots, V_n\}$$

（3-13）

2. 线状实体

三维地籍中线状对象为可定向的 1 维胞腔，其边界为 0 维胞腔，即点状要素。简单的线对应于 1 维胞腔，以两个 0 维胞腔为边界，而其内部可以为直线，也可以为参数曲线。因此，基于胞腔同调理论的线状对象定义，既支持直线段的表达，也可以支持参数曲线的表达。多个线状实体的集合为 1 维胞腔复形。线状对象可以形式化定义为

$$1 - \text{Cell} = L = \{<V_0, V_1>, <V_1, V_2>, \cdots, <V_{n-1}, V_n>\}$$
$$1 - \text{CellComplex} = \{L_0, L_1, \cdots, L_n\}$$

（3-14）

3. 面状实体

三维地籍中面状实体为可定向 2 维胞腔，其边界为 1 维胞腔构成的环，其内部可以为平面也可以为参数曲面。因此，基于胞腔同调理论的拓扑空间面状对象定义支持平面也支持曲面的面状对象。面状对象的边界允许存在多个，一个外边界，多个内边界，形成带洞的面状对象。多个面状对象构成的集合为 2 维胞腔复形对象。面状对象可以形式化定义为

$$\text{Loop} = \{V_0, V_1, \cdots, V_n, V_0\}$$
$$2 - \text{Cell} = \text{F} = \{\text{Loop}_{\text{out}}, \text{Loop}_{\text{inner0}}, \text{Loop}_{\text{inner1}}, \cdots, \text{Loop}_{\text{inner}}\}$$
$$2 - \text{CellComplex} = \{P_0, P_1, \cdots, P_n\}$$

（3-15）

4. 体状实体

三维地籍中体状实体为可定向 3 维胞腔，其边界为 2 维胞腔构成的壳。一个 3 维胞腔可以允许有多个 2 维胞腔构成的边界，即一个外边界，若干个内边界，形成带洞的多面体。多个面状对象构成的集合为 3 维胞腔复形。体状对象可以形式化定义为：

$$\text{Shell} = \{F_0, F_1, \cdots, F_n, F_0\}$$
$$3 - \text{Cell} = \text{Volume} = \{\text{Shell}_{\text{out}}, \text{Shell}_{\text{inner0}}, \text{Shell}_{\text{inner1}}, \cdots, \text{Shell}_{\text{inner}}\}$$
$$3 - \text{CellComplex} = \{\text{Volume}_0, \text{Volume}_1, \cdots, \text{Volume}_n\}$$

（3-16）

3.3　产权体的表达

产权体分为三维产权体和二维产权体，它们包括土地单元、房地单元、地林单元、

水权单元、矿产权单元、海域单元等。这些单元可进一步归结为四类，即标准宗地、半宗地、体宗地和剩余宗地，如图 3-10 所示。其中，标准宗地是高度和深度无限制的单元；半宗地是高度或深度受限制的单元，其边界必须与地面宗地的边界重合；体宗地是由表面界定的单元，独立于地表标准宗地的二维边界；剩余宗地是将体宗地分割出来之后剩余的单元，又称为剩余宗地，相当于切割完体宗地后剩余的部分。

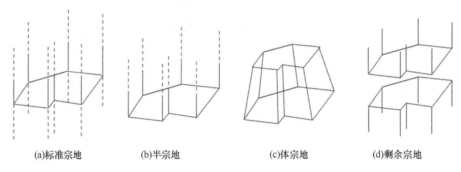

(a)标准宗地   (b)半宗地   (c)体宗地   (d)剩余宗地

图 3-10   不同类型的产权体

标准宗地是地籍地理数据集中的"基础层"，该层是地表一个完整的非重叠覆盖，包括地块、公路、铁路和水道等，半宗地与标准宗地类似，是具有限高或限深的标准宗地。体宗地不是非重叠覆盖的一部分，但它们的基底需要绘制在基础层上，因此它们可与标准宗地或半宗地重叠。体宗地受边界面（可能不是垂直或水平）的限制，并且可以位于地面以上，或部分位于地面上方或下方。体宗地可以与多个地表标准宗地相交。除非另有明确说明，否则体宗地的所有线都是直线，所有面都是平面。体宗地使用三维点定义单元以识别每个边界面的位置、形状和尺寸，并用于反映体宗地。体宗地可以表达具有三维边界的任意类型的权属单元，包括房产、水权、矿权、地役权等。体宗地的角点应尽可能参考现有结构或标记。本章将分别从几何和拓扑的不同角度进行论述。

几何和拓扑是 GIS 中的非常重要的概念，我们通过一个简单的例子来说明它们的区别，如图 3-11 所示。假设嵌入在 R^3 中的三角形表面由一组三角形描述，每个三角形由三个点定义。三角形组可以表示为：$S=(T_1,T_2,T_3,T_4,T_5)$，$T_1=[(0,1,0),(0,2,0),(1,1,0)]$，$T_2=[(0,2,0),(2,2,0),(1,1,0)]$，$T_3=[(2,1,0),(2,2,0),(1,1,0)]$，

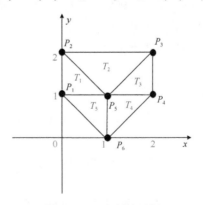

图 3-11   三角剖分示例

T_4= [（1,1,0）,（1,0,0）,（2,1,0）], T_5= [（0,1,0）,（1,1,0）,（1,0,0）]。这种结构没有清楚地区分表面的几何形状表示和拓扑表示。如果想知道两个三角形是否相邻,从几何角度需要比较它们坐标值。然而,由于浮点数不精确或错误问题,可能无法检查两个三角形是否相邻。

三角形集合的另外一种表达是: S=（T_1,T_2,T_3,T_4,T_5）, T_1=（&P_1,&P_2,&P_5）, T_2=（&P_2,&P_3,&P_5）, T_3=（&P_3,&P_4,&P_5）, T_4=（&P_4,&P_5,&P_6）, T_5=（&P_1,&P_5,&P_6）, P_1=（0,1,0）, P_2=（0,2,0）, P_3=（2,2,0）, P_4=（2,1,0）, P_5=（1,1,0）, P_6=（1,0,0）, 其中,&P 表示 P 点的引用。该类表达仍然采用三角形列表,但三角形现在是指向点的三个指针的元组,每个点对应于 R^3 中的三个浮点数元组。数据结构的前提条件是一个点（分别是一个三角形）只表示一次（两个不同的 Points 对应于 R^3 的两个不同的点,两个不同的 Triangle 对应于两个不同的三角形）。现在,三角剖分的结构"独立"于其形状来表示。例如,为了检查两个三角形是否相邻,只需比较指向点的指针,若它们中有两个相同,则相邻,比较过程不涉及点的坐标。这两个例子说明的两种表达的差异性。

3.3.1　几何表达

产权体有二维和三维之分,我们总结了三种产权体的几何表达方式,下面分别介绍。

1. 基于多边形的产权体几何表达

对于二维产权体或侧面垂直的三维产权体,可以采用多边形表达它们的几何。Kalogianni 等（2018）提出了四种基于多边形的产权体表达方式。

（1）二维空间单元。二维空间单元实质是多边形,主要用来表达标准宗地,如图 3-12（a）所示。

（2）半开放空间单元。半开放空间单元实质是附带文字约束的多边形,主要用于表达半宗地。此类单元由单值表面定义,单值表面利用函数 $z=f$（x, y）来描述,该函数定义了二维宗地内任意一个二维点的单个高程。描述此类单元需要二维多边形的边界范围以及单元位于地表之上还是之下。图 3-12（b）给出了该类单元的示例,文字描述了该单元相对地表限高 29m。

（3）多边形切片单元:由多边形+文字构成,如图 3-12（c）所示。多边形描述单元的二维范围,文字描述了上下面的高度。该类单元用于表达体宗地,易于可视化和存储。

（4）单值步进切片:由一组多边形+文字定义,每一个多边形+文字表示一个多边形切片单元,如图 3-12（d）所示。

2. 基于棱柱的产权体几何表达

1）棱柱模型的定义

Kim 等（2008,2019）等提出了一种棱柱模型,该模型仅由顶面和底面构成,没有侧面,可以用于表达三维产权体。棱柱模型采用挤出基底的方式创建,挤出是一种由 n

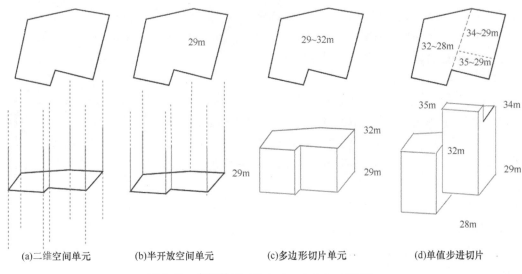

(a)二维空间单元　　(b)半开放空间单元　　(c)多边形切片单元　　(d)单值步进切片

图 3-12　空间单元（Kalogianni et al.，2018）

维对象生成 $n+1$ 维对象的方法，它沿着一个方向（如 z 轴）挤出低维几何（或拓扑）单形来生成高维单形。例如，沿着一个方向挤出点得到直线段；挤出一条线段得到面；挤出一个面得到体。通过挤出方式获得的 $n+1$ 维挤出几何的顶部、底部与被挤出的 n 维几何（基底）相同，且满足两个属性：

属性 1：$\forall p \in G_{upper}, \forall q \in G_{lower} \rightarrow p.x = q.x \wedge p.y = q.y \wedge p.z \geqslant q.z$

属性 2：$G_E = \{(x, y, z) \mid z_{lower} \leqslant z \leqslant z_{upper}, (x, y, z_{lower}) \in G_{lower}, (x, y, z_{upper}) \in G_{upper}\}$

在这两个属性中，挤出几何中任意一点 p 的 z 值大于等于底部 G_{lower} 点的 z 值，而小于等于顶部 G_{upper} 点的 z 值，且它所有的点都限定在上、下边界以内。图 3-13 横向虚线下部为几何图形，上部为它们沿着纵向箭头的挤出几何。由于挤出几何与它们的源几何具有相同的基底，且侧方都是直立性几何基元，若限定了上部和下部的几何基元，则整个挤出几何的形体范围即被确定。这意味着棱柱模型可以省略侧方的几何基元，仅用顶部和底部几何基元作为整个挤出几何的边界（图 3-13）。

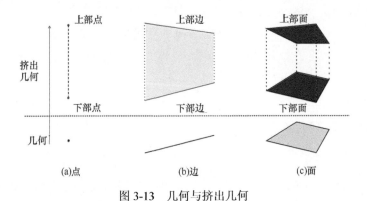

图 3-13　几何与挤出几何

图 3-14 是用棱柱模型表达建筑物的示例。图 3-14（a）是一个二层建筑物，图 3-14

（b）和图 3-14（c）是它的分解图，共使用 3 个棱柱 EP_1，EP_2 和 EP_3 表达；$EP_1 = (f_1, f_2)$，$f_1 = (p_1, p_2, p_3, p_4)$，$f_2 = (p_5, p_6, p_7, p_8)$；$EP_2 = (f_3, f_5)$，$f_3 = (p_9, p_{10}, p_8, p_5)$，$f_5 = (p_{15}, p_{16}, p_{14}, p_{11})$；$EP_3 = (f_4, f_6)$，$f_4 = (p_6, p_7, p_{10}, p_9)$，$f_6 = (p_{12}, p_{13}, p_{16}, p_{15})$。其中，$EP_i$ 表示棱柱，f_i 表示表面，p_i 表示顶点。

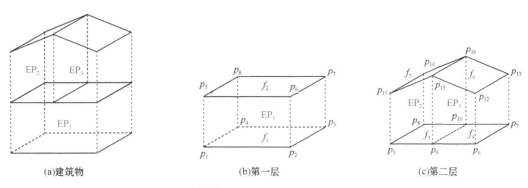

（a）建筑物　　　　　　　（b）第一层　　　　　　　（c）第二层

图 3-14　棱柱模型示例（改自 Kim and Li，2019）

2）棱柱模型的特点

棱柱模型无论是数据量还是在几何/拓扑表达方式上都比常用的 B-Rep 模型在表达三维产权体时更加简化。本节采用图 3-15 来说明。图 3-15 是对两个相邻的三维产权体分别采用 B-Rep 和棱柱模型表达的示例。在 B-Rep 中，每个三维产权体需要用 6 个面、12 条边和 8 个顶点表达。若仅考虑内拓扑（单个体内部拓扑，按照结点-边-面-体组织数据）不考虑外拓扑（体之间的拓扑），两个三维产权体之间的面、边、顶点存在重复；若这两个三维产权体周围上下左右前后还有其他的房间，则它们的上下、前后、左右方向都存在重复的几何基元。在棱柱模型中，每个三维产权体需要 2 个面、8 条边和 8 个顶点表达；同样仅考虑内拓扑、不考虑外拓扑，两个房间之间边、顶点存在重复；若这两个三维产权体周围还有其他的三维产权体，则它们仅在上下底面存在重复的几何基元。显然，棱柱模型比 B-Rep 模型更节约存储空间。

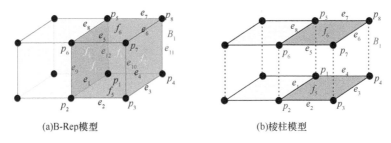

（a）B-Rep模型　　　　　　　　　　（b）棱柱模型

图 3-15　B-Rep 模型与棱柱模型

在拓扑表达方式上，由于棱柱模型没有侧面，它在表达不同维度拓扑单形之间的引用关系时比 B-Rep 更简化。图 3-16 是图 3-15 部分图形的关联图，它仅描述模型图中右侧体（B1）的拓扑关联图。通过图 3-16 可以看出，棱柱模型使用的关联图比 B-rep 更加简洁，这在拓扑查询和分析时，可以减少系统开销。

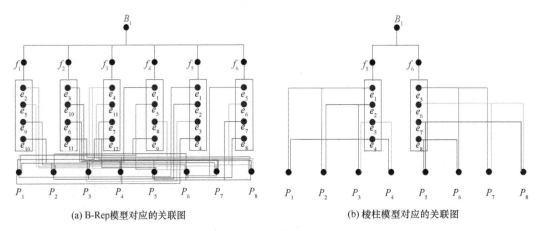

(a) B-Rep模型对应的关联图　　　　　　　　(b) 棱柱模型对应的关联图

图 3-16　B-Rep 模型与棱柱模型的关联图对比

棱柱模型是简单高效的三维空间数据模型，它采用两个具有相同基底的表面作为上、下边界。然而，若一个体的上、下表面不是由单个表面构成，则难以采用棱柱模型表达。

3. 基于 Spaghetti 数据结构的表达

Spaghetti 数据结构又称为实体数据结构，它仅记录空间对象的位置坐标和属性数据，而不记录空间关系。Spaghetti 数据结构的实现有两种方式：独立编码法和点位字典法，如图 3-17。独立编码法对每个点、线、面、体分别记录其坐标；点位字典法采用一个文件记录点坐标对，其他文件记录点与线、点与面、点与体的关系。

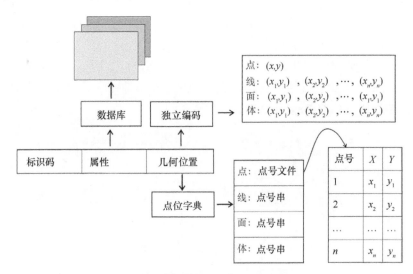

图 3-17　独立编码法和点位字典法

图 3-18 给出了一个多边形和体，左图由三个多边形构成，右图由两个体构成。表 3-1 给出了图 3-18 独立编码法的示例，多边形或体采用存储坐标对的方式编码。表 3-2 和表 3-3 给出了图 3-18 中点位字典的示例。

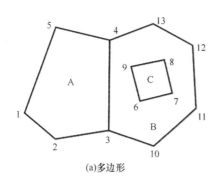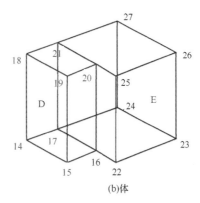

(a)多边形　　　　　　　　　　　(b)体

图 3-18　多边形与体

表 3-1　独立编码法

ID	坐标	类别码
A	$(x_1,y_1),(x_2,y_2),(x_3,y_3),(x_4,y_4),(x_5,y_5),(x_1,y_1)$	A102
B	$(x_4,y_4),(x_3,y_3),(x_{10},y_{10}),(x_{11},y_{11}),(x_{12},y_{12}),(x_{13},y_{13}),(x_4,y_4)$	B203
C	$(x_6,y_6),(x_7,y_7),(x_8,y_8),(x_9,y_9),(x_6,y_6)$	C520
D	$(x_{14},y_{14}),(x_{15},y_{15}),(x_{16},y_{16}),(x_{17},y_{17})$ $(x_{18},y_{18}),(x_{19},y_{19}),(x_{20},y_{20}),(x_{21},y_{21})$	D21
E	$(x_{17},y_{17}),(x_{22},y_{22}),(x_{23},y_{23}),(x_{24},y_{24})$ $(x_{21},y_{21}),(x_{25},y_{25}),(x_{26},y_{26}),(x_{27},y_{27})$	E30

表 3-2　点数据文件

点号	坐标	点号	坐标	点号	坐标
1	x_1,y_1	10	x_{10},y_{10}	19	x_{19},y_{19}
2	x_2,y_2	11	x_{11},y_{11}	20	x_{20},y_{20}
3	x_3,y_3	12	x_{12},y_{12}	21	x_{21},y_{21}
4	x_4,y_4	13	x_{13},y_{13}	22	x_{22},y_{22}
5	x_5,y_5	14	x_{14},y_{14}	23	x_{23},y_{23}
6	x_6,y_6	15	x_{15},y_{15}	24	x_{24},y_{24}
7	x_7,y_7	16	x_{16},y_{16}	25	x_{25},y_{25}
8	x_8,y_8	17	x_{17},y_{17}	26	x_{26},y_{26}
9	x_9,y_9	18	x_{18},y_{18}	27	x_{27},y_{27}

表 3-3　多边形与体数据文件

ID	坐标	类别码
A	1，2，3，4，5，1	A102
B	4，3，10，11，12，13，4	B203
C	6，7，8，9，6	C520
D	14，15，16，17，18，19，20，21	D21
E	17，22，23，24，21，25，26，27	E30

3.3.2　拓　扑　表　达

1. 内拓扑与外拓扑概念

拓扑是 GIS 中的重要概念之一。在 GIS 中，拓扑是一组规则和关系的集合，旨在揭示地理空间世界中的地理几何关系。索引式、双重独立编码结构 DIME 和链状双重独立编码是 2D GIS 常用的三种拓扑数据结构。由于三维几何的复杂性，三维空间的拓扑结构远比二维空间复杂。Stoter 和 van Oosterom（2005）将三维拓扑分为内拓扑与外拓扑。内拓扑是指一个多面体内部所维护的拓扑关系，外拓扑是多面体之间的拓扑关系，例如两个多面体共享一个公共面就是一种外拓扑关系。

在表达产权体时，存在两种模式：顾及内拓扑与兼顾内外拓扑。顾及内拓扑是构建的产权体按照节点－边－面－体方式组织体的内部拓扑，即体是由面构成，面是由线段构成，线段是由节点构成，节点则是由坐标构成。这是一种全内拓扑关系，它显式地给出了体、面、边和节点之间的拓扑关系。在实际应用中，为了节约存储成本，可以只存储体、面和节点之间的关系，即体由面构成，面由节点构成，段没有被显式地存储。图 3-19 给出了这种简化的内拓扑关系的 UML 图，其中面类中有一个属性"面类型"用于标识该面是多面体的外边界面还是内边界面。如果一个多面体的某个面上具有内边界面，则该多面体包含洞，也正是多面体能够带洞或者岛的特性使得它可以表达复杂的产权体。顾及内拓扑的模式只考虑了产权体的内部拓扑，产权体之间相互独立，没有关联。对于单个产权体，其内拓扑是完备的；对于多个产权体，它们之间本应共享的拓扑产生了重复，引起了拓扑不一致与数据冗余，无法进行拓扑分析。

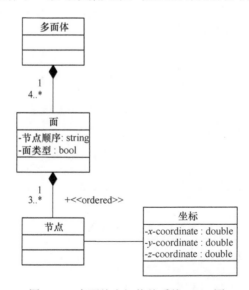

图 3-19　多面体内拓扑关系的 UML 图

兼顾内外拓扑是产权体不仅要按照节点-边-面-体拓扑递进模式组织内拓扑，而且还要构建产权体间的外部拓扑关系。考察某个体与周边体的外拓扑，无非有两类：一类是在水平方向与参照体邻接，要么共面，要么共边（拓扑弱连接），称该类拓扑为横向外拓扑。另一类是在垂直方向与参照体邻接，除了共面、共边还涉及共节点（后二者都是拓扑弱连接）。单层产权体之间只涉及横向外拓扑，多层叠加的产权体同时涉及横向和纵向外拓扑。若仅考虑内拓扑，图 3-20 中两个体相关独立，它们都各有一套面 f_9、f_{10}、f_{11} 和 f_{12}，这四个面是它们的公共部分，产生了重复。若同时考虑内外拓扑，体的内拓扑完备，体之间共享拓扑基元，图 3-20 中的面 f_9，f_{10}，f_{11} 和 f_{12} 被两个体共享，支持邻接分析、连通分析等空间分析与查询。

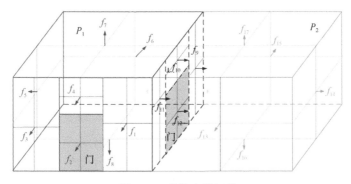

图 3-20 体的内外拓扑

2. 产权体内拓扑的表达

多种数据结构支持三维拓扑的表达。若仅表达内拓扑，可以采用常规的边界表达（boundary representation）模型、翼边（winged-edge）数据结构或半边数据结构，它们仅表达了结点、边、面之间的拓扑关系，没有考虑体之间以及体与低维单形之间的拓扑关系。

1）B-Rep 模型

B-Rep 根据其"皮肤"（"模型"和"非模型"之间的边界）来表示对象。"皮肤"分为表面（surface）部分或面（face）。面被边（edge）序列包围，这些面被一系列的边包围着，这些边是两个相邻表面之间的曲线（curve）部分。边或曲线部分由顶点分隔，顶点也是面相交的地方。B-Rep 数据结构可以分为两个基本组。一个负责定义对象（OBJECT）的结构[拓扑（TOPOLOGY）]，另一个负责定义对象的形式或形状[几何体（GEOMETRY）]。上面提到的主要元素是面、边和顶点，以及它们的几何形式，即曲面、曲线和点[图 3-21（a）]。为了用于其他目的，B-Rep 还可以围绕拓扑内核添加附加内容[图 3-21（b）]，用于满足其他类型的建模需求。

B-Rep 数据结构的元素包括 VERTEX、POINT、EDGE、CURVE、LOOP、FACE、SURFACE、FACEGROUP、SHELL、WIREFRAME OBJECT、VOLUME OBJECT 等。它们的定义如下（Stroud，2006）：

> ➤ VERTEX（顶点）：顶点是数据结构的一个节点，位于空间中的某个点。
> ➤ POINT（点）：零维实体，3D 欧几里得空间中定义顶点位置的位置。
> ➤ EDGE（边）：边是曲线的一段，在两个顶点之间。在欧拉模型中，边位于两个环中，或者可能在同一环中出现两次。

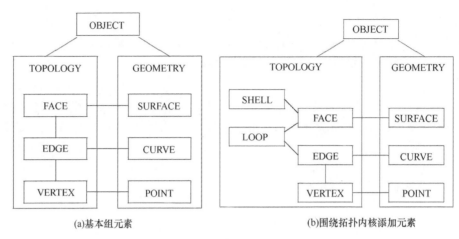

图 3-21　B-Rep（Stroud，2006）

- ➤ CURVE（曲线）：定义边形状的一维实体。
- ➤ FACE（面）：面是表面的一部分。面由环限定，环是有序的边集。
- ➤ SURFACE（表面）：定义面形状的二维实体。
- ➤ FACEGROUP（面组）：面可以组合在一起，作为逻辑单元，称为面组。每个面组根据一些模态标准形成一个子单元，例如，面组中的面具有共同的超面，或者它们是在同一基本操作中产生。
- ➤ LOOP（环）：在最简单的形式中，模型数据结构仅由面、边和顶点组成。为了允许这种模型，将面边界的边划分为边的闭合回路，称为环。
- ➤ SHELL（壳）：对象中每个封闭的面集形成一个壳。在模型中以某种方式显式表示这些壳非常有用，而不必通过遍历面集来查看它是否已关闭来检索信息。
- ➤ WIREFRAME OBJECT（线框对象）：线框对象仅是边和顶点的集合，面和环信息被忽略。
- ➤ VOLUME OBJECT（体对象）：体对象是"完整"的实体模型，具有封闭的面集，用于限定空间体。这里考虑的模型是欧拉流形模型。

图 3-22 给出了一个 B-Rep 的示例，对象由面的指针列表表示；面由指向边的指针列表表示；边由指向两个顶点的指针（边的起点和终点）表示，顶点列表是对象中所有顶点的列表。

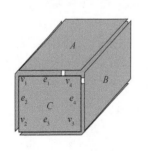
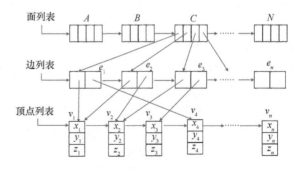

图 3-22　B-Rep 的最常见数据结构

使用 B-Rep 可以轻松地进行简单的操作，例如使用平面进行剪切。对于诸如并集、交集或差异等更高级的操作，必须为对象定义另外的语义，每个对象都被认为是封闭的，并且在其中没有洞。为简单起见，面列表中的平面以所有法线向量指向的方式定义物体。

2）翼边数据结构

翼边数据结构是 B-Rep 的替代方案。该数据结构仍然由面、边和顶点列表构成，但与 B-Rep 模型相比，该数据结构是以边为核心的。顶点记录和面记录均包含一个和自身相关联的边的引用，对于一个顶点或面，可能有多条边与它关联，任意取一条即可。顶点和边关联是指顶点为该边的起点或终点。面和边关联是指边参与构成面的边界。边的记录相对复杂，它起到连接顶点和面的作用，记录基本的拓扑关系。对于每一条边 e，存储为一个有向边，包含如下的八个引用，每两个一组，如图 3-23 所示。e.org 和 e.dest 分别是边的起点和终点，这里约定边的方向是由 e.org 指向 e.dest；e.left 和 e.right 分别是边 e 左边和右边的面；e.lcw 和 e.lccw 分别是 e 在面 e.left 的边界上的相邻边。e.lcw 连接着 e.org，e.lccw 连接着 e.dest。e.rcw 和 e.rccw 分别是 e 在面 e.right 的边界上的相邻边。e.rcw 连接着 e.dest，e.rccw 连接着 e.org。

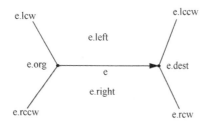

图 3-23　翼边数据结构示例

图 3-24 为一个三维产权体采用翼边数据结构表达拓扑的示例。该体包含 A、B、C、D 四个侧面与上下面 E 和 F。下底面的边由 a、b、c 和 d 构成，上底面的边由 e、f、g 和 h；侧面的边为 i、j、k 和 l。

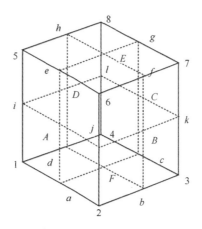

图 3-24　三维产权体示例

　　采用翼边数据结构表达多面体的第一步是设定边的方向。同一条边可以取两个不同的方向，所取方向不会影响翼边数据结构对多面体的表达，故任取一个方向即可。

　　边（表 3-4）信息确定后，进一步建立顶点和面表。对于每个顶点，任取一条和它相关的边构建顶点表，如表 3-5 所示。

表 3-4　边表

边	起点	终点	左面	右面	左后继边	左前驱边	右后继边	右前驱边
a	1	2	F	A	d	b	j	i
b	2	3	F	B	a	c	k	j
c	3	4	F	C	b	d	l	k
d	4	1	F	D	c	a	i	l
e	5	6	A	E	i	j	f	h
f	6	7	B	E	j	k	g	e
g	7	8	C	E	k	l	h	f
h	8	5	D	E	l	i	e	g
i	1	5	A	D	a	e	h	d
j	2	6	B	A	b	f	e	a
k	3	7	C	B	c	g	f	b
l	4	8	D	C	d	h	g	c

表 3-5　顶点表

顶点	边
1	a
2	b
3	c
4	d
5	e
6	f
7	g
8	h

　　面的情况和点一样，任取一条边界上的边来建立面表，如表 3-6 所示。

表 3-6　面表

面	边
A	i
B	j
C	k
D	l
E	e
F	a

翼边数据结构或半边数据结构只能表达单个产权体内拓扑，无法表达产权体之间的外拓扑。另外，这两种数据结构仅表达了结点、边、面之间的拓扑关系，没有考虑体之间以及体与低维单形之间的拓扑关系。

3. 产权体外拓扑的表达

若要同时表达内外拓扑，则需要引入其他的数据结构，例如，关联图、组合图等。关联图是最普通的一种，它可以有效地表达对象的几何信息，但由于它包含的拓扑信息有限，导致一些简单的查询，如按次序获取一个 2-胞腔边界上 0-胞腔和 1-胞腔序列或者比较两个 2-胞腔是否具有相同的几何信息，都很难去操作。组合图是一种表示可定向剖分对象的数据结构，其实质是半边数据结构在高维的推广。组合图允许沿着（d-1）维胞腔粘贴 d 维胞，它提供了所有胞腔的剖分（如顶点和边）以及关联和邻接关系的描述。组合图分为普通 n 维组合图（n-dimensional combinatorial map，n-Map）和 n 维广义组合图（n-dimensional gereralized map，简写为 n-GMap），下面分别介绍它们。

1）n-Map

n-Map 是一种组合图数据结构，允许描述有或无边界的 n 维定向准流形。n-Map 是一种非流形数据结构，由一组 dart 和 β_i（i=1, 2, 3, …）关系构成。一个 n-Map 是（n+1）-元组，$M = (D, \beta_1, \cdots, \beta_n)$，具有以下属性（Damiand and Lienhard，2014）：

（1）D 是 dart 的有限集；

（2）β_1 是 D 上的局部置换（partial permutation），β_0 是 β_1^{-1}；

（3）$\forall i \in \{2,\cdots,n\}$：$\beta_i$ 是 D 的局部对合（partial involution）；

（4）$\forall i \in \{0,\cdots,n-2\}$，$\forall j \in \{3,\cdots,n\}$，使得 $i+2 \leqslant j$，$\beta_i \circ \beta_j$ 也是一个局部对合（partial involution）。

根据表达对象的维度不同，使用的组合图也不同。对于三维产权体，使用 3-组合图表达。在组合图中，符号 ϕ 表示 dart d 在给定的关系 β_i（i=0, 1, 2, 3）中不存在对应的 dart。若 $\beta_i(d) = \phi$，则称 d 是 i-free（i-free）。在不同的维度，i-free 代表不同的意义，0-free 表示 d 所描述的边没有前驱边；1-free 表示 d 所描述的边没有后续边；2-free 表示 d 所描述的边在边界上，仅属于一个面，没有被其他面共享；3-free 表示 d 所描述的面在体的边界上，仅属于一个体，没有被其他体共享。如图 3-25 所示，图 3-25（a）是 2-复形，图 3-25（b）是其对应的 2-组合图，它由 13 个 dart、13 个 β_1 和 3 个 β_2 构成，每个 dart 表达了图 3-25（a）中的一条有向边及其起始结点，如 dart 1 表达了边 e_1 与结点 v_3。β_1 用来连接 dart，如 dart 1 与 dart 2 通过 β_1 连接在一起，$\beta_1(1)$=2，由于图 3-25（b）中的 dart 连成环，每个 dart 都有后继对象，不存在 1-free 的 dart。β_2 是对合关系，用来连接两个方向相反的 dart，如 $\beta_2(3)$=9，$\beta_2(9)$=3；一对 dart 表达图 3-25（a）中的一条公共边，如 dart 3 与 9 表达边 e_3；边界的 dart 仅被一个面使用，表达边界上边的 dart 是 2-free，存在 $\beta_2(d)=\phi$，如 $\beta_2(1)= \phi$。

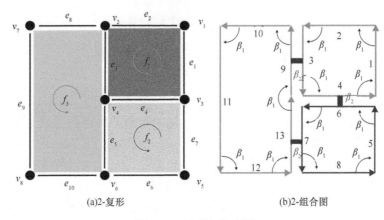

(a)2-复形　　　　　　　　　　　　(b)2-组合图

图 3-25　复形与组合图

n-Map 的构建有两种模式：一种是升维构建，从 1 开始到对象的维度，*n*-Map 的维度逐渐增加；在每一步，一些 darts 被"缝合"（sewing）在一起，并进行升维操作。另一种是直接从对象维度开始，通过添加一些孤立的 darts，以及在任意维"缝合"一些 darts。对于 dart 的"缝合"而言，并不是所有的 dart 都可以"缝合"。"缝合"的前提是被"缝合"的单元之间必须有相同的结构。图 3-26（a）中的两个图同构，可以"缝合"，图 3-26（b）中的两个图结构不同，无法"缝合"。因此，"缝合"的前提是两个 dart 是可"缝合"的（*i*-sewable）。在两个图的结构相同情况下，可以将它们"缝合"（*i*-sew）在一起。Damiand 和 Lienhardt（2014）给出了 *i*-sewable 和 *i*-sew 的定义。

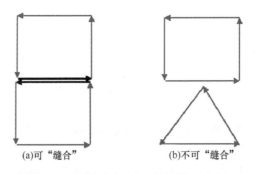

(a)可"缝合"　　　　　　　　　　(b)不可"缝合"

图 3-26　可"缝合"与不可"缝合"图

Damiand 和 Lienhardt（2014）以图 3-27 为例给出了 3-map 的 3-sew 操作例子。图 3-27（a）为 $M = (D, \beta_1, \beta_2, \beta_3 = \phi)$ 包含 48 个 darts。图 3-27（b）为包含 2 个定向体、12 个定向面，24 条定向边和 16 个顶点的三维准流形。图 3-27（c）3-map $G_{3-\text{SEW}}(1,5)$：$\beta_3(1) = 5, \beta_3(2) = 8, \beta_3(3) = 7, \beta_3(4) = 6$；图 3-27（d）对应的三维准流形。一个胞腔通过一系列关联顶点表示。面 (v_1, v_2, v_3, v_4) 和 (v_5, v_6, v_7, v_8) 被识别为一个面 (v'_1, v'_2, v'_3, v'_4)，边 (v_1, v_2) 和 (v_6, v_5) 被识别为边 (v'_1, v'_2)，其他边与它们类似。顶点 v_1 和 v_6 被识别为顶点 v'_1，其他顶点也与它们类似。

图 3-27 中的两个 2-胞腔通过 β_3 将属于两个初始面的所有 darts 两两连接并识别出来。这种面的识别涉及两个面边界的识别（通过同构函数 *f*，两个面的每对边和每对顶

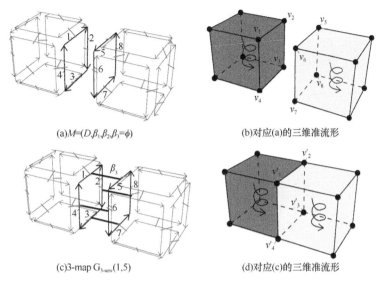

(a)$M=(D,\beta_1,\beta_2,\beta_3=\phi)$　　　　　　(b)对应(a)的三维准流形

(c)3-map $G_{3\text{-sew}}(1,5)$　　　　　　(d)对应(c)的三维准流形

图 3-27　3-map 中的 3-sew 操作（Damiand et al.，2014）

点被两两地识别）。这样的 3-sew 操作不一定是可行的，两个初始的面必须是 3-sewable，即它们必须有相同的结构。在这个例子中，很容易验证 dart 1 和 dart 5 是 3-sewable，$o_1=\{1,2,3,4\},o_2=\{5,6,7,8\}$ 是同构的，同构 f 定义为 $f(1)=5,f(2)=8,f(3)=7,f(4)=6$，并且对于每个 dart $e\in o_1,\beta_1\big[f(e)\big]=f\big[\beta_i^{-1}(e)\big]$。

　　除了"缝合"操作外，还需要定义升维操作。Damiand 和 Lienhardt（2014）定义了升维（increase dimension）操作：

　　让 $M=(D,\beta_1,\cdots,\beta_{n-1})$ 是一个（$n{-}1$）-map。通过对 M 增加它的维度获得 $M^+=(D,\beta_1,\cdots,\beta_n)$，这里 β_n 被定义：$\forall d\in D,\beta_n(d)=\phi$。

　　下面以一个例子来说明 3-map 的构建过程。首先，将图形初始化为一组 β_1 等于 ϕ 的 darts，这些 darts 描述了一组孤立定向的边。为了将相应的边"黏合"在一起，将 darts 按顺序进行 1-sew 操作，1-map 描述了定向边的结构。然后，添加 β_2 来增加组合图的维度，并初始化为 ϕ。2-map 描述了孤立定向面的结构，其边界是前面的定向边。为了识别一些边，将对应的 darts 进行 2-sew 操作，这样面沿着边界上的边被"黏合"在一起。2-map 描述了定向剖分表面的拓扑。迭代以下两个步骤将该过程推广到任何维度。

　　（1）通过添加 β_n 增加维度，并初始化为 ϕ；

　　（2）为了识别（$n{-}1$）-胞腔（和它们边界），一些 darts 需要执行 n-sew 操作。两个（$n{-}1$）-胞腔的识别，只有在它们具有相同结构条件下才可能。

　　Damiand 和 Lienhardt（2014）以图 3-28 为例给出了一个使用增维操作构建 3-map 的过程。第一行显示不同的 n-Map，第二行显示相应的对象。图 3-28（a）是图 3-28（e）中一组分离的定向边对应的 1-map $(D,\beta_1=\phi)$；图 3-28（b）是 2-map $(D,\beta_1,\beta_2=\phi)$，它在图 3-28（a）的基础上使用 40 个 1-sew 操作和一个增维操作后获得图 3-28（f），这个 2-map 对应了 11 定向面；图 3-28（c）3-map $(D,\beta_1,\beta_2,\beta_3=\phi)$，它在图 3-28（b）的基础

上使用 20 个 2-sew 操作和一个增维操作获得的图 3-28（g），这个 3-map 对应了图 3-28（g）中显示的两个体对象。图 3-28（d）执行一个 3-sew 操作后获取 3-map$(D, \beta_1, \beta_2, \beta_3)$，图 3-28（h）为对应的 3D 剖分对象。

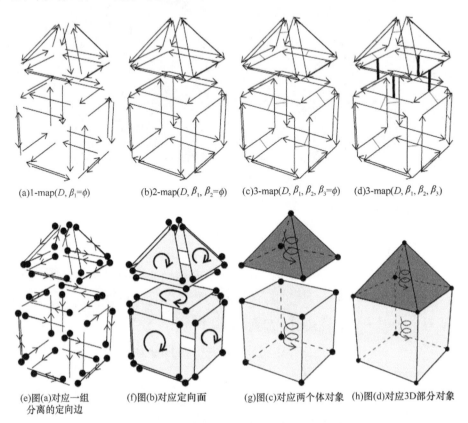

(a)1-map$(D, \beta_1=\phi)$ 　(b)2-map$(D, \beta_1, \beta_2=\phi)$ 　(c)3-map$(D, \beta_1, \beta_2, \beta_3=\phi)$ 　(d)3-map$(D, \beta_1, \beta_2, \beta_3)$

(e)图(a)对应一组　　　(f)图(b)对应定向面　　(g)图(c)对应两个体对象　(h)图(d)对应3D部分对象
　分离的定向边

图 3-28　一个 3-map 的构建过程（Damiand and Lienhardt，2014）

图 3-29 是使用 3-map 表达三维产权体的示例。图 3-29（a）是一组三维产权体；图 3-29（b）是对应的 3-组合图，因每层结构相同，仅绘制了两层。在图 3-29（b）中，$\beta_i (i = 1,2,3)$ 将 dart 连通起来，支持 dart 对应的结点、边、面、体之间的拓扑关系查询。如查询两个面是否邻接，只要判断两个面中是否有通过 β_2 连接的 dart 即可，如 F_1 与 F_2 存在 $\beta_2 (4) = 5$，它们邻接；如查询 F_1 所有邻接面，可先获取 F_1 的任意 dart（如 dart 1），利用$< \beta_1 >(1)$ 获取 1 所在面的 dart 集$\{1, 2, 3, 4\}$，对 dart 集中的每个 dart 使用 $\beta_2 (d)$，如 $\beta_2 (4) = 5$，获取邻接面的 dart，再使用$< \beta_1 >(5)$，就可获取表达邻接面的 dart 集，通过这种方式获得所有邻接面。若判断这两个体是否邻接，使用 $\beta_3(d)$，d 为一个体中的 dart，在另一个体中存在 dart d'，使得 $\beta_3(d) = d'$，则这两个体邻接。

2）n-GMap

除了 n-Map 外，还可以使用 n-维广义图（n-dimensional gereralized map，或者 n-GMap）表达产权体外拓扑。Damiand 和 Lienhardt（2014）给出 n-维广义图定义：

(a)三维产权体

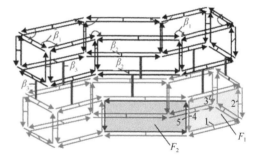

(b)3-组合图

图 3-29　组合图示例

一个 n-维广义图 $G = (D, \alpha_0, \cdots, \alpha_n)$ 是一个（n+2）-元组，$0 \leqslant n$，这里：

（1）D 是 darts 的有限集；

（2）$\forall_i \in \{0, \cdots, n\}$：$\alpha_i$ 是 D 上的一个对合（Involution）；

（3）$\forall_i \in \{0, \cdots, n-2\}$，$\forall_j \in \{i+2, \cdots, n\}$：$\alpha_i^o \alpha_j$ 是一个对合（Involution）。

n-GMap 是一种组合数据结构，允许描述有或无边界的 n 维可定向或不可定向准流形。0-Gmap (D, α_0) 表达了顶点集的结构（拓扑），或者是顶点对（对应了 0-spheres）；1-Gmap (D, α_0, α_1) 表达了多边形折线集（无论有无边界）的结构，如图 3-30（a）所示；2-Gmap $(D, \alpha_0, \alpha_1, \alpha_2)$ 表达了表面集结构，如图 3-30（b）所示；3-GMap $(D, \alpha_0, \alpha_1, \alpha_2, \alpha_3)$ 表达了体集结构，如图 3-30（c）所示。

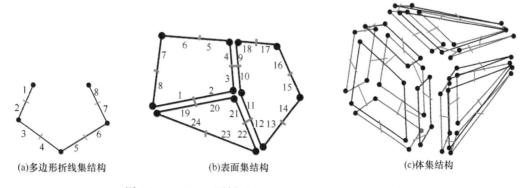

(a)多边形折线集结构　　　　　(b)表面集结构　　　　　(c)体集结构

图 3-30　n-GMap 示例（Damiand and Lienhardt，2014）

与 n-Map 类似，n-GMap 的构建也有两种模式，即增维构建和给定维直接构建。同样，构建过程中也需要"缝合"、增维等操作。下面以升维构建模式为例说明 n-GMap 的构建方法。从 0 维 dart 集合和 α_0 开始，darts 集合描述了孤立的顶点集。为了将对应的顶点分组成对，一些 darts 被 0-sew。通过添加 α_1 初始化标识来增加维度，这产生了一组孤立的边，它们的边界是前面的顶点对。为了将对应的边"黏合"在一起，识别顶点并使用 1-sewn 缝合对应的 darts，这产生了一组剖分边集。进一步通过添加 α_2 初始化标识来增加维度，这产生了一组孤立的面，它们的边界是先前剖分的边。为了识别某些边和它们的边界，2-sewn 被用来"缝合"某些 darts。这就沿着它们的边"黏合"了对应的面，产生了剖分表面。这个过程可以推广到任何维度。为此，迭代使用下面两个操作：

（1）通过添加 α_0 初始化标识来增加维度；

（2）2-sewn 一些 darts 来识别一些（$n-1$）-胞腔（和它们的边界）。

n-GMap 与 n-Map 主要有两点不同。包括一是原始对象可以没有定向（也可有定向）；二是剖分过程并不在边结束，而是继续剖分成孤立的顶点。使用它们都可以表达产权体的内外拓扑关系。

3.4　小　　结

本章在分析三维地籍空间实体的几何拓扑特征的基础上，研究三维地籍空间实体及其间关系的定义与形式化表达。引入代数拓扑的单纯形、单纯复形、胞腔、胞腔复形、流形、准流形、伪流形等概念，分别提出了基于 k-维伪流形，单纯形与单纯复形，胞腔与胞腔复形的三维地籍实体形式化描述。进一步探讨了产权体的几何表达和拓扑表达，分别提出了基于 Spaghetti 数据模型、多边形、棱柱的几何表示方式，基于边界表达模型、翼边数据结构的产权体内拓扑表达方式以及基于 n 维组合图和 n 维广义组合图的产权体外拓扑表达方式。通过给出形式化描述，采用数学方法高度概括相关概念，避免了单纯罗列所带来的不完整等缺陷，使得表达更简洁、更完整、更严密，为数据模型和数据结构的设计提供了理论基础。

参　考　文　献

贺彪. 2011. 三维地籍空间数据模型及拓扑构建算法研究. 武汉: 武汉大学博士学位论文.

日本数学会. 1984. 数学百科辞典. 北京: 科学出版社.

王永志. 2012. 基于胞腔复形链的地下空间对象三维表达与分析计算统一数据模型研究. 南京: 南京师范大学博士学位论文.

Chem S S, Chen W H, Lam K S. 2019. Lectures on Differential Geometry. Singapore: World Scientific.

Damiand G, Lienhardt P. 2014. Combinatorial Maps: Efficient Data Structures For Computer Graphics and Image Processing. Boca Raton: CRC Press.

Giblin P J. 1977. Graphs. Graphs, Surfaces and Homology. Dordrecht: Springer.

Hatcher A .2005. Algebraic Topology. Beijing: Tsinghua University Press.

Kalogianni E, Dimopoulou E F I, Thompson R J, et al. 2018. Investigating 3D spatial unit's as basis for refined 3D spatial profiles in the context of LADM revision. 6th International FIG 3D Cadastre Workshop, Delft, The Netherlands.

Kim J S, Lee T H, Li K J. 2008. Prism geometry: Simple and efficient 3-d spatial model. The Proceedings of the 3rd International Workshop on 3D Geo-information: 139-145.

Kim J S, Li K J. 2019. Simplification of geometric objects in an indoor space. ISPRS Journal of Photogrammetry and Remote Sensing, 147: 146-162.

Penninga F. 2008.3D Topography. Delft: PhD Dissertation of Delft University of Technology.

Stoter J E, van Oosterom P J M. 2005. Technological aspects of a full 3D cadastral registration. International Journal of Geographical Information Science, 19(6): 669-696.

Stroud I. 2006. Boundary Representation Modelling Techniques. London: Springer .

第4章 地籍数据模型

地籍数据模型是建立地籍数据库的基础，它简化了地籍实施过程，促进了数据交换和同类数据集的整合，利于实现数据共享和互操作性。当前，学界与业界已经开发了多种地籍数据模型，包括土地管理领域模型（land administration domain model，LADM）、法律财产对象模型（legal property object model，LPOM）、三维地籍数据模型（3D cadaste data model，3DCDM）、核心地籍数据模型、ePlan 等。本章将对这些数据模型进行介绍、分析，以满足不同用户建模的需求。

4.1　LADM

LADM 是由国际标准化组织 ISO（211）技术委员会 TC211 提出的土地管理模型。LADM 是概念架构，其重点是土地管理部分，主要描述土地（或水）相关的 RRR 及其几何（地理空间）。LADM 有两个目标：一是为开发和完善高效的土地管理系统提供可扩展的基础；二是使一个国家内部或不同国家之间能够基于模型提供的共享词汇（本体）进行通信[①]。LADM 在设计过程中考虑了 4 个因素：

> 涵盖世界各地土地管理的共同方面；
> 基于国际测量师联合会的"地籍 2014"的概念框架；
> 尽可能简单，便于在实践中应用；
> 地理空间遵循 ISO / TC 211 概念模型。

LADM 是在"地籍 2014"和"人-地"关系模型的基础上建立起来的（卓跃飞，2013）。它是一种共享的领域概念框架和通用模型，不同的国家或地区可在其基础上扩展新的模块。

4.1.1　LADM 的组成

LADM 提供了一个抽象的概念模式，它包含权利人包（party package）、管理包（administrative package）、空间单元包（spatial unit package）、测量和表达子包（surveying and representation sub-package）。每个（子）包是一组内聚的类。LADM 有四个基本类：权利人类（LA_Party）、权/责/利类（LA_RRR）、基本管理单元类（LA_BAUnit）和空间单元类（LA_SpatialUnit）。图 4-1 给出了 LADM 四个（子）包图。

① van Oosterom P, Lemmen C, Uitermark H. 2013. ISO 19152: 2012, Land Administration Domain Model. Abuja: FIG Working Week 2013 in Nigeria–Environment for Sustainability.

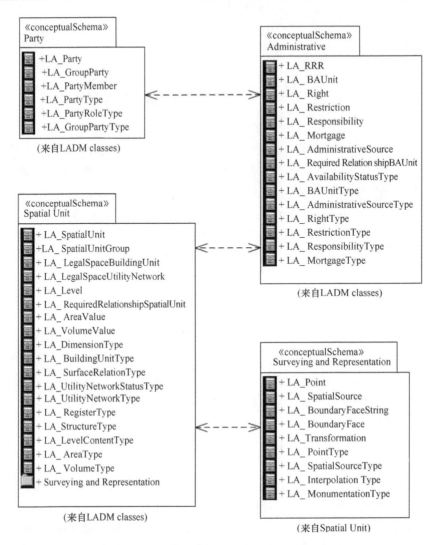

图 4-1　LADM 图（ISO-19152：2012）

1. 权利人包

Party Package 的主要类是 LA_Party。LA_Party 的实例是权利人。权利人与零到多个 LA_RRR 子类的实例相关联，也与 LA_BAUnit 相关联。LA_Party 有一个子类 LA_GroupParty，LA_GroupParty 由二到多个权利人组成，也包括其他权利人组。相反，权利人是零到多个权利人组的成员。LA_PartyMember 是 LA_Party 和 LA_GroupParty 之间的可选关联类，它的一个实例是权利人成员。

2. 管理包

管理包主要有 LA_RRR 和 LA_BAUnit 两个类。根据 ISO-19152：2012 标准的解释，LA_RRR 为抽象类，它有三个子类，即 LA_Right、LA_Restriction 和 LA_Responsibility。LA_Right 以权利为实例，权利主要属于私法或习惯法。LA_Restriction 以限制为实例，

限制通常"与土地一起运行"，即使土地的权利在建立（和登记）后被转让，它们仍然有效。Mortgage 是 LA_Mortgage 的一个实例，是对所有权的特殊限制。LA_Responsibility 以责任为实例。LA_BAUnit 的实例是基本管理单元（缩写为 Baunits）。Baunits 由多个空间单元组成，在相同权利下（权利应在整个 Baunit 上"同质化"），属于一个权利人。为了在 LA_Party 的实例、LA_RRR 子类的实例和 LA_BAUnit 实例之间建立唯一的组合，每个 Baunit 的 RRR 应该唯一。原则上，所有权利、限制和责任都基于管理源（administrative source），如 LA_AdministrativeSource 类的实例。

3. 空间单元包

空间单元包的主要类 LA_SpatialUnit，它以空间单元为实例。根据 ISO-19152：2012 标准，空间单元可分为两种形式。①空间单元组，它是类 LA_SpatialUnitGroup 的实例。空间单元组可以通过 LA_SpatialUnitGroup 与其自身的聚合关系形成更大的空间单元组。空间单元组还可以是其他空间单元组的分组。②子空间单元或子地块，它是空间单元的组成部分，通过 LA_SpatialUnit 与其自身的聚合关系来实现。部分又可以被分组为子部分（子地块），依此类推。空间单元进一步被细化为建筑单元（building units）和公共设施网络（utility networks）。建筑单元是 LA_LegalSpaceBuildingUnit 类的实例，它涉及法定空间，不一定与建筑物的物理空间一致。公共设施网络是 LA_LegalSpaceUtilityNetwork 类的实例，它涉及法律空间，不一定与公共设施网络的物理空间一致。Spatial Unit Package 有 LA_AreaValue 和 LA_VolumeValue 两种数据类型，它们是 LADM 中引入的通用数据类型。通过它们，LADM 为登记各种类型的面、体提供支持。

4. 测量和表达子包

ISO-19152：2012 标准的测量和表达子包包括四个类。即 LA_Point、LA_SpatialSource、LA_BoundaryFaceString 和 LA_BoundaryFace。LA_Point 类的实例是点。点可以与零或一个空间单元相关联，用作描述空间单元位置的参考点；可以与零个或多个边界面相关联，用来定义三维宗地侧面的顶点；可以与零个或多个边界面串相关联，用于定义边界的起点，终点或顶点。另外，点应与零个或多个空间源相关联。类 LA_SpatialSource 的实例是空间源，它的属性包括距离、方位、GPS 坐标等测量值。空间源应与一个或多个点相关联。空间源可以与零个或多个边界面串、边界面、空间单元和基本管理单元相关联，分别描述二维空间单元的边界、三维空间单元的侧面、空间单元的范围以及财产范围。空间源应与一个或多个权利人相关联。

类 LA_BoundaryFaceString 的实例是边界面字符串。LA_BoundaryFaceString 与类 LA_Point 和类 LA_SpatialSource 相关联，以记录几何的原点。在 LA_BoundaryFaceString 和 LA_SpatialUnit 的关联中，"+"（加号）表示关联的边界面字符串在空间单元内具有相同的方向，而"−"（减号）表示关联的边界面字符串在空间单元内具有相反的方向。边界面字符串可以与零个或多个空间源相关联（空间单元的边界可以在一个或多个空间源上）。类 LA_BoundaryFace 的实例是边界面。LA_BoundaryFace 与类 LA_Point 和类 LA_SpatialSource 相关联，以记录几何的来源。边界面可以与零个或多个空间源相关联。边界的方向等于空间单元的方向是"+"关联，否则是"−"关联。

4.1.2 LADM 的空间单元

1. 几何编码

LADM 为土地登记定义了几何编码层级，分为以下几种。

（1）文本编码：空间单元完全或部分由文本描述定义。草图是文本编码的一个子类，它使用没有严格比例或尺寸的图来描述空间单元。

（2）点编码：空间单元由单个点表示。

（3）线编码：空间单元由线要素定义，空间单元由线围成区域内的点隐式表示。

（4）多边形编码：空间单元由多边形表示。

（5）拓扑编码：空间单元由面、边、节点等拓扑结构形成的完全剖分定义。

2. 空间单元编码

空间单元通常仅用一种编码表示，有时候也使用混合编码模式。如一个地块的三边由测量线限制，而第四边由河岸限制，河岸随时间不断被侵蚀。这使用了基于线和基于文本的混合模式（ISO-19152：2012）。

在不同类型编码基础上，LADM 及其修订版定义了多种类型空间单元，其范围从简单的二维空间单元到复杂的三维空间单元。具体如下：

（1）二维空间单元。

二维空间单元实质是没有侧立面的棱柱，没有明确定义边界表面的三维空间单元，即地面上方和下方的空间柱（Stoter and van Oosterom，2005）。对于存储、可视化和管理的目的，它们是最简单的情况。然而，因为它的上面和下面没有封闭，在三维可视化时存在一些问题。

（2）半开放空间单元。

此类空间基于二维宗地，由单值表面（单值表面利用函数 $z=f(x,y)$ 来描述，该函数定义了二维宗地内任意一个二维点的单个高程）定义。空间单元被定义为占据地表上方或下方的体。它通常用于描述采矿区域，将带有矿藏的地表下的空间分割出来。描述此类空间单元需要二维宗地的范围、表面以及空间单元位于地表之上还是之下等信息。

（3）建筑格式空间单元。

由现有或规划的建筑结构的范围定义。该类单元主要用来定义公寓单元，所描述的公寓没有确切的尺寸和高度信息。公寓的实际范围是由建筑的结构决定。图 4-2（a）是一个为该类空间单元示例，它定义了 3~9 层公寓单元。

（4）多边形切片单元。

由水平有界表面（上、下表面）的二维形状定义，是最常见的封闭三维空间单元的表示形式。该类单元易于可视化和存储，如图 4-2（b）所示。

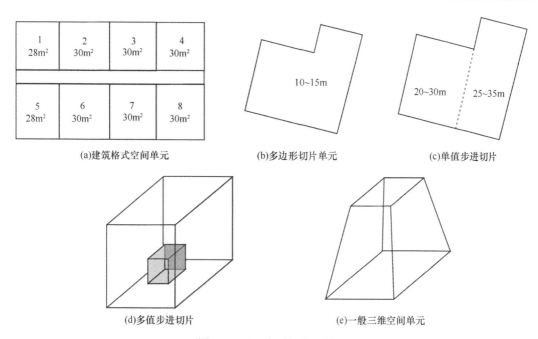

图 4-2　不同类型的空间单元

（a）中 1～8 为编号，编号下方数字表示面积，（b）（c）中数字为高度范围

（5）单值步进切片。

单值步进切片是定义体空间单元的常见形式。它由一组面定义，所有面都是水平或垂直的。该体被限制为高度值域中的单值，如图 4-2（c）所示。也就是说，在空间单元之间的区域内没有一对点具有相同的（x，y）坐标。若垂直方向的面上有洞，则违反了此约束，但允许顶部或底部表面中有洞。

（6）多值步进切片。

此类单元由一组面定义，所有面都是水平或垂直，没有限制在高度值域中单值，这允许在任何面上有"洞"，如图 4-2（d）所示。

（7）一般三维空间单元。

不符合上面类别的宗地被归类为一般三维宗地（多面体），它由非水平或垂直的边界定义，如图 4-2（e）所示。该类进一步细化为：是否需要 2-流形、开/闭体、平面/曲面边界、单/多体等。

（8）平衡宗地（balance of parcel）。

它是从二维空间单元（即无顶底面棱柱）切除所有的三维空间单元后剩余的部分，用于"平衡"其他宗地。它与所有切除三维空间单元一起构成了整个二维空间对应的空间棱柱。

在空间单元使用上，LADM（ISO-19152：2012）给出了如下次序：

（1）如果空间可全由二维形状定义，就采用二维空间单元。

（2）如果空间由现有或规划的结构定义，就采用建筑格式单元。

（3）如果空间由二维地块上方/下方的单值表面定义，就采用半开放空间单元。

（4）如果空间由二维地块和一对定义顶部和底部的单值非交叉曲面定义，就采用多边形切片单元。

（5）如果空间完全由水平或垂直面定义，并且在高度值域中是单值，就采用单值步进切片，否则，就采用多值步进切片。

（6）当以上情况都不满足，使用一般三维宗地。

空间单元之间还存在混合使用模式。在地表宗地（基础地块）定义的"棱柱"中分割出不同类型的其他三维空间单元。图 4-3 是空间单元混合表达的侧视图，它混合使用边界面字符串和边界面来定义有界和无界的三维体。

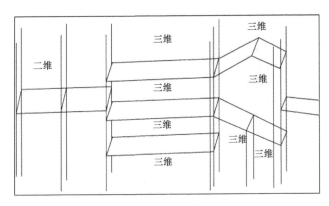

图 4-3　空间单元混合表达的侧视图（Lemmen et al.，2009）

4.1.3　LADM 的小结

自 LADM 作为 ISO 标准通过以来，已经获得了广泛的应用。然而，LADM 是一个通用模型，主要关注的是土地管理领域，其本身还存在一些问题，例如，不支持从现场测量到建立空间数据库的完整流程，没有与 BIM/IFC、GML、CityGML、LandXML、LandInfra、IndoorGML、RDF、GeoJSON 等标准整合，没有考虑 3D+时间等。为了克服这些问题，ISO 对 LADM 进行了扩展和改进。在新一版的 LADM 中，将考虑增加以下内容：

（1）不动产评估。LADM 是一个概念数据模型，它为土地管理提供了标准化的全球词汇表。Çağdaş 等（2017，2016）从财政角度提出了一个扩大 LADM 范围的提案。该提案提供了一个可用于构建不动产评估和税收信息系统的模型。该模型为地方和国家数据库的开发提供了基础。

（2）全球土地指标倡议（GLII）以现有监测机制和数据收集方法为基础，得出全球可比的统一土地指标清单。LADM 第二版被认为是国际公认的标准之一，将与商定的全球概念和基于证据的方法一起发挥关键作用。

（3）链接物理对象。法律空间和法律对象有其自己的几何形状，在许多情况下，它不（或不完全）等于物理空间和物理对象。法律空间应与物理对象通过 ID 相关联。

（4）室内模型。室内空间用户根据建筑物的类型和空间功能与空间建立关系。

LADM 的使用允许为室内空间分配相关的 RRR，它为各种类型的用户指示了可访问空间。

（5）海洋地籍。LADM 标准适用于海洋地籍。基于 LADM 原则的 IHO S121（海洋限制和边界）的规范性参考需要包含在第二版 LADM 中。

（6）土地管理流程。流程信息是关于谁在批准交易时必须做什么的信息。LADM 需要与数据采集、数据处理、维护和发布等通用过程相关的模块。LADM 在其当前版本中已经包含了角色以及一系列日期作为过程的交互，但标准不包括用于初始数据采集、数据维护和数据发布的土地管理流程。

（7）区块链技术。土地交易过程中的区块链技术可以很好地适用于土地管理中的交易。需要另一种类型的 UML 图来表示进程，从而在工作流管理模块和 LADM 类之间创建连接。

（8）数据互操作和集成。土地管理发展中需要互操作性、数据共享和数据集成。在第二版 LADM 中，需要在各种国家数据和信息系统以及平台上进行更多的整合，以便利用最有效的数据和分析进行基于证据的政策制定和决策。

（9）具有法律影响的空间规划/分区。它意味着空间规划和土地管理环境的整合，应该可以重复使用从空间规划到土地权限的区域。

（10）其他法律空间：如采矿、考古、公用事业。

4.2　ArcGIS 宗地数据模型

4.2.1　概　　述

ArcGIS 宗地数据模型包含宗地结构和要素拓扑。宗地结构用于存储、维护和编辑宗地的数据集，它在要素数据集中创建，并从要素数据集中继承其空间参考。要素数据集可以包含其他相关的空间对象。宗地结构中的宗地由点要素、线要素和面要素组成。一系列单独的线形成多边形，每条线都有一个"起点"和"终点"，它们也是宗地角点。宗地点最多有一个线点（line point）和一个控制点（control），一个地块始终与一个调查记录相关联。图 4-4 为宗地结构图。宗地结构通过法定调查测量结果来定义土地单元（宗地）。作为地理数据库模型的一部分，宗地结构由核心宗地编辑工具维护。该工具允许编辑和维护土地单元的唯一标识、土地单元显示、边界定义和土地单元的合法权利。通过将土地单元包含在地理数据库对象模型中，可以在三维空间中引用、分析和显示土地单元。

要素拓扑提供的拓扑模型和规则来维护地理数据库中对象之间的空间关系。每个地块都由一系列边界线定义，这些边界线将尺寸存储为线的属性，以维护合法的测量信息。为了维护宗地之间的关系，结构被存储为通过宗地网络连接的连续表面。

在 ArcGIS 中，拓扑是用于描述要素如何共享几何的模型，是在要素之间建立和维护空间关系的机制。拓扑关系的一个示例是建筑多边形和宗地多边形之间的关系，规则可能是建筑多边形始终包含在宗地多边形内。

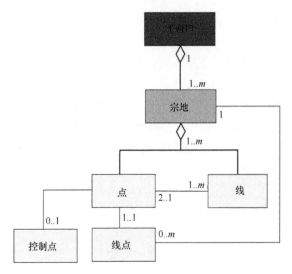

图 4-4　宗地结构图（源自 ESRI）

4.2.2　对 RRR 表达的支持

ArcGIS 的宗地结构支持重叠的多层宗地。基础地块可以复制到多个层中，每层都可以代表一个建筑楼层。每个分层地块都被复制为原始地块的连接地块，从而在基本地块中保持其原始空间关系。每个重复的地块都可以细分为更小的单元，例如公寓，每个子单元代表地理数据库中的一个宗地记录。图 4-5 显示了一个垂直地块，它是一栋公寓楼，公寓单元Ⓕ位于三个不同的楼层。单元Ⓕ由公共元素（例如楼梯和电梯）连接。在 ArcGIS 宗地数据模型中，有多种方法可以对垂直宗地进行建模或表示，例如，指向多个宗地记录的单个轮廓多边形；或指向建筑物三维模型的单个轮廓多边形；或将分层的 RRR 投影在多边形上。但是，不使用三维基元渲染它们（Aien，2013）。

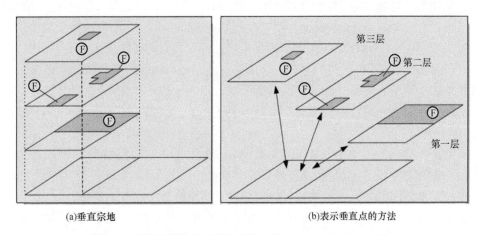

图 4-5　垂直宗地和表示垂直点的方法（Meyer et al.，2001）

4.3　法律财产对象模型

4.3.1　概　　述

　　传统地籍数据模型是基于人、地块和权利三个要素。然而，在当前关于地籍和土地管理问题的思想和文献中，权利被 RRR 替代（Lemmen et al.，2005）。此外，人们对水、矿等权益产生了广泛的关注，如何管理这些新的权益和 RRR 是现代地籍需要面对的问题。

　　Kalantari（2008）提出了一种法律财产对象模型，它是一个更全面的地籍概念模型。LPOM 将传统的核心数据模型从三个组件变成了两个组件：法律财产对象和人。法律财产对象将权益和空间维复合在一起，形成了模型的"积木"块，它们在地籍信息组织中起到了"积木"作用。法律财产对象不一定是土地，而是表达权益的空间范围，它与地球上/下的物理空间有关。人则分为个人和公众，模型如图 4-6 所示。

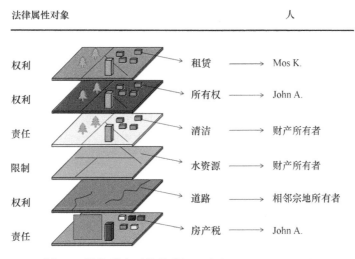

图 4-6　法律财产对象的登记（改自 Kalantari，2008）

　　LPOM 有助于新法所确立权益的表达，也更具有可扩展性。各种法律财产对象之间的关系（例如水权和土地权之间的关系），可以通过数据模型特定的规则来表达。图 4-7 给出了 LPOM 的架构，法律财产对象类由一组子类组成，每个子类与土地特定的利益相关。为了提供有效土地管理方法，所有附属于土地的权益都将与土地所有权分离。

　　LPOM 选择了当前土地管理系统最常见的宗地所有权（parcel ownership）、财产所有权（property ownership）、税务责任（tax responsibility）、生物群权（biotaright）、矿产权（mineral right）、地役权限制（easement restriction）等进行表达。宗地所有权类定义了权利人对土地所有权权益的空间维。该类在地籍数据模型中表示为一个单独的层。除了附加到该图层中地块的所有权之外，没有其他利益。财产所有权类定义了权利人在

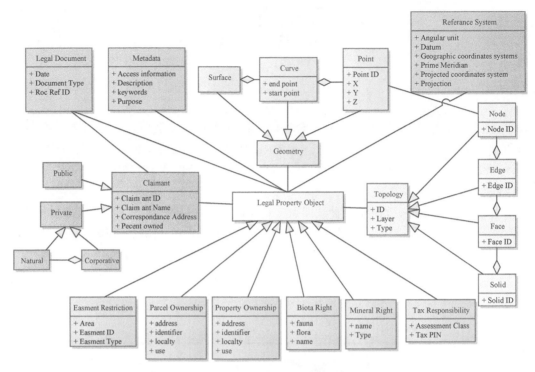

图 4-7　法律财产对象模型（Kalantari，2008）

财产中拥有的所有权权益的空间维。由于不同司法管辖区内地块和财产的差异性，该模型将财产所有权视为单独的信息层。同样，除了附加到该层的财产所有权之外，没有其他利益。税务责任类定义了权利人在特定空间维的税收责任。由于大多数土地管理系统汇总了同一权利人拥有的不同地块或财产的价值，税收责任类将促进税收和评估。

生物群权类定义了与权利人相关的生物群权利空间维。使用该类，土地或财产的所有权可以与生物群的所有权分开。矿产权类定义了权利人持有的矿产权空间维。权利人可以拥有特定范围土地的所有矿产权或权利的任何部分。使用该类可以确定权利人是否仅拥有一种资源（例如石油和天然气）的权利，或者仅拥有某个地层或深度层段的权利。因此，可以使用此类来确定特定土地范围内的矿产权归属。地役权限制类定义了为既定目的使用他人土地权利的空间维。此类可以进一步分类为子类，例如通行权。通行权是一种地役权，赋予某人穿越他人拥有的财产的权利，并限制所有者。此类可以进一步划分为更具体的限制（Kalantari，2008）。

每个法律财产对象都与索赔人类（climant class）相关联。为了记录有关法律人的信息，数据模型定义了索赔人类，它由公共和私有两个子类组成。模型提出了一种将传统上分离的公共和私人土地利益结合在一起的包容性方法。私人类也分为自然和非自然索赔人。这种建模方法通过对涉及人的关系的整体管理来明确提高人们对土地的利益。另外，LPOM 还包括参考系统类（reference system class）、几何类（geometry class）、拓扑类（topology class）三个与定位相关的类。参考系统类提供了椭球、椭球基准面、地理坐标系投影坐标系等。几何类提供法律财产对象实例的几何表示。拓扑类是法律财产对象的预计算几何，它有助于几何查询的高效计算。

4.3.2 对 RRR 表达的支持

LPOM 具有以下优点：①它保证了权益的法律独立性，每个组织可以在共享数据的同时保留自己的数据。②模型具有开放性和可扩展性，可以在不干扰当前数据的情况下添加新的权益。③所有权益的边界都可以独立于地块呈现。④通过创设新法律财产对象，实现土地完整的法制状态（Kalantari，2008）。法律财产对象的开放性可以包含更多的 RRR。使用法律财产对象模型可以将不同类型的 RRR 放置在不同的图层中。由于 LPOM 使用法律财产对象的空间维而非地块来定位 RRR，这有助于将 RRR 和新权益纳入地籍管理系统并进行空间表示。另外，LPOM 使用法律财产对象代替物理地块，这样可以组织更广泛的权益，解决土地权益不断增加的问题，最终系统允许将所有权利、限制和责任在空间上进行登记。

4.4 ePlan Model

4.4.1 概 述

ePlan 是澳大利亚政府间测绘委员会（ICSM）赞助的工作组开发的数据模型，已被澳大利亚接受为国家数据模型。该模型采用统一建模语言（UML）开发，核心对象包括 Parcel、Document、Survey、Surveyor、Observation、Address、Point 和 Geometry（ICSM，2010）。Parcel 元素提供了描述空间区域的基本单元；Document 是规定地块所附土地权利的法律文件；Survey 是 ePlan 的测量组件，包含管理信息（survey header）、观测元素（observation group）和观测点（instrument setup）；Surveyor 为测量员；Observation 为观测元素；Address 是宗地的街道地址信息；Point 为各种行政点，如边界点、导线点、参考标记和永久测量标记。Geometry 包括 Curve、IrregularLine、Line、Polygon、RegularLine 和表示地块几何形状的 Volume。

4.4.2 对 RRR 表达的支持

在 eplan 中，Parcel 被用来建模和管理地块。Parcel 与传统意义上的宗地含义不同，后者是指可以为其颁发所有权的地块。eplan 中的 Parcel 具有更宽泛的语义，因为它是一个可以定义权利或义务的多边形或体，它包括基础地籍的宗地以及地役权和次要利益（ICSM，2010）。图 4-8 给出了 ePlan 的 parcel 架构。Parcel 与 Beneficiary、ExclusionAreas、SchemeLand、Polygon、PlanFeature、TitleReferences 等关联，并有 BuildingFormatLot 和 VolumeLot 两个子类。

在 eplan 中，宗地可以由多个子宗地组成；每个子宗地必须是一个封闭的图形。宗地的总面积等于子宗地面积的总和。例如，BuildingFormatLot 上的宗地可能在不同楼层有停车场、阳台和单元等几个部分。BuildingFormatLot 用于定义包含 lot（或部分 lot）的

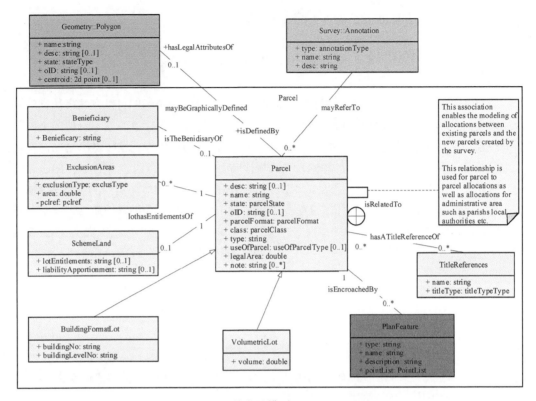

图 4-8　ePlan 的宗地模型（ICSM，2010）

建筑物和楼层。其中，它的属性 BuildingNumber 用于记录建筑物编号，以便所有者识别宗地所在的建筑物；BuildingLevelNo 用于记录建筑物楼层，以便识别该部分所在的楼层。VolumeLot 是体宗地，它通过体来定义 3D RRR 空间的几何形状。如果 parcel 是体宗地，则 parcel 必须具有体几何。SchemeLand 对法人团体权利和义务的分配有特别的要求。

　　ePlan 数据模型的几何包定义了点、线、曲线、不规则线、多边形、体等几何图元。ePlan 使用 CgPoints、Parcels、Surfaces 和 PlanFeatures 四种结构来存储对象的几何形状。CgPoints 是包括二维或三维属性和位置的点；Parcels 是包括属性、CoorGeom（由线、不规则线和曲线定义的地块边界）和 VolumeGeom（由面定义的体地块）的地块；Surface 是数字地形模型。PlanFeatures 是诸如围栏线、竣工数据（路缘石、建筑轮廓等）等通用几何数据。

　　澳大利亚的各个州根据自己的需求修改了 ePlan。昆士兰支持三维地块并定义了三维坐标几何集的属性（ePlanQueensland，2010）。Building Format Plan 和 Volumetric Format Plan 是两种类型的三维宗地。在昆士兰州，如果地块的格式为 Building 或 Volumetric，则必须使用建筑层数（BuildingLevelNo）和体几何（VolumetricGeom）来表示分层利益（ePlanQueensland，2010）。然而，维多利亚的 ePlan 版本不支持体宗地，分层权益采用二维宗地表示。

　　总体而言，澳大利亚司法管辖区在过去几年中严格执行了当前的 ePlan 模型。它旨在支持三维测量，包括体积和分层（建筑）测量。ePlan 非常适合二维地籍。然而，它们不足以支持三维地籍的需求。

4.5 3DCDM

4.5.1 概 述

3DCDM 是 Aien（2013）提出了一种面向三维地籍的数据模型。3DCDM 是一种语义数据模型，用于表示在不同应用程序上共享的三维法律和物理信息。该数据模型基于 ISO 标准开发，使用 UML 建模，具有可扩展性，是一种开放的数据模型。3DCDM 模型旨在实现三维地籍的概念框架，促进建筑物的细分和土地的分层开发，并集成法律对象对应的物理对象来支持多用途地籍。3DCDM 的构建基于三个基本原则（Aien，2013）：

原则 1，三维宗地取代二维宗地，成为城市人口稠密地区最有效的地籍构建块。对于跨宗地建筑和涉及纵向分层的地块，二维宗地应被三维宗地取代。三维宗地允许在地板和天花板的高度内将地块定义为独立实体，其定义代表了特定的 RRR。通过使用三维宗地作为基础来表示三维开发的法律情况，二维地籍将被三维地籍所取代。三维地籍同时使用二维和三维宗地来更好地实现三维财产 RRR 的有效管理和登记，并适用于全方位的开发。

原则 2，三维地籍数据模型不仅应该表达 3D RRR，还需要表达法律对象对应的物理对象。三维宗地的边界有两种来源：一种是来自物理对象，三维宗地边界是由建筑物的实际结构定义，单元间共用墙的中间面是三维宗地的权属分界面；另一种直接定义，如空域宗地的边界。由于三维宗地的可视化特征区分度较弱，主要是不同形状空间体，若仅可视化三维宗地，则水平和垂直相邻三维宗地间没有物理参照，仍然容易引起边界的混淆。如图 4-9（a）是两个单元的物理结构投影图，图 4-9（b）是图 4-9（a）对应的三维宗地投影，图 4-9（c）是图 4-9（b）的中间边界有误的三维宗地投影。如果单独表示图 4-9（c），即使三维可视化，也无法发现它的边界错误。然而，若将物理对象和法律财产对象同时表达，即图 4-9（a）（c）集成表达，如图 4-9（d）所示，则容易发现错误。图 4-9（e）是物理对象与法律财产对象集成后的正确表达结果。因此，在三维地籍中仅对 RRR 的可视化不足以帮助管理 RRR（Aien，2013）。相比之下，物理和法律对象

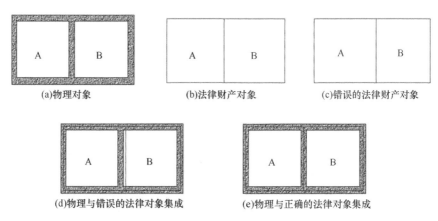

图 4-9　物理与法律对象的集成

的集成将清楚地表示建筑物的 RRR。三维地籍数据模型应支持三维财产的法律对象和物理对象的集成，尽管法律对象的表示是地籍系统的主要目标，但物理对象的集成将强化法律对象的辨识度。

原则 3，三维地籍数据模型应支持语义，以促进法律和物理对象之间的互操作性。语义丰富的三维地籍数据模型将支持异构环境中的用户和应用程序协作。然而，现有地籍数据模型法律实体对象的语义并不丰富。如果模型能在语义层面提供更多信息，集成过程将减少歧义。因此，三维法律和物理对象的集成及其互操作性需要语义丰富的三维地籍数据模型。

4.5.2　对 RRR 表达的支持

3DCDM 基于法律财产对象（legal property object，LPO）构建模型。LPO 概念来源于 Kalantari（2008）提出的法律财产对象模型。LPO 代表所有类型的法律对象，例如宗地、三维宗地、所有权、地役权等，并与 Legal Document、Interest Holder、Survey、Address、Geometry、_Physical Property Object 等多个类相关联。Legal Document 类维护法律对象的权威和登记信息；Interest Holder 是对特定三维空间拥有某些权利（RRR）的个人、团体或组织，用于维护利益持有者的信息；Survey 类包含测量的相关信息；Address 类描述地址信息；Geometry 类描述了其几何表达；_Physical Property Object 类是 3DCDM 模型物理对象的超类。3DCDM 模型支持类、属性和关联层级以及空间层次的语义，每个法律和物理对象都使用几何在空间上建模，并赋予相应的语义，形成语义信息模型。

3DCDM 不仅用于管理分层的 3D RRR，还对 LPO 的对应物理对象进行建模，以便为不同的应用提供信息。3DCDM 模型将每个二维或三维法律对象包装为 LPO，并将其链接到其相关的物理对象。因此，3DCDM 模型由法律和物理两个层次结构组成，每个层次结构由不同的组件组成，法律层次结构包括 LPO、Survey、Cadastral Point 和 Interest Holder 等组件。物理层次结构包含 Physical Property Object、Building、Land、Tunnel、Utility Network 和 Terrain 等组件，如图 4-10 所示。两个层次结构通过子类相互关联，用户可以独立浏览每个层次结构，也可以在不同层次结构之间导航。3DCDM 模型支持不同法律和物理组件的组合，以提供更全面的地籍模型。

在 3DCDM 模型中，物理结构（例如栅栏、树篱或墙壁）用于划分和表示所有权边界。然而，法律空间（边界）并不总是等于它们对应的物理空间（物理边界）。例如，法定边界通常大于别墅单元的物理边界。在某些情况下，如空域，法律空间并不能由物理边界来定义。如果 LPO 等于其对应的物理对象，可以使用物理对象进行定义；3DCDM 提供了 WallSurface、CeilingSurface、FloorSurface、RoofSurface、SlabSurface 等各种边界类型，以便于在语义上定义 LPO 的边界。3DCDM 使用 GML 几何对象创建 LPO。如果 Legal Property Object 是二维宗地，可以使用 gml：Multi Curve 或 gml：Multi Surface 创建；如果是三维宗地，可以使用 gml：Multi Surface 或 gml：_Solid 创建。

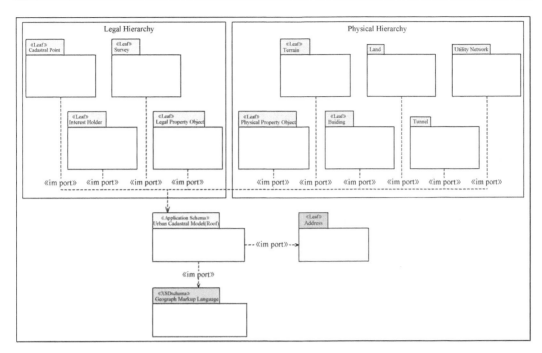

图 4-10　3DCDM 法律与物理对象的集成（Alien，2013）

3DCDM 利用了 LPO 概念建模，土地的不同权益反映在地籍信息系统中的各种法律财产对象层中，这种方式有利于全面纳入所有权益，并容纳越来越多的新土地权益。基于 3DCDM，三维地籍能够服务土地和财产管理、虚拟法律三维城市、房屋交易和土地市场分析、土地和财产税以及城市空间管理等多个领域。

4.6　混合三维地籍模型

混合三维地籍模型是史云飞（2009）提出的三维地籍数据模型。该模型由表达子模型与计算子模型两个部分构成。

4.6.1　表达子模型

该模型将三维地籍相关的要素区分为界址点、界址线、界址面与三维宗地。其中，界址面是区分不同权利要素的分界面，是界址点、界址线在三维空间的推广；三维宗地是三维地籍的登记客体，包括三维宗地以及各类权属独立的产权单元（如公寓单元、复式楼单元、单独出让的地下空间等），其地位等同于二维地籍中的宗地。因这四类要素与权属有关，称为权属要素。为表达这些要素，并保留体间的拓扑关系，构建了如图 4-11 实线圈定区域的三维地籍表达子模型。该子模型分为三层，即要素层、几何层和拓扑层。要素层由四类权属要素构成，四者之间是相互依赖的关系：三维宗地由界址面围成，界址面由界址线限定，界址线由界址点限定；几何层由点（point）、弧段（arc）、表面（surface）、

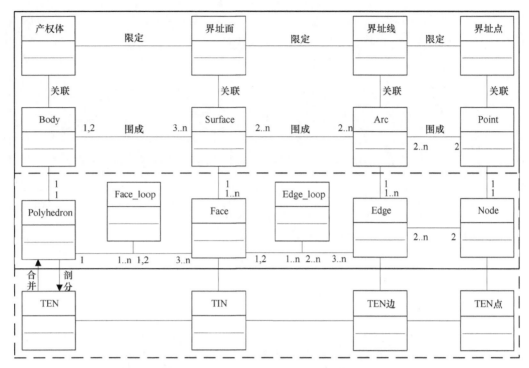

图 4-11　混合三维空间数据模型

与体（body）四种几何基元构成，用于描述要素层的几何形状；拓扑层由节点（node）、边（edge）、边环（edge_loop）、面片（face）、面环（face_loop）与多面体（polyhedron）六种拓扑基元构成，用于描述要素的拓扑关系。该子模型将几何和拓扑分开表达，几何层描述要素的几何形态，拓扑层表达要素间的拓扑关系。

1. 几何层与拓扑层

对几何层与拓扑层的要素说明如下：

（1）点（point）是对界址点的几何抽象，是具有 x,y,z 坐标的三维空间点。

（2）弧段（arc）描述了界址线的几何形体，由两个点限定边界，具有方向性，由起点指向终点；弧段在空间上不一定是直线，且可以不共面。

（3）表面（surface）用于表达界址面的几何形体，其边界由弧段依次相接围成，无悬垂弧段，具有方向性，构成表面的弧段的顺序决定了表面的方向。

（4）体（body）表达了三维宗地的几何形体，由一系列邻接的表面组成，这些表面刚好围成一个封闭区域，不存在悬垂表面；表面不要求是空间上的平面。

（5）节点（node）为拓扑构造的最低维基元，由 x,y,z 坐标构成；节点同时被两条或两条以上的边共享。

（6）边（edge）为由两个节点限定的有向直线段，由起点指向终点。边用于限定弧段，当弧段为直线段时，边等于弧段；否则，用边近似弧段。边同时被两个或两个以上的面片（face）共享。

（7）边环（edge_loop）是由边按照一定次序和方向组成的闭合环。若边的方向与边环的方向相反，则在该边的标号前添加负号，以示该边方向与边环方向相反。边环上的所有边共平面。如图 4-12 所示，edge_loop1={e_1, e_2, e_3, e_4}，edge_loop2={ e_8, e_7, e_6, e_5 }。

（8）面片（face）是由一个或多个边环围成的平面片。其中第一个边环定义了面片外边界，其他定义了面片的内边界（岛）；面片同样具有方向性，其方向由边环方向决定。面片用于限定表面，当表面为平面时，面片等于表面；否则，用面片近似表面。图 4-12 给出了面片 f6 的示例：f6={ edge_loop1，edge_loop2}。

（9）面环（face_loop）是由多个 face 形成的壳，并且构成面环的各个面片具有相同的方向。如面片方向与整个面环方向相反，则在该面片的标号前添加负号，以示该面片定向与面环定向相反。face_loop1={f_1, f_2, f_3, f_4, f_5, f_6}，face_loop2={f_7, f_8, f_9, f_{10}}。

（10）多面体（polyhedron）由一个或多个 face_loop 构成。其中第一个 face_loop 定义了多面体的外边界，其他定义了多面体内边界（洞）；如图 4-12 所示，polyhedron1={ face_loop1，face_loop2}。

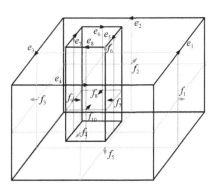

图 4-12　带洞三维宗地

2. 拓扑基元关系

拓扑基元之间的关系需进行以下约束：

（1）节点与边的关系只有相离，或节点为边的起点或终点，节点与边不能相交，相交则打断，形成两条新边；

（2）边与边相交时在交点处打断，以原来的边、交点、节点形成多个新边，即边与边之间不存在相交关系；

（3）边与面片的关系只有相离，或者边是构成面片的边界，如果边穿越了面片，边将被打断成面内和面外两部分，形成新边；

（4）面片与面片相交时在交线处打断，形成新的面片，即面片与面片要么不相交，要么相交于公共边；

（5）面片与多面体的关系只有相邻，或者面片参与构成该多面体的边界；多面体与多面体不能相交，只能相离或相邻（共享一个或多个面片，或者共享一条或多条边，或者共享一个节点）。

以上约束主要体现两个思想：一是共享，即相邻接的边、面片、体分别共享公共节点、公共边和公共面；二是拓扑基元不能相交，一旦相交就进行打断（即建立拓扑的过程)，形成新的基元。另外，模型通过邻拓扑基元共享低维度拓扑基元的方式，构建了层次化的拓扑关系，从而可以推导出要素间的各种拓扑关系。

4.6.2　三维地籍计算子模型

三维地籍作为地籍管理的平台，除了要满足空间确权外，还要支持诸如体积、面积、表面积、质心等基本的地籍度量计算。表达子模型是一种基于拓扑基元模型，适于要素的几何形体表达与拓扑关系描述，但难以支持计算与空间分析。为了解决该问题，该模型尝试了一种折中的方法，即在计算或空间分析时，将表达子模型转换为不规则四面体格网（TEN）模型，利用 TEN 模型进行操作，构建了基于 TEN 的三维地籍计算分析子模型，图 4-13 为表达子模型与计算分析子模型示例。

在空间分析或计算时，以表达子模型的面片、弧段、节点为约束要素进行约束四面体剖分。剖分后生成四面体集、三角形集、TEN 边集和 TEN 节点集四个集合。其中，表达子模型中的多面体剖分为四面体集；面片剖分为边界上的多个三角形（如图 4-13 右图中边界上的三角形），它们构成了三角形集的子集。弧段分解为多条 TEN 边（如图 4-13 右图中黑色加粗的短棱），它们构成了边集的子集。为了与剖分前区别，称剖分后生成的节点为 TEN 节点，它是剖分前节点与剖分过程中所添加辅助点的并集。通过剖分，将对多面体的操作转换为对一组四面体的操作，如计算三维宗地的体积转换为计算一组四面体的体积；判断点与三维宗地的关系转换为判断点与多个四面体的关系。

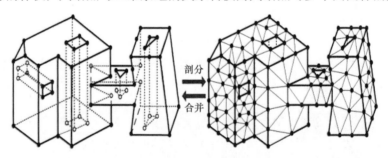

图 4-13　表达子模型与计算分析子模型示例

4.6.3　子模型的集成

混合模型包含表达子模型和计算分析子模型两个子模型。表达子模型用于描述三维地籍实体的几何特征，并依照表达子模型的规则组织和存储实体的几何特征数据。在进行空间分析或计算时，将表达子模型所描述的三维宗地进行剖分，生成 TEN，利用 TEN 进行分析或计算。考虑到 TEN 具有数据量大、存储结构复杂等问题，计算或空间分析后的结果并不以 TEN 的形式存储到空间数据库中，而是采用一定的算法提取结果（TEN）的边界要素，将 TEN 边界上的三角形合并为面片，将 TEN 边界上的边合并为弧段，并将合并后的元素存储到表达子模型的空间数据库中。因此，尽管采用两种子模型，但只存储了一种模型，减少了数据存储量。

1. 表达子模型转换为计算分析子模型

该转换的实质是将多面体剖分为 TEN，即以三维宗地的边界为约束要素，进行约束四面体剖分。约束四面体剖分的算法有多种，其中基于 Delaunay 规则的剖分算法最为常用。本书采用 Shewchuk（2007）提出的 CDTs（constrained delaunay tetrahedralizations）算法。CDTs 算法是一种似 Delaunay（delaunay-like）四面体剖分，其算法见文献（Shewchuk，2007）。

2. 计算分析子模型转换为表达子模型

该转换的实质是提取 TEN 边界，该模型利用单纯形定向特性来提取 TEN 边界。

1）单纯形定向

根据代数拓扑的有关理论，TEN 是由四面体、三角形、线段和点等单纯形构建的单纯复形。一个 n-单纯形（记作：S_n）是 n 维空间中最简单的几何图形，是欧氏空间中最小的凸集，包含（$n+1$）个仿射无关的点。例如，三角形是二维空间中最简单的图形，它由三个点构成；四面体是三维空间中最简单的图形，它由四个点构成。为了便于描述，用符号 v_0，…，v_n 表示由 $n+1$ 个点构成的单纯形，而用符号 $[v_0, …, v_n]$ 表示由单纯形 v_0，…，v_n 和特定次序（v_0，…，v_n）的等价类所构成的定向单纯形（谢孔彬，2006）。为了表示线段（1-单纯形）的定向，在线段上标一个箭头，图 4-14（a）表示定向单纯形 $[v_0, v_1]$；三角形（2-单纯形）的定向用一个弧形箭头表示，图 4-14（b）表示定向单纯形 $[v_0, v_1, v_2]$，而逆时针方向的箭头则表示相反定向的单纯形。类似地，定向单纯形 $[v_0, v_1, v_2, v_3]$ 通过画一个螺旋箭头，如图 4-14（c）所示，这个图称为"右螺旋"，按照从 v_0 到 v_1 再到 v_2 的方向弯曲右手手指，则拇指指向 v_3。可以验证 $[v_0, v_2, v_3, v_1]$ 也是右螺旋方向，而"左螺旋"方向用于表示相反的定向。

(a)箭头　　　(b)弧形箭头　　　(c)螺旋箭头

图 4-14　单纯形的定向（谢孔彬，2006）

对于任意一个定向 n-单纯形 $S_n=[v_0,…,v_n]$ 而言，它的所有的偶置换具有相同的方向，所有的奇置换也具有相同的方向，并且所有奇置换和所有偶置换方向相反（Penninga et al.，2008；谢孔彬，2006）。例如：

$$S_0 = [v_0]$$
$$S_1 = [v_0, v_1] = -[v_1, v_0]$$
$$S_2 = [v_0, v_1, v_2] = -[v_0, v_2, v_1] = [v_1, v_2, v_0]$$
$$\quad = -[v_1, v_0, v_2] = [v_2, v_0, v_1] = -[v_2, v_1, v_0] \tag{4-1}$$
$$S_3 = [v_0, v_1, v_2, v_3] = -[v_0, v_1, v_3, v_2] = [v_0, v_3, v_1, v_2] = -[v_0, v_3, v_2, v_1]$$
$$\quad = \cdots = -[v_2, v_0, v_3, v_1]$$

对于 S_1 而言（上式第二行），从 v_0 指向 v_1 的边，与从 v_1 指向 v_0 的边的方向正好相反。

2）单纯形的边界算子

定义 1（Penninga and van Oosterom，2008；谢孔彬，2006）：如果 $S_n=[v_0,\cdots,v_n]$ 是定向单纯形($n>0$)，∂ 表示单纯形边界，那么定义：$\partial S_n = \partial_n[v_0,\cdots,v_n] = \sum_{i=0}^{n}(-1)^i[v_0,\cdots,\hat{v}_i,\cdots,v_n]$，即：$n$-单纯形的边界由（$n$–1）-单纯形的和来定义，并称该式为边界算子。其中符号 $\hat{v}_i$ 表示顶点 v_i 从顶点序列中删除。

图 4-15 给出了利用边界算子获取单纯形边界的实例：对于 1-单纯形，有 $\partial S_1[v_0,v_1]=v_1-v_0$；对于 2-单纯形，则有：$\partial S_2[v_0,v_1,v_2]=[v_1,v_2]-[v_0,v_2]+[v_0,v_1]$；对于 3-单纯形，则有：$\partial S_3[v_0,v_1,v_2,v_3]=[v_1,v_2,v_3]-[v_0,v_2,v_3]+[v_0,v_1,v_3]-[v_0,v_1,v_2]$。

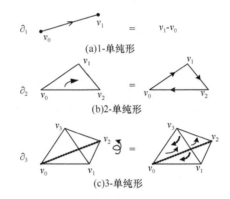

(a)1-单纯形

(b)2-单纯形

(c)3-单纯形

图 4-15 单纯形的边界（Penninga and van Oosterom，2008；谢孔彬，2006）

3）单纯复形的边界算子

单纯复形是由多个单纯形组合后形成的对象，单纯复形 C_n 的维数 n 由该单纯复形中的最高维数的单纯形决定（Penninga and van Oosterom，2008）。设由 $m+1$（$m>0$）个 n-单纯形所构成的单纯复形 $C_n=[S_{n0},\cdots,S_{nm}]$，则其边界为：$\partial C_n = \sum_{i=0}^{m}\partial S_{nm}$（Penninga and van Oosterom，2008）。

例如，图 4-16 是由 4 个 2-单纯形

$$S_{21}=[v_0,v_1,v_2],S_{22}=[v_0,v_2,v_4],S_{23}=[v_2,v_3,v_4]$$
$$S_{24}=[v_1,v_3,v_2] \tag{4-2}$$

组成的 2 维单纯复形 C_2，该单纯复形的边界为

$$
\begin{aligned}
\partial C_2 &= \partial S_{21}+\partial S_{22}+\partial S_{23}+\partial S_{24}\\
&=([v_0,v_1]+[v_1,v_2]-[v_0,v_2])+([v_0,v_2]+[v_2,v_4]-[v_0,v_4])\\
&\quad+([v_2,v_3]+[v_3,v_4]-[v_2,v_4])+([v_1,v_3]-[v_2,v_3]-[v_1,v_2])\\
&=[v_0,v_1]-[v_0,v_4]+[v_3,v_4]+[v_1,v_3]
\end{aligned} \tag{4-3}
$$

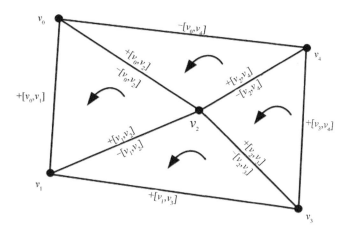

图 4-16　单纯复形边界算子实例

4）TEN 的边界提取

从代数拓扑角度来看，TEN 是三维单纯复形 C_3，其边界 ∂C_3 获取方法与 C_2 类似，以一个简单的例子来说明。图 4-17 左图为 TEN，它由 5 个 3-单纯形

$$S_{31} = [v_0, v_1, v_3, v_4], S_{32} = [v_1, v_2, v_3, v_6]$$
$$S_{33} = [v_1, v_3, v_4, v_6], S_{34} = [v_1, v_4, v_5, v_6] \tag{4-4}$$
$$S_{35} = [v_3, v_4, v_6, v_7]$$

构成。利用单纯形的边界算子可求得：

$$S_{31} = [v_0, v_1, v_3, v_4] \rightarrow \partial S_{31} = [v_1, v_3, v_4] - [v_0, v_3, v_4] + [v_0, v_1, v_4] - [v_0, v_1, v_3]$$
$$S_{32} = [v_1, v_2, v_3, v_6] \rightarrow \partial S_{32} = [v_2, v_3, v_6] - [v_1, v_3, v_6] + [v_1, v_2, v_6] - [v_1, v_2, v_3]$$
$$S_{33} = [v_1, v_3, v_4, v_6] \rightarrow \partial S_{33} = [v_3, v_4, v_6] - [v_1, v_4, v_6] + [v_1, v_3, v_6] - [v_1, v_3, v_4] \tag{4-5}$$
$$S_{34} = [v_1, v_4, v_5, v_6] \rightarrow \partial S_{34} = [v_4, v_5, v_6] - [v_1, v_5, v_6] + [v_1, v_4, v_6] - [v_1, v_4, v_5]$$
$$S_{35} = [v_3, v_4, v_6, v_7] \rightarrow \partial S_{35} = [v_4, v_6, v_7] - [v_3, v_6, v_7] + [v_3, v_4, v_7] - [v_3, v_4, v_6]$$

利用单纯复形的边界算子可求得：

$$\partial C_3 = \partial S_{31} + \partial S_{32} + \partial S_{33} + \partial S_{34} + \partial S_{35} = -[v_0, v_3, v_4] + [v_0, v_1, v_4]$$
$$-[v_0, v_1, v_3] + [v_2, v_3, v_6] + [v_1, v_2, v_6] - [v_1, v_2, v_3] + [v_4, v_5, v_6] \tag{4-6}$$
$$-[v_1, v_5, v_6] - [v_1, v_4, v_5] + [v_4, v_6, v_7] - [v_3, v_6, v_7] + [v_3, v_4, v_7]$$

∂C_3 就是构成三维宗地边界的三角面，在此基础上，进一步求 ∂C_3 的边界，即求 C_2 的边界，可获得三维宗地的边界（图 4-17 右图）。

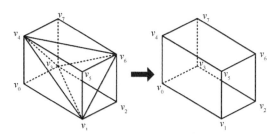

图 4-17　获取单纯复形的边界

4.7 基于几何代数的三维地籍数据模型

4.7.1 概　述

针对欧氏几何中几何对象的拓扑关系与几何信息的表达不统一以及几何运算依赖于空间坐标、不同维度欧氏几何计算框架不统一等问题，张季一（2016）提出了基于几何代数的三维地籍数据模型。该模型将几何代数理论引入三维地籍，构建基于几何代数的三维地籍空间数据模型。模型采用面元结构组织和表达三维地籍对象，利用共形几何代数表达式表达界址线和界址面的几何信息，通过包含界址面的多重向量结构表达三维宗地体。利用几何代数的几何与拓扑关系统一性准确表达地籍宗地权属边界，基于几何计算坐标和维度的无关性分析和计算三维地籍空间和拓扑关系，图 4-18 给出了该模型的架构图。

4.7.2 对 RRR 表达的支持

该模型提出了三维地籍登记单元的定义和三维权属空间的划分，支持二维宗地和三维宗地的表达，并从语义层面上实现二者的统一。通过引入几何代数的相关理论，提出了共形几何框架下的三维地籍基本构造基元表达形式、存储形式、数据组织方式、几何与拓扑关系表达，并设计了三维地籍空间拓扑关系分析算法和宗地自适应更新算法。

在三维地籍的几何与拓扑关系表达方面，该模型通过空间转换算子将三维地籍中的欧氏坐标转换到对应共形空间中的坐标点，然后将三维地籍空间中的拓扑基元抽象为节点、线段、面片和体。进一步通过几何代数中的 1-blade、3-blade、4-blade 表达节点、线段和面片的几何信息。模型通过外积升维，内积降维来控制空间转换。在三维地籍空间对象内部拓扑构建方面，提出了基于几何代数多重向量结构的三维地籍空间对象拓扑构造树。多重向量结构可以同时表达地籍对象的几何信息以及构造该对象不同维度的拓扑构造基元，可以实现地籍对象几何表达方式与拓扑关系构建方式的统一。在空间分析与计算方面，该模型利用几何代数的内积、外积、几何积等基本运算构造求交、求并等算子来支持三维地籍分析计算。然后基于地籍对象的多重向量共形表达式，设计基于几何代数的三维地籍空间拓扑关系分析和计算框架；利用多重向量结构中地籍对象的自适应更新特征，简化宗地体更新过程中的几何信息与拓扑关系重构的复杂性（张季一，2016）。

基于几何代数的三维地籍数据模型将几何代数引入到三维地籍建模领域，从底层框架进行革新，弥补了基于欧氏几何构建的三维地籍数据模型在三维空间分析和计算中的不足。

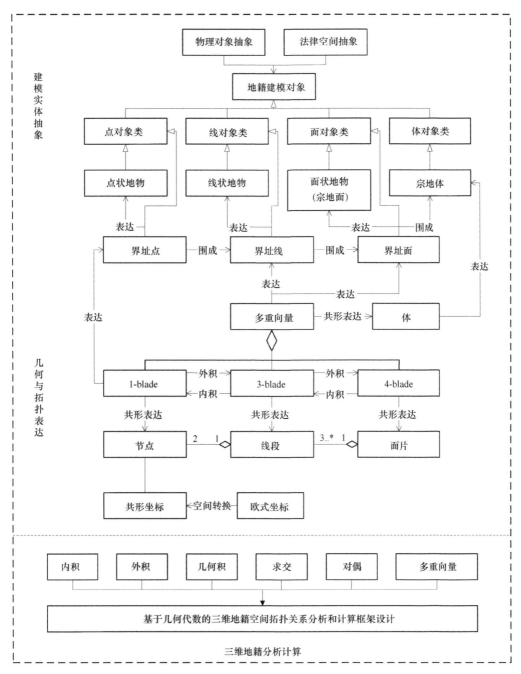

图 4-18　基于几何代数的三维地籍空间数据模型（张季一，2016）

4.8　CityGML

4.8.1　CityGML 概述

CityGML 是开放地理空间联盟（OGC）推出的一种基于 XML 的开放数据模型标准，

用于建模、存储和交换虚拟三维城市模型。当前地理信息行业所采用的 CityGML 为 2.0 版本，该版本已被 28 个国家所采纳，在城市建模中发挥了巨大的作用，成为国际主流的数据交换标准。开发 CityGML 的目的是实现三维城市模型实体、属性和关系的通用定义，允许在不同的应用领域中重复使用相同的数据。当前，有针对性的应用领域主要包括城市景观规划、建筑设计、旅游休闲、三维地籍、环境模拟、移动通信、灾害管理、国土安全、车辆导航、训练模拟器和移动机器人等。为了进一步扩大 CityGML 应用范围，OGC 在 2013 年就开始探讨下一版 CityGML 的设计和开发，并于 2021 年推出了 CityGML 3.0 版。下面以 3.0 版本为例子，介绍 CityGML 的功能。

为便于应用，CityGML 概念模型采用了模块化设计，将不同的要素类型分割成模块。在具体实施时，根据需求选择所需模块。3.0 版的模块分为核心模块和扩展模块两类，核心模块包含 CityGML 的基本概念和组件，扩展模块分为 11 个专题扩展模块和 5 个特定模块，二者结合使用。图 4-19 给出了 3.0 版模块架构。

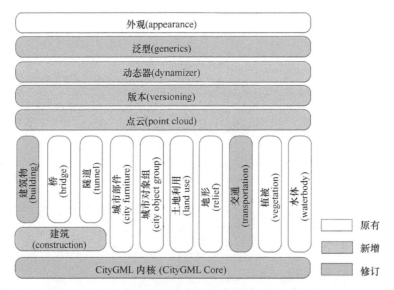

图 4-19　CityGML 3.0 模块架构（改自 Kolbe et al.，2021）

图 4-19 中的竖框显示了建筑物（building）、桥梁（bridge）、隧道（tunnel）、建筑（construction）、城市部件（city furniture）、城市对象组（city object group）、土地利用（land use）、地形（relief）、交通（transportation）、植被（vegetation）和水体（waterbody）11 个专题扩展模块。建筑物、桥梁和隧道三个模块都对人造建筑进行建模，并共享建筑模块的概念。横框显示了 5 个特定模块：外观模块表达城市对象纹理、颜色等外观元素；点云模块提供三维点云表示城市对象几何形状的概念；泛型模块定义了通用的对象、属性和关系概念；版本控制用于城市并发版本、现实世界对象历史和要素历史的表达；动态模块通过时间序列数据表示城市对象动态属性，并将其与传感器、传感器数据服务或外部文件相连。CityGML 的应用程序不必支持所有模块，可以根据需要选择特定子集。例如，当应用程序需要处理建筑物数据时，只需要选择核心、建筑和建筑物 3 个模块。

3.0 版的核心模块定义了城市模型的基本概念和组成部分，主要包括城市模型与城市对象类（city model and city object classes）、空间概念类（space concept classes）以及几何与 LOD 类（geometry and LOD classes）。除了这些概念外，核心模块还指定城市对象之间的关系、地址等信息。CityGML 模型的其他模块均指向核心模块，图 4-20 给出了 CityGML 核心模块的 UML 图。

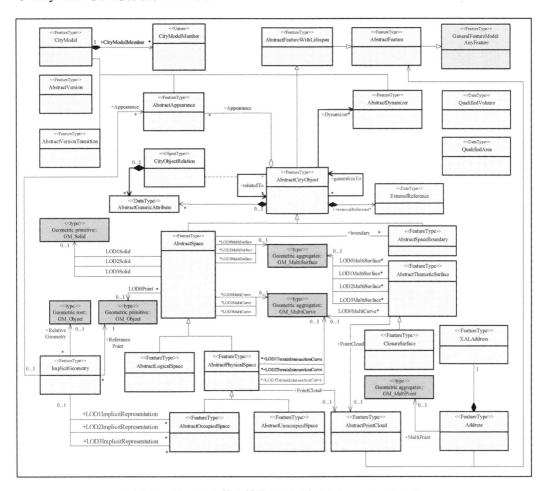

图 4-20   CityGML 核心模块 UML 图（Kolbe et al.，2021）

城市模型是真实世界中城市和景观的虚拟表示，是不同类型对象的聚合。这些对象包括城市对象、外观、城市模型不同版本、版本之间过渡以及要素对象等。3.0 版的概念模型定义的所有对象都带有生命周期。为了区分和引用对象及其不同时期的版本，3.0 版为每一地理要素都定义了强制性 FeatureID 和可选的标识符。FeatureID 用于区分对象和同一个对象的不同版本；标识符用于区分对象，同一对象的所有版本具有相同的标识符。FeatureID 在同一 CityGML 数据集中是唯一的，通常建议使用全局唯一的标识符，例如 UUID 值。

CityGML3.0 版革新了空间概念，引入了空间的明确语义区分，将所有城市对象映射到空间和空间边界（space boundary）。将空间定义为现实世界中具有体范围的实体，空间边界定义为具有面范围的实体，空间边界分隔并连接空间。例如，水体、房间和交通空间是空间的示例，数字地形模型是地下和地上空间边界的示例。为了获得更精确的空间定义，3.0 版将空间区分为物理空间（physical space）、逻辑空间（logical space）、占用空间（occupied space）和未占用空间（unoccupied space）四个概念（Kolbe et al.，2021）。物理空间是完全或部分由物理对象（墙、地板等）限制的空间。例如，建筑物是物理空间，它们被墙壁和楼板所包围，如图 4-21。逻辑空间不一定受物理对象限制，而是根据专题需要来定义。根据应用，逻辑空间可以由非物理（虚拟）边界限制，并且它们可以是物理空间的集合。例如，建筑单元是一个逻辑空间，它由特定的房间聚合而成，并由虚拟边界作为其边界，图 4-21 的一/二楼房间分别聚合为逻辑空间。物理空间又进一步被分为占用空间和未占用空间。占用空间代表占据空间的体状物理对象，如建筑物、桥梁、树木、城市部件等。占用空间意味着某些空间被体对象"占据"，如图 4-21 中建筑物、树以及房间里面的床遮挡的空间被占据，属于占用空间。相反，未占用空间表示没有被物理实体占据的地方，即空间没有被体对象"占据"，如图 4-21 建筑物中的房间和交通空间是未占用空间。

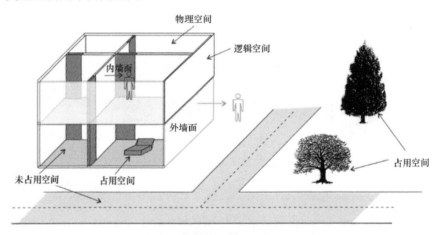

图 4-21　空间概念

CityGML 3.0 中的语义对象通常由部件组成，它们形成多级聚合层次结构，这对于表示已占用和未占用空间的语义对象也成立，它们通常采用空间剖分、空间类型交替嵌套两种方式表达：

（1）空间剖分：空间类型为占用空间或未占用空间的语义对象剖分为与其父对象相同的空间类型。例如，建筑物可以细分为建筑部分（building parts），或分割为结构元素（constructive elements）。建筑物与建筑部分或结构元素都代表占用空间。同样，道路可以细分为交通空间和辅助交通空间，它们均为未占用空间（Kolbe et al.，2021）。

（2）空间类型交替嵌套：父对象与子对象的空间类型相反。例如，建筑物（占用空间）包含房间（building rooms），其为未占用空间；房间又包含家具，家具为占用空间；道路为未占用空间，其上的路灯、交通信号灯等城市部件又是占用空间。语义对象区分为占用对象或未占用对象是在对象与父对象之间交替进行。建筑物是城市模型的一部分，首先占据城市空间。只要不对建筑物的内部进行建模，就必须将建筑物所覆盖的空间视为占用空间，并且只能从外部看到（Kutzner et al.，2020）。

对于占用空间，其表面法线向量必须指向与体的外壳表面相同的方向；对于未占用空间，则指向与体的外壳表面相反的方向。这意味着从观察者的角度出发，表面法线必须始终指向观察者，如图 4-21 所示内外墙面的法线。对于被占用空间（如建筑物、家具），观察者必须位于被占用空间之外，以使表面法线指向观察者；而在未占用空间（如房间、道路）情况下，观察者通常在未占用空间内。

4.8.2　对 RRR 表达的支持

CityGML 标准中 3D 空间对象的几何形状是基于 GML 配置文件开发的。GML 和 CityGML 使用边界表示（Brep）模型表达实体对象。Brep 提供相邻拓扑关系的完整信息。然而，基于 Brep 的实体模型需要大量的计算（Rajabifard，2019）。CityGML 中的 "Room Class" 是 3D RRR 空间建模的潜在实体。"Room" 的相应边界使用 "boundedBy" 关系在语义上确定（Gröger et al.，2012）。目前，这种关系仅扩展到内外墙边界（Interior WallSurface 和 WallSurface）以及内外板边界（GroundSurface、FloorSurface、Ceiling Surface、OuterFloorSurface、OuterCeilingSurface 和 RoofSurface）。CityGML 没有用于定义中间墙和楼板边界的语义实体，这些边界通常用作建筑物区分所有权的边界。在某些情况下，柱子被用作所有权空间之间的物理边界，例如停车区。

CityGML 的核心模块是 3D 城市对象的物理模型。然而，许多 3D 城市应用程序需要为特定目的来扩展其功能。为此，CityGML 提供一种应用程序域扩展（ADE）机制，每个 ADE 都可以提供新的要素类型，这些要素类型可以是现有要素类型的子类型。此外，可以通过导入新的几何图形、属性和关系来丰富现有的要素类型。基于 CityGML 的 ADE 可以表达 3D RRR 对象。Rönsdorff 等（2014）提出基于 LADM 构建 CityGML 的 ADE 两种选择。第一种是创建 LADM 的特定配置文件，然后将此文件作为 CityGML 的 ADE。第二种是 CityGML 的 ADE 直接实现 LADM 基本概念。CityGML 与 LADM 集成的优势在于在不修改 LADM 数据结构的情况下，使用 CityGML 允许的扩展机制将物理对象和法律对象连接起来。

然而，CityGML 与 LADM 集成仍然面临两大挑战。一是数据转换挑战。当使用外部连接将 CityGML 和 LADM 连接在一起时，数据来自两个异构数据库，这将面临几何转换、语义融合等问题。几何转换的基础是 CityGML 使用 Brep 的 Solid 来构建三维物理对象，而 LADM 采用 multi-surface 来建模三维法律对象。语义融合意味着从 CityGML 到 LADM 的有效转换。二是在定义法律空间和物理要素之间的语义连接方面不够充分，这一挑战表明，现有的数据模型没有为物理边界与其法律对象之间的一对一空间关系提供语义信息。

4.9　IndoorGML

4.9.1　IndoorGML 概述

IndoorGML 是室内空间信息的开放数据模型，旨在为室内导航应用建立一个通用模式。IndoorGML 包括两个部分：一是用于描述室内空间拓扑连通性和不同环境的核心数据模型；二是用于室内空间导航的数据模型。IndoorGML 仅包含构造组件的最小几何和语义建模集，是 CityGML、KML 和 IFC 的补充标准；它不关心建筑构件本身（如屋顶、天花板、墙壁），而是关注由建筑构件定义的空间（例如房间、走廊、楼梯）以及空间之间的关系。IndoorGML 从蜂窝空间、语义、几何、拓扑等方面进行室内定义和约束（Lee et al.，2014）。在 IndoorGML 中，室内空间是由一组被定义为最小组织或结构单元的胞腔组成的蜂窝空间。语义是胞腔的重要特征，它被用来分类和识别胞腔并确定胞腔之间的连通性。几何不属于 IndoorGML 的主要焦点，但是，为了自我完整性，可以在 IndoorGML 中定义二维或三维对象的几何形状。拓扑是 IndoorGML 的重要组成部分，节点关系图（node relation graph，NRG）被用来表示室内对象之间的邻接、连通性等拓扑关系。NRG 允许抽象、简化地表示室内三维空间之间的拓扑关系。庞加莱对偶（Poincare duality）提供了将室内空间映射到代表拓扑关系的 NRG 理论基础；使用庞加莱对偶，可以将室内空间转换为拓扑空间中的 NRG。

IndoorGML 使用结构化空间模型和多层空间模型两类模型（Lee et al.，2014）。结构化空间模型定义了空间层的总体布局，如图 4-22 所示。该模型一方面允许原始空间与对偶空间分离，另一方面又允许几何和拓扑结构。在结构化空间模型中，三维（或二维）空间对象之间的拓扑关系在拓扑空间中表示。通过使用对偶变换，原始空间中的三维单元被映射成对偶空间中的节点（0D），三维单元之间的拓扑邻接关系被映射成对偶空间中的边（1D），节点和边构成了 NRG。NRG 又分为几何 NRG（geometric NRG）和逻辑 NRG（logical NRG）（Lee et al.，2014）。结构空间模型的概念进一步被扩展到多层空间模型。IndoorGML 支持具有不同蜂窝空间的多个表示层。每个语义解释层导致相同室内空间的不同分解，每个分解又形成单独的蜂窝空间层。多层空间模型提供了一种不同解释和分层结构的组合方法，用于支持完整的室内信息服务。

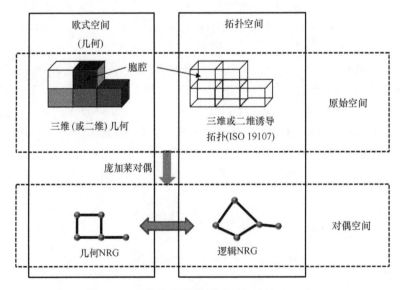

图 4-22　结构化空间模型（Lee et al.，2014）

4.9.2 IndoorGML 对 RRR 表达的支持

IndoorGML 允许基于某些属性对空间进行剖分和聚合,这些属性包括建筑物的空间功能以及空间的 RRR 状态。IndoorGML 可以根据空间功能将室内空间划分为不同的区域,例如将医院剖分公共通道区、检查患者区、住院患者区、手术区、实验室、医疗设备存储区等,并进一步将分区抽象为胞腔。胞腔要么在空间上分离、要么相邻,不存在相交的胞腔。从室内环境使用者角度,可以对室内空间添加权利、限制或责任,让使用者对不同的空间拥有不同的 RRR。例如,办公楼拥有公共入口和登记区,使用办公楼的单位需要共同承担维护公共区域的责任。

IndoorGML 本质上一种室内导航模型,文献(Alattas, 2018, 2017; Zlatanova, 2016)探索了它与 LADM 结合管理 RRR 的研究。这些研究总结了 IndoorGML 与 LADM 存在的异同点。一是两种模型都使用抽象空间,IndoorGML 中的抽象空间基于用户或环境属性定义,LADM 的抽象空间基于法律法规定义。二是 IndoorGML 具有原始空间和对偶空间,而 LADM 只有原始空间。三是两种标准都保持多个空间剖分,IndoorGML 要求空间的非重叠剖分,通过定义特定空间层实现;LADM 可能有重叠的抽象空间,但与所有权相关的空间单元不能重叠。四是两种模型都保持对象之间的关系。IndoorGML 没有特定物体之间的约束概念,而是使用邻接性和连接性等拓扑关系来获得双重空间;LADM 支持广泛的关系和约束,空间关系可以基于拓扑,也可能没有拓扑(只是几何,甚至文本描述)。

总之,虽然 IndoorGML 可以对 RRR 进行剖分和管理,但到目前为止尚未开发明确的权属空间层。未来可以通过增设针对 RRR 的空间层,实现 IndoorGML 对 RRR 的支持。

4.10 IFC 标准

4.10.1 IFC 概述

IFC(industry foundation classes)中文译名为"工业基础类",是一种针对建筑业界制定的计算机处理建筑产品数据的表示及交换标准。IFC 是一种通用数据模型,是 BIM 协作环境中存储和管理建筑信息的基本开放式架构,是独立于特定 BIM 供应商的开放数据规范,通过将建筑数据转换为 IFC 标准模型格式,实现建筑模型数据的互操作。IFC 包括资源层、核心层、互操作层和领域层四个共性概念层,如图 4-23 所示。

资源层(resource layer)是 IFC 标准概念数据图中的最低层。此层包括基本概念和通用实体的子架构。核心层(core layer)由 Kernel 子架构和产品扩展(product extension)、过程(process extension)和控制(control extension)等扩展子架构组成。互操作层(interoperability layer)里的模块定义了建筑设计、施工管理、设备管理等建筑项目,以实现它们之间的信息交换,包括 IfcSharedBldgElements、IfcSharedBldgServiceElements、IfcSharedComponentElements、IfcSharedFacilitiesElements 和 IfcSharedMgmtElements

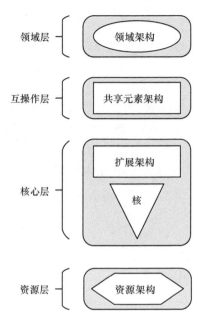

图 4-23 IFC 标准的模块化结构（改自 Rajabifard，2019）

五个模块。领域层（domain layer）里的模块分别定义了建筑、结构、暖通等特有的概念和信息实体，它们属于建筑项目的不同领域，包括 IfcBuildingControlsDomain、IfcPlumbingFireProtectionDomain、IfcStructuralElementsDomain、IfcStructuralAnalysisDomain、IfcHvacDomain、IfcElectricalDomain、IfcArchitectureDomain 和 IfcConstructionMgmtDomain 八个子架构。IFC 标准对信息进行分层描述，每个层级只能引用本身或下层的信息，而下面层不能引用上面层的定义。

4.10.2 IFC 对 RRR 表达的支持

1）IFC 的空间结构

IfcSpatialStructureElement 是空间元素的超类，它与其子类用于模拟 IFC 项目中的各种空间结构。空间结构以非等级或分层的方式定义，空间区域（IfcSpatialZone）是 IFC 项目的非分层分解。对于分层空间结构，有 IfcSpatialStructureElement 和 IfcExternalSpatialStructureElement 两个主要的抽象实体。IfcSpatialStructureElement 是定义站点（IfcSite）、建筑（IfcBuilding）、建筑楼层（IfcBuildingStorey）和内部空间（IfcSpace）对象实体的抽象超类。IfcExternalSpatialStructureElement 是 IfcExternalSpatialElement 的抽象超类，用于建模建筑场地周围的外部区域和空域。IfcProduct 位于建筑信息交换的最顶层，它包含了建筑工程所有的对象信息。IfcProduct 通过其 ObjectPlacement 属性引用 IfcObjectPlacement 来定义产品元素的空间放置，包括空间和物理构件。IfcObjectPlacement 实体被特化为 IfcLocalPlacement 和 IfcGridPlacement 两个可实例化的子类。IfcLocalPlacement 提供了两种方法来定义对象的空间放置。一种是设定对象相对于世界空间参考系统（如 WGS84）的绝对位置；另一种是在另一个对象的局部空间参考系统上设置对象的相对位置。例如，建筑的楼层（IfcBuildingStorey）可以参照整个建筑对象（IfcBuilding）在空间上放置。IfcGridPlacement 通过定义与设计网格轴线相关的约束放置来定义产品的空间放置。事实上，对象的位置由网格轴提供的虚拟交点和参考方向定义。一个 IfcProject 中至少有一个 IfcSite（场地）子类。

IfcSite 是用于定义地理空间参考系统的核心实体，它囊括了场地内所有建筑的信息，并与世界坐标系相关。IfcSite 有三个属性 RefLatitude、RefLongitude 和 RefElevation，它们分别定义了纬度、经度和高程。IfcBuilding（建筑物）描述了建筑的信息，比如描述全部楼层对象信息如房间布局等，但不描述楼层的几何外观，IfcBuilding 的空间布局应与建筑所在地的局部位置相对应。IfcBuildingStorey（建筑楼层）主要描述楼层信息。IfcSpace 描述了建筑的空间信息，可以从建筑的几何外观信息中获得；IfcElement 是墙、梁等建筑构件。IfcElement 的空间位置可以以各种方式定义，具体取决于它们与其他空间或建筑构件之间的空间关系。为了建模建筑空间和建筑构件的形状，IfcProduct 通过它的 Representation 属性引用 IfcProductRepresentation 实体。

2）IFC 对三维地籍的支持

与 3D 地籍相关的 IFC 数据包含在构件的几何表示中。这些几何表示由 IfcGeometryResource（包含在 Ifc 资源层）中的类定义。IfcGeometryResource 提供了使用 B-rep（IfcManifoldSolidBrep）、CSG（IfcCsgSolid）和 Sweep solid（IfcSweptAreaSolid）等对构件进行几何描述的可能性。由于 BIM 提供了比三维地籍所需的更详细的几何图形，因此 IFC 所描述的数据粒度更细。例如，与三维地籍系统相比，BIM 项目更关注公寓内房间的钢筋尺寸、墙厚和几何形状。若要使用 Ifc 支持三维地籍，其对应的 Ifc 的几何组成部分必须适应三维地籍的需要，即 Ifc 的几何应该包括法律边界。

Petronijević 等（2021）提议对 IFC 进行扩展，使其支持三维地籍。在 Ifc 基础上，通过定义新的空间类 IfcBuildingPropertyUnit 来表达财产单元。IfcBuildingPropertyUnit 类派生自 IfcSpatialElement 类，前者继承了后者的所有属性，其类型是 IfcLocalPlacement，可以提供相对于更高层次类（楼层或建筑物）实例的位置。此外，IfcBuildingPropertyUnit 包括 BoundedBy、Representation、PredefinedType、IsDecomposedBy、Decomposes、ContainElements 等属性。BoundedBy 提供了权属单元的法定边界，此类边界可以由建筑构件或虚拟面定义；权属单元和建筑构件之间的关系由 IfcRelSpaceBoundary 类提供。Representation 定义了财产单元物理空间的几何表示。PredefinedType 的属性值需要根据具体研究内容进行分配。IsDecomposedBy 将财产单元分解为基本空间（IfcSpace 类的实例）。Decomposes 定义财产单元所属的楼层。ContainElements 为财产单元提供了一个机会，可以根据地籍系统中定义的财产权包含建筑构件。该研究朝着 Ifc 和三维地籍系统之间的数据协调迈出了一步。

4.11　小　　结

地籍数据模型是关于现实世界中权属实体及其相互间联系的概念，反映了权属实体及其相互之间的联系，为地籍空间数据组织和空间数据库模式设计提供了基本的概念和方法。本章探讨了 LADM、ArcGIS 宗地数据模型、LPOM、ePlan Model、3DCDM、混合三维地籍模型、基于几何代数的三维地籍数据模型七种地籍数据模型，以及 CityGML、IndoorGML、IFC 三种普通数据模型对 RRR 表达的支持。这些模型是当前学界与业界知名且使用广泛的数据模型。通过梳理和分析这些模型，可以为三维地籍的实现选择恰当的数据模型，并为后期的建模、表达、可视化提供基础。

参 考 文 献

史云飞. 2009. 三维地籍空间数据模型及其关键技术研究. 武汉: 武汉大学博士学位论文.

谢孔彬. 2006. 代数拓扑基础. 北京: 科学出版社.

张季一. 2016. 基于几何代数的三维地籍空间数据模型研究. 徐州: 中国矿业大学博士学位论文.

卓跃飞. 2013. 房地一体化土地管理模型设计. 西安: 长安大学硕士学位论文.

Aien A. 2013. 3D cadastral data modelling. Melbourne: PhD Dissertation of University of Melbourne.

Alattas A, Zlatanova S, Van Oosterom P, et al. 2017. Supporting indoor navigation using access rights to spaces based on combined use of IndoorGML and LADM models. ISPRS international journal of geo-information, 6(12): 384.

Alattas A, Van Oosterom P, Zlatanova S. 2018. Deriving the technical model for the indoor navigation prototype based on the integration of IndoorGML and LADM conceptual model. In 7th International FIG Workshop on the Land Administration Domain Model, Zagreb, Croatia: 245-267.

Çağdaş V, Kara A, Işikdağ Ü, et al. 2017. A Knowledge Organization System for the Development of an ISO 19152: 2012 LADM Valuation Module. Helsinki: Proceedings of FIG working week (Vol. 29).

Çağdaş V, Kara A, Van Oosterom P, et al. 2016. An initial design of ISO 19152: 2012 LADM based valuation and taxation data model. Isprs Journal of Photogrammetry and Remote Sensing, 4: 145-154.

ePlanQueensland. 2010. ePlan Protocol-Queensland LandXML Mapping- Version 0.1. Spatial Information-Spatial and Scientific Systems. Department of Environment and Resource Management,

ESRI. The parcel fabric data model. https: //desktop.arcgis.com/en/arcmap/latest/manage-data/editing-parcels/the-elements-of-a-parcel.htm. [2021-10-11]

Gröger G, Kolbe T H, Nagel C, et al. 2012. OGC city geography markup language (CityGML) encoding standard.https: //mediatum.ub.tum.de/doc/1145731/1145731.pdf. [2022-11-09]

ICSM. 2010.ePlan Model V1.0. The Intergovernmental Committee for Surveying and Mapping, Australia.

Kalantari M. 2008. Cadastral Data Modelling- A Tool for e-Land Administration. Melbourne: PhD Dissertation of University of Melbourne.

Kolbe T H, Kutzner T, Smyth C S, et al. 2021. OGC CityGML 3.0 conceptional model. http: //www.opengis.net/doc/IS/CityGML-1/3.0. [2021-12-11]

Kutzner T, Chaturvedi K, Kolbe T H. 2020. CityGML 3.0: New functions open up new applications. PFG – Journal of Photogrammetry Remote Sensing and Geoinformation science, 88: 43-61.

Lee J, Li K J, Zlatanova S, et al. 2014. OGC Indoor Geography Markup Language (IndoorGML) implementation standard. https: //mediatum.ub.tum.de/127624. [2022-10-11]

Lemmen C, Oosterom P V, Zevenbergen J, et al. 2005. Further Progress in the Development of the Core Cadastral Domain Model. Cairo: FIG Working Week 2005 and GSDI-8.

Lemmen C, van Oosterom P, Uitermark H, et al. 2009. Transforming the Land Administration Domain Model (LADM) into an ISO Standard (ISO19152). Eilat: FIG Working Week.

Meyer N V, Oppmann S, Grise S, et al.2001. ArcGIS Parcel Data Model Version 1. Redlands, CA: Esri.

Penninga F, van Oosterom P J M. 2008. A simplicial complex - based DBMS approach to 3D topographic data modelling. International Journal of Geographical Information Science, 22(7): 751-779.

Petronijević M, Višnjevac N, Praščević N, et al. 2021. The Extension of IFC for supporting 3D cadastre

LADM geometry. ISPRS International Journal of Geo-Information, 10(5): 297.

Rajabifard A. 2019. Sustainable Development Goals Connectivity Dilemma. Boca Raton: CRC Press.

Rönsdorff C, Wilson D, Stoter J E. 2014. Integration of Land Administration Domain Model with CityGML for 3D Cadastre. Dubai: FIG 3D Cadastre Workshop.

Shewchuk J R. 2007. General-Dimensional constrained delaunay and constrained regular triangulations, I: Combinatorial properties. Discrete and Computational Geometry, 39(1): 580-637.

Stoter J E, van Oosterom P J M. 2005. Technological aspects of a full 3D cadastral registration. International Journal of Geographical Information Science, 19(6): 669-696.

Zlatanova S, Li K J, Lemmen C, et al. 2016. Indoor Abstract Spaces: Linking IndoorGML and LADM. 5th International FIG 3D Cadastre Workshop.

第 5 章　三维产权体的空间计算与分析

5.1　三维产权体构建

5.1.1　基于平面片的三维产权体自动构建

三维实体拓扑自动构建的研究很少。尽管 ISO 19107 'Spatial Schema'、GML3、CityGML 中都存在对于三维实体的详细定义（即 GM_Solid，TP_Solid），但并没有阐述三维实体从何而来。在对比 CAD、CG、GIS、Oracle 中现有三维实体类型的基础上，Arens 等（2005）引入并且定义了一种全新的三维基元，也简称三维实体（3D Solid），特别地应用于三维地籍实体对象的管理。尽管如此，同样没有清楚阐述这些三维实体如何产生。

目前，存在许多采用拔高方法生成三维实体的研究，典型的包括 Ledoux 和 Meijers（2011，2009）提出了一种由二维平面图通过拔高产生拓扑一致的三维建筑体的方法，但只适用于形状规则的建筑体，并不适用于侧面与底面不垂直情况（如一个简单的圆球）；还有学者同样提出了通过拔高方式基于平面地图 OpenStreetMap 生成 CityGML 中 LOD1 建筑体的方法提出基于二维平面视图和高程信息生成三维模型视图的方法（Over et al.，2010；Germs et al.，1999），而三维世界视图仅仅是在三维模型视图上粘贴影像等纹理信息，增强了真实感；Zhu 和 Hu（2010）提出了"房屋产权体集群"的表达模型基于拔高生成柱状图；Murai 等（1999）阐述了通过多边形偏移方法生成建筑物的三维视图。同样的，应用拔高思想的还包括：通过高程信息拔高生成数字地表模型并采用虚拟现实建模语言在网络上表达（Huang and Lin，1999）。总结而言，无论是 CityGML 中的 LOD1 建筑物，还是房屋产权体、三维规则建筑物，抑或是三维模型视图中的建筑模型，其实都是同一类三维实体，即顶面与底面平行、侧面垂直于底面的盒状规则三维实体。这是拔高算法最大的局限性。同时，在这些方法中，许多情况在拔高过程中没有考虑与周边实体的拓扑关系；即使有考虑，很多情况也只是考虑了侧面之间的拓扑关系，而没有考虑拔高后的该层顶面与上层底面之间的拓扑关系，这在建筑体中很常见，因为下一层拔高后的底面即上一层的底面。所以，在拔高之前，首先应该保证水平面之间拓扑关系的一致性。为了保证水平面之间拓扑的一致性，需要面与面之间完全剖分，详见相关文献（贺彪，2011；贺彪等，2011），在此不赘述。

对此，有学者提出了一种基于平面片的面向地籍的三维空间数据模型，并提出该数据模型构造三维最小体的基本思想方法（郭仁忠等，2012，2014；李霖等，2012；郭仁忠和应申，2010），核心是先把平面片束排序再封闭相关最邻近平面片形成最小体。具体包括三个步骤：步骤一，通过当前平面片寻找最邻近平面片的策略制定；步骤二，基于共享边的平面片束如何排序，即当多个平面片相接（incident）于一条边（称共享边）时，通过当前平面片"如何正确寻找"封闭当前最小体的最邻近平面片；步骤三，如何通过当前平面片和当前平面片的方向对最邻近平面片赋予方向。

在这里，步骤一中的"策略"也可以理解为一种方式，存在多种不同选择（事实上存在两种策略，即广度优先遍历策略（BFS）和深度优先遍历策略（DFS），其搜索结果应该相同；而步骤二中的"如何寻找"的核心是通过平面片束排序从而寻找最小（大）二面角的平面片作为最邻近平面片，体现的是一种计算过程，其计算结果只有一个。尽管如此，郭仁忠和应申（2010）、郭仁忠等（2012）和贺彪等（2011）并没有具体阐述构体过程中每个平面片如何被使用，更没有针对三维空间中通过平面片构体与二维空间中通过边/链构面给予比较。本书所述的"基于统一逻辑的实体构造算法"应用于通过二维平面片构造三维体时，是以上步骤一至步骤三的归纳与抽象。同时，步骤一至步骤三中核心是步骤二和步骤三。所以本章首先重点论述步骤二平面束排序的思想和步骤三平面片方向传递的根本思想方法，之后再具体介绍"基于统一逻辑的实体构造算法"给予构体，最后再阐述步骤一中广度和深度优先遍历策略的运用。

1. 算法基本原理

1）基于共享直线段的平面束排序

更为直观地，图 5-1（a）给出了相接于一条边的初始平面片束，该初始平面片束可能嵌入任意三维空间中。为了给予平面片束的排序，我们将其仿射变换到一个临时的三维空间，在该临时三维空间中，每个平面片垂直于 *XOY* 平面，如图 5-1（b）所示；最后，将每个平面片简化为一条直线段，平面片束的排序就简化成直线段束的排序，如图5-1（c）所示。

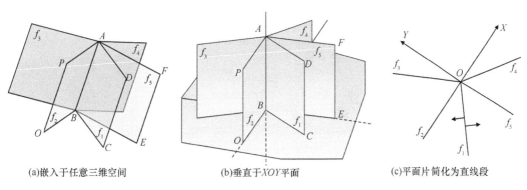

(a)嵌入于任意三维空间　　　　(b)垂直于*XOY*平面　　　　(c)平面片简化为直线段

图 5-1　平面片束排序转换过程

值得指出的是，参与构体的平面片必须是已经实现了最大化分割的平面片，如图 5-2 所示，多边形 *ABCD* 与多边形 *BEFG* 相交，那么多边形 *ABCD* 与多边形 *BEFG* 不能够直接参与构体，两者相交后生成的多边形包括多边形 *ABD*、*BCD*、*BDE*、*BDFG*，应该由这四个多边形参与构体任务。同时，参与构体任务的输入条件必须是平面片或曲面片，而不能是更低维的边，因为体是三维基元，平面片是二维基元，三维基元只能由紧邻维度的基元（即二维基元）构造，而不能跨维，跨维会产生二义性。

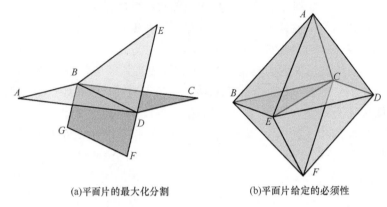

(a)平面片的最大化分割　　　　(b)平面片给定的必须性

图 5-2　平面片的最大化分割和构体任务中平面片给定的必须性

2）平面片的方向（dir）的传递

邻近平面片的方向（dir）由两个因素决定，包括当前平面片的方向、边在当前平面片与邻近平面片中的使用情况。每个平面片都具有两个方向，即 1 和 2。如图 5-3 所示，在基于共享直线段（AB）的平面片束（f_1, f_2, f_3, f_4, f_5）中，平面片 f_1 是起始平面片，其节点排序顺序是 $BADCB$，法向量方向在图 5-3（a）中朝向纸外，在图 5-3（b）中朝向纸内。如下传递方向：

（1）在如图 5-3（a）中，平面片 f_1 的一侧最靠近的平面片是 f_5，平面片 f_5 的节点排列顺序为 $ABEFA$，可见共享直线段在平面片 f_1 和 f_5 的排列方向相反，故而平面片 f_5 的 dir 设定为与平面片 f_1 的 dir 相同；

（2）在图 5-3（b）中，平面片 f_2 的另一侧最靠近的平面片是 f_1，平面片 f_1 的节点排列顺序是 $BADCB$，可见共享直线段在平面片 f_2 和 f_1 的排列方向相同，故而平面片 f_1 的 dir 设定为与平面片 f_2 的 dir 不同；

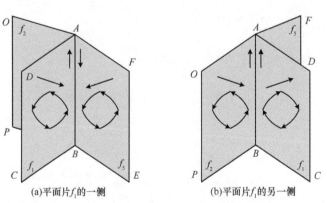

(a)平面片 f_1 的一侧　　　　　　(b)平面片 f_1 的另一侧

图 5-3　判断邻近面片方向的实例

基于给定平面片集合寻找最小体集合是一个任务，已知数据包括：①平面片集合；②平面片集合中每个平面片的法向量；③平面片集合中每个平面片及其以下的所有拓扑和几何信息（包括平面片和环的拓扑、环与边的拓扑、边与节点的拓扑、节点的几何）。未知数据包括每个最小体的信息和最小体集合。事实上，这正体现了从二维向三维地籍转变过程中针对数据的要求，即每个二维平面片及其以下拓扑和几何信息都应该是已知的，未知的只有三维实体（代表三维宗地）与二维平面片的拓扑关系，如此才能形成不规则形状的三维产权体；否则，如果只是采用底面多边形拔高的方式，只能产生形状规则的棱柱状三维产权体。

以下具体阐述采用"基于统一逻辑的方法"构体，并将其与"基于左转（右转）思想的寻体算法""基于方位角思想的寻体算法"给予比较。同样的，"基于方位角方法"与"基于左转（右转）方法"思想基本相同，只阐述后者。

2. 算法中基元

1）节点（3DPoint）

节点是嵌入三维空间中的一类零维基元，它记录了 X, Y, Z 坐标。Point 在数据库中一般记为 Node。Point 在欧拉公式中一般记为 Vertex。

2）边（edge）

边是嵌入三维空间中的一类一维基元，它是由起始节点和终止节点封闭的一条有向直线段。边的物理方向由起始节点指向终止节点。边的起始节点和终止节点不能够是同一个点。边通常也记为弧段。边同胚于一维流形。

3）环（ring）

环是嵌入三维空间中的一类一维基元，它由至少三条边封闭而成，这些边形成一个集合，称为环的构造边集合（R.edges）；包含于这些边中的所有节点，称环的构造节点集合（R.vertices）。环是一维基元，边是一维基元，且环是边的聚合。环是封闭的，即构成环的第一条边和最后一条边具有公共节点。尽管以上没有显式约束环的所有构造边必须位于同一平面上，但直接引用环对象的只有平面片对象，而平面片上所有点在同一平面上，所以默认环的所有构造边位于同一个平面上。环通常也记为循环（loop）或圈（cycle）。

4）平面片（facet）

平面片是嵌入三维空间中的一类二维基元，它是由唯一外环与零至多个内环封闭而成的区域。平面片的边界是环。平面片的唯一外环上的边和所有内环上的边共同形成了一个集合，该集合称为平面片的构造边集合（F.edges）。以上边中包含的所有节点，称平面片的构造节点集合（F.vertices）。一个平面片包含至少三条构造边。平面片是相对简单多边形，可以是凸的，可以是凹的。当一个平面片只由三条边构成时，平面片退化为三角形。值得注意的是，不允许平面片的内环与外环接触。内环与内环之间也不允许发生接触或嵌套。因此，平面片同胚于二维流形；而环不一定同胚于一维流形。

平面片具有法向量。在平面片中任意一个环内，其构造边排列是有序的，即构造边集合有一定的走向，也即前一条边与后一条边一定有公共节点；同时，每条边本身有物理方向，即从边的起始节点指向边的终止节点。但在同一个环内，并不是所有边的方向都一致，也即前一条边的终止节点与后一条边的起始节点并不一定同一个点。因此，需要一个统一规则来决定平面片的法向量，通常采用右手定则（即四指方向为平面片中的唯一外环中边的环绕方向，大拇指方向为法向量方向）。进一步地，当平面片的唯一外环的边集合确定后，该边集合的环绕方向就与每条边的本身方向作比较，如果一样则该条边标记"+"，否则该边标记"-"。

任一平面片都具有两侧。因为每个平面片都有一个所在超平面，该超平面将三维空间分为两部分，一般把平面片法向量所在一侧称为正面，把异于平面片法向量的一侧称为背面。在 Google Sketchup 中，平面片的正面默认绘制为白色，平面片的背面默认绘制为灰色。

5）体（body）

体是嵌入三维空间中的一类三维基元，它由至少四个平面片封闭而成。体的边界是平面片，它们形成一个集合，称体的构造平面片集合（B.facets）。体内不存在其他基元，也称最小体。平面片的法向量（normalVector）只有一个，具有客观的计算数值。与此不同，一个平面片的方向（dir）是主观定义的，而且认为有两个，即后向（标记为"1"）和前向（标记为"2"）。其中，针对某个平面片而言，当该平面片的法向量指向某个体的外部时，此时的平面片（注意：不用"该平面片"）称为前向平面片（即使用了平面片的正面），该体称为后向体；当该平面片的法向量指向某个体的内部时，此时的平面片称为后向平面片（即使用了平面片的背面），该体称为前向体。

3. 基于统一逻辑的构体算法

1）步骤一，搜索无穷远体的边界上任意一个平面片

单个连通分支内所有最小体共同形成一个较大的体，称为外轮廓体。在三维空间中去除那些常规认知的、具备有限体积的最小体之后，剩余的三维空间称为无穷远体。无穷远体可以看作外轮廓体在三维空间的补集。无穷远体的边界与相应外轮廓体的边界相同。由此可见，基于给定平面片集合寻找无穷远体边界上任意一个平面片，也即基于给定平面片集合寻找外轮廓体边界上任意一个平面片：

（1）创建一个结果平面片，内容为空。

（2）计算给定边集合的最小外接矩形框。计算该最小外接矩形框的最大 Y 值，简称最大 Y 值。

（3）创建一个相接边集合，内容为空。

（4）针对给定边集合中的每条边的每个顶点，比较该顶点的 Y 值与最大 Y 值：若相等，则将该边加入以上相接边集合中。

（5）针对以上相接边集合，如果存在所有顶点 Y 值都等于最大 Y 值的边，将该边记为平行边，并转入步骤（6）；如果不存在，则转入步骤（7）。

（6）根据以上平行边的物理方向计算该边的方向，并转入步骤（9）。

> 若起始节点的 X 值大于终止节点的 X 值，则将该边标记为结果边且方向为 1；
> 若起始节点的 X 值小于终止节点的 X 值，则将该边标记为结果边且方向为 2。

（7）针对相接边集合中的每条相接边，计算其与二维矢量（-1，0）形成的夹角大小，该夹角记为"原始夹角"。

（8）针对相接边集合中的每条边，选择"原始夹角"最小的那条边，即结果边。同时，根据结果边的节点位置判断其方向：

> 若以上具备最大 Y 值的顶点是结果边的起始节点，则该条边的方向为 1；
> 若以上具备最大 Y 值的顶点是结果边的终止节点，则该条边的方向为 2。

（9）搜索结束，以上结果边即外轮廓多边形的边界上一条边，返回结果边。值得注意的是，相接边集合不一定取相接于最大 Y 值顶点的所有边，也可取相接于最小 Y 值（或最小 X 值，最大 X 值）顶点的所有边，并相应改动后续步骤。

2）步骤二，搜索无穷远多边形

无穷远多边形的边界与相应外轮廓多边形的边界相等。因此，基于给定边集合搜索无穷远多边形，也即搜索外轮廓多边形：

（1）按照上述内容，搜索外轮廓多边形边界上的任意一条边，记为外轮廓任意边。

（2）创建外轮廓多边形和当前边集合，内容分别为空。

（3）针对当前边集合中的每条边，读取此时边的方向，将该边与此时边的方向加入外轮廓多边形中，同时对该边此时方向对应的侧面做标记。具体如下：

> 若此时边方向为 1（即搜索右侧无穷远多边形），则该边左侧标记"已使用"；
> 若此时边方向为 2（即搜索左侧无穷远多边形），则该边右侧标记"已使用"。

（4）针对当前边集合，创建对应的条带边集合，其初始化内容为空。

（5）针对当前边集合中的每条边的每个节点（总共 2 个节点），计算如下两份数据：

第一，最邻近边。与该节点相接的、同样用于构造无穷远多边形的边，称为最邻近边。与该节点相接的所有边形成一个集合，称为相接边束。最邻近边总是存在于相接边束中。

最邻近边的计算结果，与当前边有关，与当前边的方向有关，与选择的当前边节点无关（但计算时需要借助当前边节点）。具体如下：

> 若当前边的方向为 1（即表明搜索右侧无穷远多边形），且选择的是当前边的起始节点，则：在相接边束中，以该节点为中心，从当前边出发，顺着逆时针望去，寻找与当前边夹角最大的那条边，该边是最邻近边；
> 若当前边的方向为 1（即表明搜索右侧无穷远多边形），且选择的是当前边的终止节点，则：在相接边束中，以该节点为中心，从当前边出发，顺着逆时针望去，寻找与当前边夹角最小的那条边，该边是最邻近边；
> 若当前边的方向为 2（即表明搜索左侧无穷远多边形），且选择的是当前边的起始节点，则：在相接边束中，以该节点为中心，从当前边出发，顺着逆时针望去，寻找与当前边夹角最小的那条边，该边是最邻近边；

> 若当前边的方向为 2（即表明搜索左侧无穷远多边形），且选择的是当前边的终止节点，则：在相接边束中，以该节点为中心，从当前边出发，顺着逆时针望去，寻找与当前边夹角最大的那条边，该边是最邻近边。

第二，最邻近边的方向。若最邻近边与当前边相容，则对最邻近边赋予与当前边一样的方向；若最邻近边与当前边不相容，则对最邻近边赋予与当前边不同的方向。具体如下：

> 若当前边的方向为 1，且两者相容，则最邻近边的方向为 1；
> 若当前边的方向为 1，且两者不相容，则最邻近边的方向为 2；
> 若当前边的方向为 2，且两者相容，则最邻近边的方向为 2；
> 若当前边的方向为 2，且两者不相容，则最邻近边的方向为 1。

（6）针对以上得到的对子（即最邻近边，及其方向），若对子在以上外轮廓多边形中不存在，则加入条带边集合。

（7）清空当前边集合，将条带边集合作为新当前边集合；之后，清空条带边集合。

（8）重复步骤（3）至步骤（7），直至得到的条带边集合为空。此时，以上无穷远多边形搜索完毕。

值得注意的是，当前边集合初始化时只有外轮廓多边形任意边。边的相容性是指边的物理方向的一致性。同时，以上搜索无穷远多边形边界的过程具体可以采用广度优先遍历策略，或者深度优先遍历策略，区别在于当前边集合和条带边集合的设置。

3）步骤三，搜索最小多边形集合

（1）针对给定边集合中的每条边，对其左侧和右侧都标记为"未使用"。

（2）按照上述内容，搜索无穷远多边形。此时，针对该边界上的每一条边，有一侧是"已使用"。

（3）创建最小多边形和当前边集合，内容分别为空。

（4）针对当前边集合中的每条边，读取此时边的方向，并将该边和此时边的方向加入以上最小多边形中，同时对该边此时方向对应的侧面做标记：

> 若此时边的方向为 1（即搜索左侧多边形），则该边的右侧标记为"已使用"；
> 若此时边的方向为 2（搜索右侧多边形），则该边的左侧标记为"已使用"。

由此可见，搜索最小多边形集合时"标记侧面"与搜索无穷远多边形边界时"标记侧面"概念一致，方法相反。

（5）针对当前边集合，创建对应的条带边集合，其初始化内容为空。

（6）针对当前边集合中每条边的每个节点（总共 2 个节点），计算如下两份数据：

第一，最邻近边。与该节点相接的、同样用于构成该最小多边形的边，称为最邻近边。与该边相接的所有边形成一个集合，称为相接边束。最邻近边总是存在于相接边束中。

最邻近边的计算结果，与当前边有关，与当前边的方向有关，与选择的当前节点无关（但计算时需要借助当前边节点）。搜索最小多边形集合时"计算最邻近边"与搜索无穷远多边形时"计算最邻近边"概念一致，方法相反。

　　第二，最邻近边的方向。搜索最小多边形集合时"计算最邻近边的方向"与搜索无穷远多边形时"计算最邻近的方向"概念一致，方法相同。

　　（7）针对以上得到的每个对子（即最邻近边，及其方向），若其在以上最小多边形中不存在，则加入以上条带边集合。

　　（8）清空当前边集合，将条带边集合作为新当前边集合；之后，清空当前边集合。

　　（9）重复步骤（4）至步骤（8），直至计算得到的条带边集合为空。此时，以上最小多边形的所有构造边都搜索完毕。

　　（10）重复步骤（3）至步骤（9），直至给定边集合中的每条边都已使用 2 次。此时，所有最小多边形都搜索完毕。

　　值得注意的是，每次从步骤（3）进入步骤（4）（即开始搜索新的最小多边形）时，给定边集合都会更新，该集合中始终包含如下三类边：①0-usedE（即"从未使用"的边）（即左侧"未使用"并且右侧"未使用"）；②1-usedE（即"已使用 1 次"的边）（即左侧"已使用"但右侧"未使用"，或者右侧"未使用"但左侧"已使用"）；③2-usedE（即"已使用 2 次"的边）（即左侧"已使用"并且右侧"已使用"）。

　　此时，只选择给定边集合中 1 条边来初始化当前边集合，称起始边。起始边可以是0-usedE 或 1-usedE，但不能是 2-usedE。同时，如下指定起始边方向：

　　➢　若起始边是 0-usedE，则起始边的方向可以是 1 也可以是 2（即可搜索左侧多边形，也可以搜索右侧多边形）。

　　➢　若起始边是 1-usedE，且该边不属于外轮廓多边形的边界，则起始边的方向选取尚未使用过的方向（即若已使用过方向 1，则选取方向 2；若已使用过方向 2，则选取方向 1）。

　　➢　若起始边是 1-usedE，且该边属于外轮廓多边形的边界，则起始边的方向选择之前使用过的方向（即若已使用过方向 1，则再次选择方向 1；若已使用过方向 2，则再次选择方向 2）。

　　如此符合最终每条边只被使用 2 次的原则（即搜索左侧多边形时使用 1 次，搜索右侧多边形时使用 1 次）。同时，针对上述步骤（4）至步骤（8）（即搜索单个最小多边形），可以采用深度优先遍历策略或者广度优先遍历策略。采用深度优先遍历策略（DFS）时，每次迭代时当前边集合的大小始终为 1。同时，根据当前边集合计算获得的条带边集合的大小也始终为 1，因为该条带边集合是根据当前边的其中一个节点计算获得，同时将该条带边作为新的当前边，如此迭代。采用广度优先遍历策略（BFS）时，每次迭代时当前边集合的大小始终为至少 1 个。同时，根据当前边集合计算获得的条带边集合的大小始终为至少 2 个，因为每条条带边是根据当前边集合中的每一条条带边的每一个节点计算获得，同时将所有条带边作为新的当前边集合，如此迭代。

4. 基于左转（右转）思想的构面算法

　　针对给定边集合中的每条边，记为起始边，如下处理：

　　（1）创建一个新的最小多边形对象 A，其内容为空。

（2）若以上最小多边形对象 A 不包含当前边，则将当前边加入以上最小多边形 A。

（3）以公共节点为中心，从当前边出发，顺着逆时针望去，寻找与当前边夹角最大的那条边，该边即为该节点的最邻近边。

（4）寻找最邻近边中异于公共节点的那个节点，记为下个节点。

（5）清空公共节点，将下个节点作为新的公共节点；之后，清空下个节点。

（6）清空当前边，将最邻近边作为新的当前边；之后，清空最邻近边。

（7）重复步骤（2）至步骤（6），直至以上多边形 A 包含当前边。此时，起始边的左侧最小多边形已经构造完毕。值得注意的是，当前边的初始化值为起始边，公共节点的初始化值为起始边的终止节点。

（8）创建一个新的最小多边形 B，其内容为空。

（9）重复步骤（2）至步骤（6），直至以上多边形 B 包含当前边。此时，起始边的右侧最小多边形已经构造完毕。值得注意的是，当前边的初始化值为起始边，公共节点的初始化值为起始边的起始节点。

（10）重复步骤（1）至步骤（9）。此时，每条边的左右两侧多边形都构造完毕。以上算法采用了深度优先遍历策略。

5.1.2　基于曲面片的三维产权体自动构建

三维实体在本质上由二维基元构建而成，而二维实体本质上由一维基元构建。然则，二维实体（如多边形）可以由一维边构建，也可以由一维链构建；那么，三维实体除了由二维平面片构建，是否可以由其他类型的二维基元构建呢？这里认为存在，称为"曲面片"。曲面片较之于平面片，相当于链较之于边。

针对曲线曲面的建模、表达、可视化的研究众多，其中最为典型的是在 CAD、GIS、拓扑学中的应用。ISO19107 'Spatial Schema' 对于曲线曲面指定了抽象的规范，GML3（Portele，2007）可以看作是这些抽象规范的具体实现，两者内容保持一致。基于 ISO 和 GML3，Pu 和 Zlatanova（2006）、Pu（2005）设计了自由形式的曲线和曲面（如 NURBS、B-spline、Bezier 曲线/曲面），并基于 Oracle Spatial 设计了一个简单的原型系统，研究重点是通过自由形式的曲线曲面实现弯曲对象的精确表达和可视化，多采用逼近方法。这与 CAD 中表达曲线曲面的思想是一致的。额外地，在三维实体建模与拓扑关系分析中，Zlatanova 等（2006）、Zlatanova（2000）详细分析了嵌入三维空间中的曲面（surface）与线（line）的 31 种拓扑关系、嵌入三维空间中的曲面（surface）与曲面（surface）的 38 种拓扑关系、嵌入三维空间中的体（body）与曲面（surface）的 19 种拓扑关系。这里的曲面、体等对象的定义符合 OpenGIS 标准，也即与 GML3 保持一致。

针对 GIS 中对于曲面曲线的研究，既着眼于曲线曲面的准确表达，也关心数据结构的精简性与灵活性，多采用拟合方法（郭仁忠，2001），特别是采用不规则三角网来拟合曲面。类似的典型应用还有许多，包括在 Google Sketchup3D 数据模型中，采用 Curve，ArcCurve 这两个对象（由 Edges 组合而成）来表达现实世界中的弯曲线；在 ArcGIS Scene 3D 数据模型中，采用多面片（Multi-patch）来表达弯曲面等。

在拓扑学中，与 CAD 和 GIS 中不同，针对曲线曲面的研究重点在于曲线曲面的拓扑性质的研究，包括针对曲线的连通性的定义、闭曲面的定义、曲面是否可定向等。在拓扑学中针对曲线的一个重要定理称为约旦定理，在此略。

以下依次论述采用曲面构体的基本原理、涉及基元、算法描述。

1. 算法基本原理

针对基于曲面片构体，最重要的是判断曲面片之间的相容性。

首先回顾什么是相容性，可借助拓扑学中相关概念来解释。在拓扑学中，采用 $v_2v_0v_1$ 来表达 2-simplex 的方向，如图 5-4（a）中所示。2-simplex 作为一种特殊的平面片（facet），它的任意两个顶点作偶数次置换（拓扑学中称偶置换），二维单纯形的方向不变。若图 5-4（a）中的 $v_2v_0v_1$，$v_0v_1v_2$，$v_1v_2v_0$ 都是左侧 2-simplex 的方向；而右侧 2-simplex 的方向是 $v_0v_2v_1$，无论多少次偶置换，右侧都无法形成左侧 2-simplex 的方向。2-simplex 的面是边，两个邻接的 2-simplex 具有唯一的公共边，判断该公共边在这两个 2-simplex 中的走向：若走向相反，则称这两个 2-simplex 相容，如图 5-4（b）所示；若走向相同，则称这两个 2-simplex 不相容，如图 5-4（c）所示。

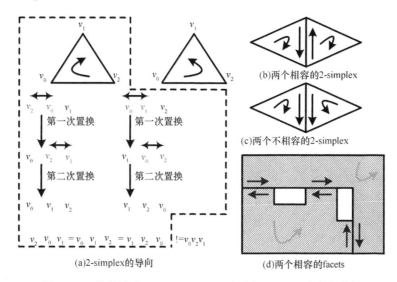

图 5-4　二维单纯形（2-simplex）和平面片（facet）中的相容性

以上描述了二维单纯形之间的相容性。而平面片是二维非单纯复形的一种，其不满足偶置换特征，但是同样可借助其面的方向来判断平面片的相容性：平面片的面同样是边，两个邻接平面片可能存在多处公共边，任意选取其中一处公共边，判断该公共边在这两个平面片中的走向 [图 5-4（d）]：若走向相反，则称这两个平面片相容；若走向相同，则称这两个平面片不相容。

在拓扑学中，二维单纯复形也称为组合曲面（简称 ComSurface），如下判断组合曲面是否可定向：在该组合曲面中，任意两个相邻 2-simplex 是否相容：若相容，则该组合曲面可定向（oriented）；否则，称该组合曲面不可定向（unoriented）。只有针对可定向的组合曲面，才能进一步判断组合曲面之间的相容性。更为具体的，针对两个可定向的组合曲面，它们之间的关系可能相容可能不相容，但沿着公共交线（1-simplex 的集合）发生的相容情况一定是统一的。故而，可选取公共交线中的任意一处 1-simplex，判断两个邻接 2-simplex 是否相容：若这两个 2-simplex 相容，则代表两个组合曲面相容；若这两个 2-simplex 不相容，则代表两个组合曲面不相容。

如图 5-5（a）所示，弯曲箭头表示 2-simplex 中边的环绕方向，红线为两个组合曲面的公共交线，左边的组合曲面由 14 个 2-simplex 构成，其中任意两个相邻 2-simplex 相容，故而该组合曲面可定向；右边的组合曲面由 13 个 2-simplex 构成，其中任意两个相邻 2-simplex 相容，故而该组合曲面也可定向。左边和右边 组合曲面沿着公共交线（红色实线）一直保持不相容，故而两个组合曲面不相容。

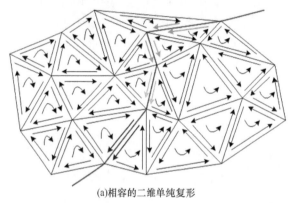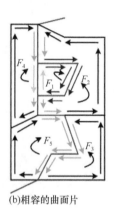

(a)相容的二维单纯复形　　　　　　　　　　(b)相容的曲面片

图 5-5　二维基元的相容性

可见，二维单纯形、平面片、组合曲面总是可定向的，二维单纯形之间、平面片之间、组合曲面之间或是相容或是不相容，不存在既相容又不相容的情况。

以上是判断组合曲面（拓扑学中定义）之间相容性的方法。本书提出的曲面片由平面片构成，而平面片比二维单纯形复杂，曲面片比组合曲面复杂。这里借鉴如何判断组合曲面是否可定向，从而判断提出的曲面片是否可定向，具体地：在该曲面片中，任意两个相邻平面片如果相容，则该曲面片可定向；否则，该曲面片不可定向。可定向的曲面片也称合格的曲面片。同样的，针对两个可定向的曲面片，它们之间可能相容也可能不相容，但不会沿着公共交线（边的集合）发生既相容又不相容情况。同样的，可选取公共交线中任意一处边，判断两个邻接平面片是否相容：若这两个平面片相容，则代表两个曲面片相容；若这两个平面片不相容；则代表两个曲面片不相容。

如图 5-5（b）所示，总共存在 3 个曲面片，左边曲面片由平面片 F_4 和 F_5 构成，且 F_4 和 F_5 相容，故左边曲面片可定向；右边曲面片由平面片 F_2 和 F_3 构成，且 F_2 和 F_3 相容，故右边曲面片可定向；中间曲面片仅由平面片 F_1 构成，该曲面片总是可定向。左边与右边曲面片沿着公共交线（蓝色实线）一直保持不相容，故这两个曲面片不相容；左边与中间曲面片沿着公共交线（黄色实线）一直保持相容，故这两个曲面片相容；中间与右边曲面片沿着公共交线（紫色实线）一直保持不相容，故这两个曲面片不相容。值得注意的是，左边与右边曲面片的公共交线（蓝色实线）是一条多部件曲线，其所有连通分支保持了一致的相容性。

由上可见，相容性（coherence compatibility）可概括如下：针对两个可定向曲面，判断两者分别包含的 2 维基元中边环绕方向（顺时针或逆时针）是否一致。

基于曲面片构体，较之基于平面片构体，原理上相似。平面片中构造边的环绕顺序并不重要，即构体时平面片的构造边可以无序；重要的是，根据当前平面片及其方向，能够找到正确的最邻近平面片，进而递归连接所有最邻近平面片从而封闭最小体。类似地，曲面片中边缘曲线的环绕顺序并不重要，即构体时曲面片的边缘曲线可以无序；重要的是，根据当前曲面片及其方向，能够找到正确的最邻近曲面片，进而递归连接所有最邻近曲面片从而封闭最小体（Yu et al.，2012）。

尽管如此，基于曲面片构体，较之基于平面片构体，实现上更复杂。平面片是一类特殊的曲面片，它只包含一个面片成员，所以不存在平面片本身不可定向，即平面片总是可定向（合格）。相反地，曲面片往往包含多个面片成员，无论是由 2-simplex 构成的组合曲面，还是由多个平面片构成的曲面片，都需要考虑弯曲面片本身是否可定向（是否合格）。事实上，本书所提出的曲面片是一种用于构体任务的最具一般性（generalized）的曲面片。平面片可退化为二维单纯形，本书提出曲面片可退化为拓扑学中的组合曲面。

2. 算法中基元

1）面片（surface）

在三维空间中引入一类新的二维基元，其类似于平面片，称为曲面片。在拓扑学中，二维流形即称曲面，如平环、Mobius 环。其中，没有边界点的、紧致、连通的曲面称为闭曲面。

本书中提出的"曲面片"满足以上拓扑学中对于曲面的定义，同时附加如下额外约束：由所有的一致（consistent）平面片构成的单连通分支，称为曲面片，"一致"体现在平面片集合具有一致的前向体与后向体；"所有"体现在该连通分支中包含所有的一致平面片。之所以称"单连通分支"，是因为由所有的一致平面片构成的集合可能具有多个连通分支，在这里将每个连通分支作为一个曲面片。曲面片中所有平面片形成的集合，称曲面片的构造平面片集合。直观地看，只有体与体相交时才会有新的曲面片产生，曲面片是二维基元，平面片是二维基元，且曲面片是平面片的聚合。从点集拓扑学角度来看，一个曲面片的内部由至少一个平面片构成。曲面片的边界称为洞，一个曲面片的边界由零至多个洞构成。当一个曲面片有零个洞时，该曲面片是一个闭曲面片。换言之，洞与洞之间没有先后之分，没有内外之分，每个洞的"地位"平等。与此不同，在平面片中外环与内环"地位"不平等，因为一个平面片必须存在而且只能存在一个外环，内环可能存在可能不存在，当然如果存在多个内环，内环与内环之间"地位"平等。

当一个曲面片只由一个平面片构成时，该平面片的法向量就是该曲面片的法向量。但大多数情况下，一个曲面片由多个平面片构成，此时曲面片不存在法向量。在此，称曲面片没有法向量，这是更为严格的约束，并不影响结果。任意一个曲面片都具有两侧，尽管曲面片没有法向量，但仍然可以区分两侧。构成曲面片的所有平面片会构成一个组合超平面，该组合超平面将三维空间分为两部分。因为定义曲面片时指出构成该曲面片的所有平面片具有一致的前向体（与后向体），故而所有的平面片法向量只会统一位于其中一侧，一般把法向量所在的一侧称曲面片的正面，把另一侧称该曲面片的背面。在Google Sketchup 中，曲面片的正面绘制为白色，曲面片的背面绘制为灰色。

2）洞（hole）

在三维空间中引入一类新的一维基元，其类似于环，称为洞。洞是曲面片的边界，好比环是平面片的边界。一个洞由至少一条曲线封闭而成，这些曲线称为洞的构造曲线集合（H.curves）。洞是封闭的，即若洞由多条曲线构成，第一条曲线与最后一条曲线必然有公共节点；若一个洞只由一条曲线（该条曲线由至少三条边构成）封闭，则该条曲线一定是闭曲线。洞也可以看作是边的集合，这些边称洞的构造边集合（H.edges）。与环类似的，洞也允许发生自接触。洞不一定同胚于一维流形。

3）曲线（curve）

在三维空间中引入一类新的一维基元，它类似于边，称为曲线。在洞中，具备相同隶属曲面片集合的所有边形成的集合，称为曲线。"隶属曲面片集合"指的是洞中的边同时隶属于多个曲面片，这些曲面片形成一个集合，成为该边的隶属曲面片集合。"所有"体现在该集合是隶属曲面片集合相同的边的最大集合。曲线中每条边的隶属曲面片集合相同，所以边的隶属曲面片集合也称曲线的隶属曲面片集合（C.belongSurfaces）。曲线是一维基元，边是一维基元，且曲线是边的聚合。若一条曲线由至少三条边封闭形成一个洞，此时的曲线称为闭曲线（简写为 cC）。直观地看，只有曲面片与曲面片相交时，才会有新曲线产生。洞不一定同胚于一维流形，而曲线同胚于一维流形。

一条曲线不一定直接连通，即一条曲线可能存在多个连通分支。针对具有多个连通分支的一条曲线，存在两种方法约束。①不对该曲线细分（not-subdivided），即将具有多个连通分支的一条曲线认为只是一条曲线，简称多部件曲线。该曲线存在多对首末曲线节点。②对该曲线细分（subdivided），即将每个连通分支单独作为一条曲线。如此保证每条曲线都直接连通。这样的每条曲线只有 1 对曲线节点，其中一个节点称曲线起始节点，另一个节点称曲线终止节点。在这里，采用前者定义，因为以上细分的曲线具有相同的隶属曲面片集合，在构体中作用相同。

若一条曲线只有一条边构成，该边的物理方向即该曲线的物理方向；但大多数情况下，一条曲线由多条边构成，此时认为该曲线不具有物理方向。以下统称曲线不具备物理方向，如此约束更为严格，但不影响结果。在曲面片的任意一个洞内，曲线排列有一定的走向，即前一条曲线与后一条曲线一定有公共节点。尽管如此，在同一个洞内，两条相邻曲线并不一定首尾相接，即公共节点可能既是前一条曲线的起始节点也是后一条曲线的起始节点。大多数情况下，在同一个洞内所有构造曲线并不一定位于同一平面（当该曲面片只包含一个平面片时，则该曲面片的洞的构造曲线一定位于同一平面）。

4）曲线节点（curve end）

在三维空间中引入一类新的零维基元，其类似于 3DPoint，称为曲线节点。曲线节点是曲线的边界，好比节点是边的边界。若未给予曲线细分，则 1 条多部件曲线存在多对曲线节点；若给予曲线细分，则 1 条曲线只存在 1 对曲线节点。当曲线只由一条边构成时，该条边的起始节点就是该曲线的起始节点，该条边的终止节点就是该曲线的终止节点。当曲线是闭曲线时，曲线的起始节点和终止节点是同一个节点，它可以是闭曲线上任意一个构造节点。

5）体（body）的补充信息

体由至少四个平面片封闭而成，此时体的边界是平面片。同样的，认为体由至少一个曲面片封闭而成，此时体的边界是曲面片，这些曲面片称为体的构造曲面片集合（B.surfaces）。一个曲面片并不存在客观的法向量。尽管如此，主观认为曲面片的方向（S.dir）存在，而且认为存在两个 dir，即后向（标记为"1"）和前向（标记为"2"）。其中，针对某曲面片而言，当该曲面片中任意一个构造平面片的法向量指向某体的体外时，此时的曲面片（注意：这里不用"该曲面片"）称为前向曲面片（即使用了曲面片的正向），该体称为后向体；当该曲面片中任意一个构造平面片的法向量指向某体的体内时，此时的曲面片称为后向曲面片（即使用了曲面片的背面），该体称为前向体。

3. 算法的形式化描述

针对平面片构体，节点、边、环、平面片、体，这些基元的维度从低到高，高维基元中保存着对于低维基元的引用。

针对曲面片构体，本书提出的概念包括曲线节点、曲线、洞、曲面，这些基元的维度也是从低到高，基元之间的构造顺序也是由低维至高维，高维基元中保存着对于低维基元的引用。尽管如此，在本书中这些基元的构造顺序却是从高维至低维（即先寻找曲面片，再找洞，之后找曲线，最后找曲线节点），因为在这里我们寻找的是一种满足"构体任务"的最具备一般意义的曲面曲线。具体而言，在没有高维基元的情况下，低维基元是没有意义的（如两个体通过公共面片接在一起，此时认为存在 3 个曲面片，当移除其中一个体时，剩余的那个体的边界应该重新识别，也即此时剩余那个体应该被认为是1 个闭曲面而非由原来的 2 个曲面片封闭；当没有曲线时，曲线节点是没有意义的）。此时，看上去高维基元要比低维基元的"地位"要高。在现有大部分三维软件和三维环境中，并不直接提供如上定义的曲线曲面，需要自己去构造。如上所述，针对自动构造曲面曲线，应该先搜索曲面片集合，再搜索以上每个曲面片的所有洞，之后搜索以上每个洞中的所有曲线，最后搜索以上每条曲线的所有曲线节点。

1）构造曲面片

步骤一，初次寻找曲面片。基于给定的平面片集合寻找曲面片是一个任务，已知数据包括平面片集合、平面片集合中每个平面片的法向量和平面片集合中每个平面片的所有拓扑和几何信息（平面片与环的拓扑信息、环与边的拓扑信息、边与节点的拓扑信息和节点的几何信息）。未知数据包括每个曲面片信息和曲面片集合（即存在多少曲面片）。其算法流程如下：

（1）针对平面片集合中每个平面片，标记为"未使用"。

（2）创建一个新的曲面片对象，其内容未空。

（3）针对当前平面片集合中的每个平面片，将其加入以上曲面片，并标记该平面片为"已使用"。

（4）针对当前平面片集合，创建推进平面片集合。

（5）针对当前平面片集合中每个平面片的每条构造边，计算该边的所有相接平面片，筛选出那些只有 1 个相接平面片（除当前平面片本身以外）的情况，并将这些唯一相接平面片加入推进平面片集合中。

（6）清空当前平面片集合，将推进平面片集合作为新的当前平面片集合。之后，清空推进平面片集合。

（7）重复步骤（3）至步骤（6），直至计算得到的推进平面片集合为空。此时，以上曲面片的所有构造平面片搜索完毕。

（8）重复步骤（2）至步骤（7），直至平面片集合中每个平面片都被"已使用"。此时，所有曲面片的所有构造平面片都搜索完毕。

值得注意的是，每次从步骤（2）进入步骤（3）（即开始搜索新的曲面片）时，给定平面片集合都会更新，其始终包含如下两类平面片：（i）usedF（即标记为"已使用"的平面片）；（ii）unusedF（即标记为"未使用"的平面片）。此时，只选择其中任意 1 个 unusedF 用于初始化当前平面片集合，该平面片称为起始平面片（beginF）。之后每次迭代时，当前平面片集合大小一般大于 1。换言之，当所有最小体都搜索完毕时，给定平面片集合中的每个平面片都被使用过，而且只被使用过 1 次。由上可见，针对寻找每个曲面片包含平面片的过程［即步骤（3）至步骤（6）］，利用的是每个曲面片是二维流形的特征。

针对寻找单个曲面片的结束条件，可以任选其一：

➢　曲面片的构造平面片集合不再改变；

➢　曲面片的边缘边集合大小与边缘节点集合大小的比率 1（即 ratio = borderEdges /borderVertices = 1）。

值得注意的是，在大多数情况下，寻找单个曲面片时条件（b）成立，如图 5-6 中 status18。但该条件并不是永远成立，如图 5-6 中 specialCase1 和 specialCase2。

➢　在 specialCase1 中，案例数据是一个立方体（一个闭曲面），包含了 6 个平面片和 12 条边。当已经将第 6 个平面片搜索完毕时，此时曲面片的边缘边个数（borderEdges）为 0，曲面片的边缘节点个数（borderVertices）为 0，故而不存在 ratio。尽管如此，此时该曲面片的构造平面片集合不再改变，故而条件（a）才应该用作统一条件。

➢　在 specialCase2 中，加亮的 2 维基元是 1 个平面片，该平面片单独构成一个曲面片，且该曲面片的边缘（即洞）发生了自接触。此时，该曲面片包含 8 个边缘点和 9 个边缘边，故而 ratio=borderEdges/borderVertices=9/8=1.125!=1。尽管如此，此时该曲面片的构造平面片集合不再改变，故而条件（a）才应该用作判断单个曲面片搜索结束的统一条件。

此外，判断寻找到的曲面片是否为闭曲面片（如图 5-6 中 specialCase1），可以任选其一：

➢ 曲面片边缘边集合=曲面片边缘节点集合=0。

➢ 曲面片中边的计算次数=2×曲面片中边实体的个数。

图 5-6 是从给定平面片集合搜索出 1 个曲面片的一个具体案例。其中，起始平面片选择的是平面片集合中的左下角平面片。当该曲面片搜索完毕时：如图 5-6 中 status18 中加亮部分，该曲面片由 18 个平面片构成，呈现带孔的蜂窝状；该曲面片包含 3 个洞，最大的那个洞即曲面片的最外围，另外两个洞则呈现橘黄色，其中 1 个洞仅由 1 个平面片构成，另外 1 个洞由 3 个彼此相接的平面片构成。

图 5-6　初次寻找曲面片的过程图示（包含特殊案例）

步骤二，逆转曲面片中不相容的平面片。如上文所述，初始搜索得到的曲面片往往是不合格的，原因如下：如果一个曲面片包含 n 个平面片，则该曲面片中平面片的排列可能是 2 的 n 次方，其中只有 2 种情况是合格的，大部分情况是不合格的。翻转曲面片中不相容平面片是一个任务，已知数据包含初次搜索得到的曲面片集合（即存在多少个曲面片）和初次搜索得到的每个曲面片信息（即每个曲面片包含的平面片集合）。在该任务中，未知数据包括合格曲面片的集合（即相容曲面片的集合）。

其具体流程如下：

（1）针对初次搜索得到的曲面片集合中每个曲面片，如下处理：

（2）根据当前平面片集合（strip_facets）和当前条带边集合（strip_edges）寻找相接平面片集合（next_strip_facets），公式为

$$next\_strip\_facets = facets\ incident\ to\ strip\_edges - strip\_facets \tag{5-1}$$

（3）计算下一批条带边集合（next_strip_edges）。其中，相接平面片集合包含的所有边，形成一个集合，称所有边集合（all_edges）。所有边集合由当前边集合，公共边集合（common_edges），边界边集合（boundary_edges），下一批条带边集合组成。

➤ 首先，从所有边集合中去除当前条带边集合。

➤ 之后，在剩余的所有边集合中寻找公共边集合（common_edges），每条公共边是当前平面片集合中任意两个不同平面片的公共边。找到公共边集合后，从剩余的所有边集合中去除公共边集合。

➤ 在剩余的所有边集合中寻找边界边集合，每条边界边既包含于相接平面片集合，又隶属于以上曲面片的边缘边集合（S.borderEdges）。找到边界边集合，从剩余的所有边集合中去除边界边集合。此时，剩余的所有边集合就是下一批条带边集合，公式为

$$next\_strip\_edges = all\_edges\ in\ nexts\_strip\_facets - strip\_edges -$$

$$common\_edges - boundary\_edges \tag{5-2}$$

（4）针对相接平面片集合中的每一个平面片，在当前平面片集合中计算与其邻接的任意一个平面片，判断两者相容性：

➤ 若两者相容，则不处理前者；

➤ 若两者不相容，则翻转前者。

值得注意的是，翻转操作只是改变平面片中所有边的排列顺序（即任一指定视角望去，该平面片的所有构造边的环绕顺序由逆时针转换为顺时针，或者由顺时针转换为逆时针），而每条边的本身性质（包括边的节点和边的物理方向）不改变。处理完毕后，能够保证相接平面片集合中任意两个邻接的平面片都相容。

（5）清空当前平面片集合，用相接平面片集合代替。之后，清空相接平面片集合。

（6）清空当前条带边集合，用下一批条带边集合作为代替。之后，清空下一批条带边集合。

（7）重复步骤（2）至步骤（6），直至计算得到的下一批条带边集合为空。此时，该曲面片是"合格"的，即曲面片上所有不相容平面片都得到处理。

（8）重复步骤（2）至步骤（7）。此时，给定曲面片集合中的每一个曲面片都处理完毕。

值得注意的是，从步骤（1）进入（2）（即开始逆转新的曲面片中不相容平面片）时，只从该曲面片初次搜索得到的构造平面片集合中选择任意 1 个平面片用于初始化当前平面片集合，该平面片称为该曲面片的标准平面片（sF）。标准平面片的作用是作为之后该曲面片上其余平面片是否应该翻转的比较依据。

第一次迭代时，当前平面片集合（first_strip_facets）只包含标准平面片

$$\text{first\_strip\_facets} = \text{sF}（\text{a random facet in the surface}）\tag{5-3}$$

此时，可能存在边界边集合（first_boundary_edges），但一定不存在公共边集合，也不存在前一批条带边集合。计算标准平面片的所有边，去除边界边集合，剩余即条带边集合，即

$$\text{first\_strip\_edges} = \text{all\_edges in first\_strip\_facets} - \text{first\_boundary\_edges}\tag{5-4}$$

图 5-7 为翻转曲面片中不相容平面片的一个具体案例。该案例的已知数据为：该曲面片由 18 个平面片构成，呈现带孔的蜂窝状；该曲面片包含 3 个洞，该 3 个洞在上述步骤 1 中已经被侦测到。该案例的具体搜索过程如下：该曲面片的标准平面片选择的是左下角的"白色平面片"（如图 5-7 中 status1）。全部翻转完毕时，总共形成 7 个条带。从观察者视角望去，由于标准平面片是白色，故而需要翻转的是灰色平面片，最终形成呈现全部白色的曲面片（如图 5-7 中 status8）。具体而言：

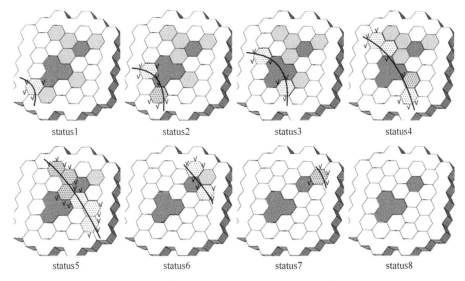

图 5-7　翻转曲面片中不相容平面片的过程图示

（1）在第 1 个条带中，包含 1 个平面片和 2 个条带边，作为标准平面片，不处理。
（2）在第 2 个条带中，包含 2 个平面片和 2 个条带边，翻转其中 1 个平面片。
（3）在第 3 个条带中，包含 2 个平面片和 4 个条带边，不处理。
（4）在第 4 个条带中，包含 4 个平面片和 8 个条带边，翻转其中 1 个平面片。
（5）在第 5 个条带中，包含 6 个平面片和 3 个条带边，翻转其中 3 个平面片。
（6）在第 6 个条带中，包含 2 个平面片和 2 个条带边，不处理。
（7）在第 7 个条带中，包含 1 个平面片和 0 个条带边，翻转该平面片。

完成步骤（7）后，由于不存在条带边，结束迭代。值得注意的是，在推进过程中，边界边（boundary_edge）会在最外围那个洞上产生；同样的，边界边会在中间 2 个洞上产生。因此，会产生"下一批条带边集合（next_strip_edges）避开中间 2 个洞"的现象。

步骤（3），再次寻找曲面片。之所以需要再次寻找曲面片，是因为在经历了逆转曲面片之后，翻转后的平面片与翻转前的平面片已经不是同一个平面片对象。此时需要清空每个曲面片的所有内部成员，同时往其中填充相容的构造平面片集合，才能保证得到曲面片对于平面片的正确引用。再次寻找曲面片的具体算法流程，同初次搜索曲面片相同。

2）构造洞

当完成了"初次搜索曲面片""逆转曲面片""再次寻找曲面片"之后，搜索出来的曲面片集合中的每个曲面片信息完整，即每个曲面片的部分内部成员已知，包括构造平面片集合、构造边集合、边缘边集合和边缘节点集合。至于搜索曲面片中的洞，需要借助该曲面片的边缘边集合。原因是曲面片中所有洞包含的边集合等价于曲面片的边缘边集合。寻找曲面片中的洞是一个任务，已知数据包括曲面片的边缘边集合。在该任务中，未知数据（即任务目的）包括该曲面片的洞集合（即存在多个洞）和每个洞的构造边集合（即每个洞包含多个构造边）。其算法流程如下：

（1）针对曲面片集合中的每个曲面片，如下处理。

（2）针对以上曲面片的边缘边集合中的每条边缘边，标记其为"未使用"。

（3）创建一个新的洞对象，其内容为空。

（4）针对当前边集合中的每条当前边，将其加入以上洞，并将该边标记为"已使用"；针对当前边集合，创建对应的邻接边集合，其初始化内容为空。

（5）针对当前边集合中的每条当前边，寻找其邻接边。

（a）针对每条当前边的起始节点，寻找其所有相接边（除当前边自身以外），如果存在包含于曲面片的边缘边集合的，将其加入邻接边集合。

（b）针对每条当前边的终止节点，寻找其所有相接边（除当前边自身以外），如果存在包含于曲面片的边缘边集合的，将其加入邻接边集合。

（6）清空当前边集合，将邻接边集合替代它。之后，清空邻接边集合。

（7）重复步骤（4）至步骤（6），直至邻接边集合为空。此时，以上洞中所有边搜索完毕。

（8）重复步骤（3）至步骤（7），直至以上曲面片的边缘边集合中每条边缘边都"已使用"。此时，以上曲面片中所有洞都搜索完毕。

（9）重复步骤（2）至步骤（8）。此时，所有曲面片上所有洞都搜索完毕。

3）构造曲线

完成"构造洞"之后，洞的构造边集合已知。搜索洞的构造曲线集合，需要借助"该洞的构造边集合"与"已经搜索得到的曲面片集合"。构造洞的构造曲线集合是一个任务，已知数据包括洞的构造边集合。在该任务中，未知数据包括洞中曲线的集合和洞中每条曲线的构造边集合。

给出了寻找未细分曲线的算法流程，具体如下：

（1）针对曲面片集合中的每个曲面片，如下处理。

（2）针对以上曲面片的构造洞集合中的每个洞，如下处理。

（3）针对以上洞的构造边集合中的每条边，标记为"未使用"。

（4）建立一个哈希表，用于存储该洞中每条构造边，及其隶属曲面片集合。其中，该洞中每条边作为哈希表"键"，该边隶属曲面片集合作为该"键"的"值"。

（5）建立一个新的曲线对象，其内容为空。

（6）从该洞的构造边集合中，选择任意 1 条"未使用"的边，将其加入以上曲线，并将其标记为"已使用"。同时，标记该边为标准边，该边的隶属曲面片集合为标准隶属曲面片集合（即标准边代入哈希表获得）。

（7）从该洞的构造边集合中，继续寻找"未使用"、具有标准隶属曲面片集合的边，标记这样的边为相似边，将相似边加入以上曲线。

（8）重复步骤（7），直至不存在相似边。此时，以上曲线的所有边都搜索完毕。

（9）将标准隶属曲面片集合赋予以上曲线的隶属曲面片集合。

（10）该条曲线真正构造完毕。

（11）重复步骤（3）至步骤（10），直至该洞的构造边集合中每条边都"已使用"。此时，以上洞中所有曲线都搜索完毕。

（12）重复步骤（3）至步骤（11）。此时，以上曲面片的所有洞的所有曲线都搜索完毕。

（13）重复步骤（2）至步骤（12）。此时，所有曲面片的所有洞的所有曲线都搜索完毕。

由此可见，针对寻找单条曲线的构造边集的过程，即步骤（6）至步骤（8），利用的是曲线是一维流形的特征。单条曲线搜索的结束条件应该是：曲线的构造边集合不再发生改变。

4）更新曲线节点

搜索曲线的曲线节点是一个任务，已知数据包括曲线的构造边集合，未知数据包括该曲线的曲线节点。如上所述，洞不一定同胚于一维流形，如可能出现曲面片的边缘边集合大小大于曲面片的边缘节点集合大小的情况（如图 5-6 中 specialCase2 发生自接触，$ratio=borderEdges/borderVertices=9/8=1.125$）。与此不同，曲线一定同胚于 1 维流形，$ratio=curve.edges/curve.vetices<=1$ 是确定的。故而，如果在一条曲线中，$ratio=1$，那么该条曲线一定是闭合曲线。

因此，更新曲线的曲线节点的算法流程，具体如下：

（1）针对曲面片集合中每个曲面片，如下处理。

（2）针对以上曲面片的构造洞集合中每个洞，如下处理。

（3）针对以上洞的构造曲线集合中每条曲线，如下处理。

（4）比较以上曲线的构造边集合大小与构造节点集合大小。

> 若相同，则标记该条曲线为"闭合曲线"；
> 若不同，则标记该条曲线为"不闭合曲线"。

（5）进一步处理以上曲线：

> 若以上曲线是"闭合曲线"，则选择以上曲线的构造节点集合中任意一个节点，将其同时作为以上曲线的曲线起始节点和曲线终止节点，并跳入步骤（9）；
> 若以上曲线是"不闭合曲线"，则创建内部节点集合，其内容为空。

（6）针对以上曲线的构造节点集合中每个节点，如下判断：判断在以上曲线的构造边集合中，是否存在 2 条不同的构造边，且以上节点是这两条边的公共节点：

> 若存在，则将以上节点加入以上内部节点集合；
> 若不存在，则不处理。

（7）重复步骤（6），直至搜索出以上曲线的完整的内部节点集合。

（8）针对以上曲线的构造节点集合，去除内部节点集合，剩余即是以上曲线的外部节点集合（即以上曲线的曲线起始节点和终止节点）。

（9）以上曲线的曲线节点搜索完毕。

（10）重复步骤（4）至步骤（9）。此时，以上洞的所有曲线的曲线节点都搜索完毕。

（11）重复步骤（3）至步骤（10）。此时，以上曲面片的洞的所有曲线的曲线节点都搜索完毕。

（12）重复步骤（2）至步骤（11）。此时，所有曲面片的洞的所有曲线的曲线节点都搜索完毕。

5）基于曲面片自动寻体

基于给定曲面片集合寻找最小体集合是一个任务，已知数据包括曲面片集合和曲面片集合中每个曲面片及其以下的所有拓扑和几何信息（包括曲面片和平面片的拓扑，曲面片和洞的拓扑；平面片和环的拓扑，环和边的拓扑，边和节点的拓扑，节点的几何；洞与曲线的拓扑，曲线与边的拓扑，曲线与曲线节点的拓扑，曲线节点的几何）。在该任务中，未知数据包括最小体集合和每个最小体的信息。与采用"基于统一逻辑的方法"通过一维边/链构造二维面、二维平面片构造三维体。类似地，同样可以采用"基于统一逻辑的方法"通过二维曲面片构造三维体，因为这里的曲面片都是合格的曲面片。类似地，其算法流程包括搜索无穷远体的边界上的任意一个曲面片（其中，外轮廓体和无穷远体的定义类似）、搜索无穷远体的边界和搜索最小体集合，在此略。

4. "基于曲面片"构体的有效性分析

拓扑学中已涉及讨论曲面的 Euler 示性数，即讨论的是闭曲面单纯剖分后对应图形（即组合曲面）的 Euler 示性数。更为具体的，Euler 示性数为弧段节点个数（cE）减去弧段个数（C）加上剖分后平面片个数（F），因为每个剖分后的平面片同胚于圆盘（在文献中常称闭圆盘）。尽管如此，以上并没有揭示三维空间剖分时的拓扑不变性，局限性如下：

（1）其讨论的是拓扑学中的曲面的 Euler 示性数，本质上仍然是 2 维空间的，即揭示的只是二维空间的剖分情况，而非三维空间（即欧拉公式未引入 Body 对象）。

（2）在实现闭曲面单纯剖分过程（即寻找闭曲面的有效多个闭圆盘覆盖）中，不允许圆盘之间构成环形区域，凡是整个落在别的圆盘内部的圆盘一律舍弃（即不允许圆环）。换言之，两个圆盘的边界必须相交。要找到满足以上情况的闭圆盘的圆盘覆盖，需要保证乔丹曲线定理的一个比较强的变体，这在现实世界中往往要求过于苛刻。

在此，我们提出一个扩展的欧拉公式：

$$\text{Eu}(Object) = \text{Eu}(n3SC) = [cE - C(\text{subdivided}) + S - B] - cC = CC \qquad (5-5)$$

它适合于：①以上提及的没有嵌入圆盘的情况（即没有闭合曲线，no closed Curve）；②存在圆盘时的个别情况。

额外地，可以从另外角度验证曲面片构体的有效性。如下处理：将每个平面片（Facet）给予三角剖分，如以平面片的唯一外环与所有内环作为约束边进行约束 Delaunay 三角化，使每个剖分后的平面片是二维单纯复形。针对同一个体对象，其三角剖分前（如非三维单纯复形）与三角剖分后（即三维单纯复形），通过搜索找到的曲面片、洞、曲线、闭合曲线、曲线节点应该一致，即 Surface Set Size（before CDT）与 Surface Set Size（after CDT）相同和 Each Surface（before CDT）与 Each Surface（after CDT）一致。

5.2 三维产权体的冲突检测

5.2.1 冲突检测相关介绍

1. 冲突检测在 GIS 中的应用

在三维空间中，我们可能需要进行类似于以下的几种空间查询如哪些管线穿越某个产权体，哪些点要素在一块宗地的地上或地下，哪些产权体包含一个给定的产权体等，这些空间查询都需要将两种或两种以上三维空间数据进行集成，以获取它们集成后的综合信息。与二维的空间分析不同，三维空间分析是以两种或者两种以上三维数据集作为输入集，进行空间上的求交运算，求交的过程即是叠加的过程，它们的交集就是叠加的结果。

三维空间中的空间分析至少涉及三类数据：一类是输入数据，其数据类型可以是点、线、面和体；第二类是另一组输入数据，包括面和体；第三类是分析结果数据，包含分析后数据的几何信息和属性信息。本书主要针对三维产权体的管理和三维空间的规划，因此主要针对体与体之间的数据进行三维空间分析，具体来说就是在体与体之间做冲突检测分析。

如图 5-8 所示，是武汉拟在 2017～2025 年 9 年间建设的 14 条铁路规划的二维示意图。在二维的管理系统中，地铁线路的规划只能考虑二维位置以及线路与周边二维建筑物平面之间叠加和冲突问题。但是在三维空间规划管理系统中，这个地铁线路的规划问题除了需要考虑在二维系统中的位置以及平面冲突问题外，还需要考虑规划的地铁线路与周边等三维建筑产权实体的冲突，如地铁线路与包括地基在内的三维建筑产权实体之间的冲突检测问题。这就涉及体与体之间的冲突检测问题。

除此之外,在三维地籍的三维产权体管理中,对于多个三维产权体的相互关系的管理本质上也是体与体之间冲突检测的过程。

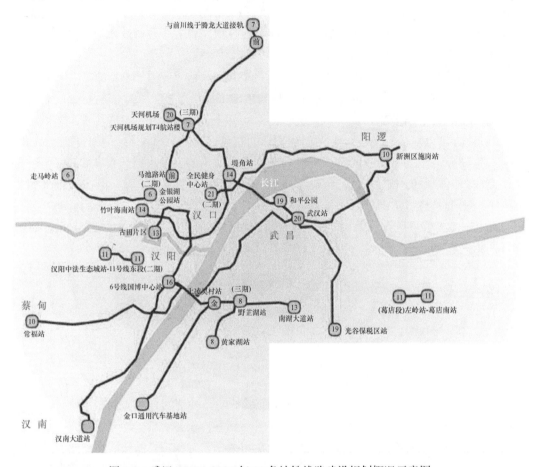

图 5-8　武汉 2017～2025 年 14 条地铁线路建设规划概况示意图

2. 三维体的冲突检测策略

三维冲突检测是三维布尔运算的一种。三维冲突检测的最主要需求就是对于两个多面体 A 和 B,确定两个多面体是否相交,若相交则找出相交部分。在进行三维冲突检测时,大多数的检测算法模型都是将检测的过程分为两个步骤,包括粗略检测阶段以及精确检测阶段(潘海鸿等,2014)。鉴于精确检测的过程较为复杂,粗略检测阶段是指将利用优化策略和方法将明显不相交的情况快速给出结果;而精确检测阶段是将上一阶段无法快速确定的情形,即可能存在相交的情况进行进一步的详细检测。精确的三维冲突检测一般还要求计算出相交具体位置和如接触点、相交深度、相邻信息等其他信息。冲突检测算法的框架如图 5-9 所示。

精确求交的阶段非常依赖于参与检测的三维模型,针对三维模型的不同几何结构,会采用不同的冲突检测方案。三维产权体的体表示模型则可能是非凸的、带洞的、形态十分

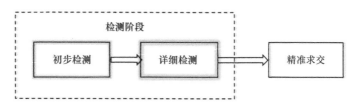

图 5-9　冲突检测算法框架

复杂的多面体。从计算机图形学的角度来讲，对非凸多面体直接进行求交运算或空间分析是非常困难的，需要将其进行分解，形成凸多面体，然后再进行相关的操作。凸多面体则是三维空间中相对简单的表示模型，它的简单性、易操作性有利于实现三维产权管理、三维空间规划等相关的计算和空间分析。本书主要讨论三维产权体等之间关系以及空间分析，在进行产权体的空间分析时，将产权体剖分为多个凸多面体块，利用凸多面体来实现相关的计算和空间分析。下面将对多面体的凸分解和凸多面体的冲突检测进行介绍。

3. 三维体的冲突检测策略

多面体的凸分解在模式识别、游戏动画、机器人路径规划 SLAM 和计算机建模等方面有着广泛的应用。但它是计算机图形学研究领域的一个重要难题。凸多面体的形状是最容易表示，操纵和渲染的。尽管它们多数是实体建模自下而上的基础，多面体的几何形状的凸多面体结构在其表示中就会被丢失。将多面体切割成凸多面体块这种方式通常在图形、制造和网格生成中是有用的甚至是必需的预处理步骤（于勇等，2012）。这个问题在之前很长时间已经有了详细研究。然而，尽管有实际的需求，但是一部分的研究已经超出了理论阶段，有着相当的难度（Chazelle et al.，1995）。对于一个多面体而言，若这个多面体是凹多面体，那么一定存在凹的棱，因此大多数研究的各种凸分解方法基本上都参照了 Chazelle 的分解策略（Chazelle，1984），即形成一组包含有凹棱的切割平面对多面体进行分解，以此来将凹棱破坏，减去凹多面体的凹性质。

在 1982 年，有学者就已经证明了三维多面体的最少的凸分解间的难度是 NP-hard（non-deterministic polynomial‐hard 是指能够用一定数量的运算去解决在多项式时间内能够解决的）的（Lingas，1982）。

Chazelle（1984）在他的文章中证明：一个具有 n 个顶点的多面体进行凸多面体分解，分解结果将至少会有 $O(n^2)$ 个子凸多面体，如果是最复杂的情况，这个结果的下界限是一定的（田延军和邓俊辉，2008）。显然，这对多面体凸分解算法在现实中的应用前景有很大的限制和影响。然而在实际操作时直接对多面体本身进行凸分解往往是不必要的，因此针对网格表面的凸分解问题就得到了很多工作人员的注意。

三维多面体的网格凸分解是指按照多面体相关的几何拓扑结构特征，将多面体的网格模型或者将多面体的表面分解成一组数量确定，并且形状简单的子多面体或者子分解片（patch）的工作。最近的几年，网格分解算法在计算机图形学、计算机建模、混合现实、碰撞检测以及游戏等方面都得到了越来越多的关注、研究和应用。此外从认知心理学的角度来说，人们在对一个物体的形状进行观察描述时，多数都是基于"分解"，一个复杂的物体多数都会被看作是简单的多面体（柱、锥、立方体等）的组合。由于凸分解出来的子多面体相对简单，更方便计算机的模型导入和处理，因此网格分解在碰撞检测、模型的实体工具、模型简化等问题上有着大量的应用。

三维多面体网格的分解问题主要包含实体分解（solid decomposition，将多面体自身分解成多个子多面体）和表面分解（surface decompositon，将多面体的表面分解成多个子分割片）两种分解方式。

鉴于实体的凸分解算法还不完善，有局限性，在实际的实验中通常只需要将多面体的界限即表面多边形的网格分解为不同的子分解片，也就是网格表面分解。Chazelle 等（1995）关于表面分解得出了一个非常有用的结论。对于一个多面体有 m 个凹的棱，那么这个多面体的表面可以分解成 $18m\text{-}2$ 个凸的子分解片，并且他还设计了一个时间复杂度为 O（$n+m\log m$）的分解算法。和上文中提到的实体的凸分解的时间复杂度为 O（n^2）的算法相比。这个结论说明针对网格表面的凸分解算法更有效率，在实际应用中存在更多的应用可能性（Ehmann，2010；Lingas，1982）。同时也证明了针对多面体表面的最少凸分解问题还是 NP-hard 的以及网格表面的单调凸分解算法也就有很好的应用价值。但目前有关单调凸分解算法的理论研究和实际应用都比较少。

由于上面已经提到，将多面体分解成尽可能少的凸多面体是一个难度为 NP-hard 的问题，并且该方法提出的方法方案会产生新的顶点和簇，不利于问题的简化。对此 Lien 和 Amato（2008）提出了近似的凸分解（Approximate Convex Decomposition）方案，即放弃完全精确的凸分解方案，引入凹度的概念：对于一个多面体 P，p 是 P 的顶点，顶点 p 到 P 的最小凸包的距离定义为 p 点的凹度。多面体的凹度是由多面体所有顶点的凹度的最大值所决定的。在进行凸分解前，先定义一个阈值，凸分解的结果只需要保证分解后的子多面体的凹度都小于阈值就可以了。在切割时，为了分解多边形，将具有最大凹度的顶点链接成线。为了将多面体分解为实心部分，模型通过入射到最凹陷的切口（即属于 P 的而不包含在 P 的凸包内的面）的切平面对分。为了将多面体分解成近似凸的面，模型沿着模型表面上的"凹"路径被切割，这个路径是凸包边缘的投影（即构成 P 的凸包的而不属于 P 的边在 P 上的投影）。

然而在实际操作中发现该方法对于模型首先需要进行细致的分析，对于复杂模型的情况分析会比较复杂，而且该方法需要选择合适的分割面，分割面不准确时会导致分解结果差强人意（Mamou and Ghorbel，2009）。

本书在综合考虑下选择了 Khaled MAMOU 的 V-HACD 分解算法作为三维产权实体的凸分解算法。

4. 针对凸多面体的冲突检测方法介绍

凸多面体具有若一个面在空间中无限延展，那么凸多面体一定在这个面的某一侧的特性，据此凸多面体的冲突检测算法设计比较简单，也比较利于思路展开。

当前比较流行的凸多面体冲突检测算法是 GJK 算法（Gilbert and Foo，1990），该算法涉及了闵可夫斯基和的概念，简单地来说：闵可夫斯基和就是凸面体 A 上的所有点和凸面体 B 上的所有点的和集。表示就是：$A+B = \{a+b|a\in A, b\in B\}$。如果两个物体都是凸体，它们的明可夫斯基也是凸体。对于减法，明可夫斯基和的概念也成立，这时也

可称作明可夫斯基差。$A - B = A + (-B) = \{a + (-b) | a \in A, b \in B\} = \{a - b\} | a \in A, b \in B\}$。如果两个凸多面体相交，那么两个凸多面体的明可夫斯基差肯定包括原点。据此可以在明可夫斯基差形成的物体内迭代地形成一个多面体（或多变形），并使这个多面体尽量靠近原点。如果原点在这个多面体内，显然明可夫斯基差形成的多面体必然将原点包括在内。这个多面体就称作单纯形。因此通过迭代快速地找到明可夫斯基差中的单纯形，从而确定两个凸多面体相交。GJK 算法的变种有很多，多数都是为了实现快速迭代，用更快的手法来找出单纯形。

1991 年，Lin 和 Canny[①]提出距离跟踪算法（称作 LC 算法），这种方法是在碰撞检测时常采用的一种方法，通过搜索两个凸多面体之间间隔最近的一组特征，根据该特征近似等价于两个凸多面体的距离对两个凸多面体的相交情况进行判断（臧若兰和曹其新，2009）。该算法也有很多的变种。

在对一系列凸多面体相交检测的算法，进行研究分析后，首先确定了研究思路：鉴于凸多面体的特性、凸多面体与凸多边形的关系等因素，计划将凸多面体的检测转换成凸多边形的检测，最直接的方式就是将凸多面体投影到坐标平面，转换成坐标点集。根据点集生成凸包多边形，比较两个凸包多边形的相交关系。据此提出凸多面体的检测办法，将凸多面体对三个坐标轴平面分别做投影，获取投影面的最大凸包多边形，根据三个投影平面的坐标点集生成的凸包多边形相交情况，只有在三个坐标平面的投影都相交才说明两个凸多面体相交，如图 5-10 所示。

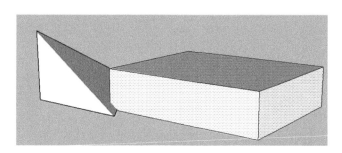

图 5-10　向坐标轴正投影可以检测的情况

然而，在深入研究时，发现此方法针对的只是一种特殊情况，在某些情形会判断错误，如图 5-11 所示，图 5-11 中直接对坐标平面投影，从三个坐标平面投影的结果来判断两个多面体是相交的，但很明显两个多面体不相交。在查阅文献资料后，对投影的方案进行了修改，并提出了新的凸多面体投影检测方案，在本书下一小节有算法相关的介绍。

5.2.2　三维产权体的冲突检测算法

1. 三维目标冲突检测算法的总体思路

针对三维空间规划和三维产权管理的冲突检测问题在集合的角度上来说是确定两

① Lin M C, Canny J F. 1991. Efficient algorithms for incremental distance computation: IEEE Int Conf Robot and Autom.

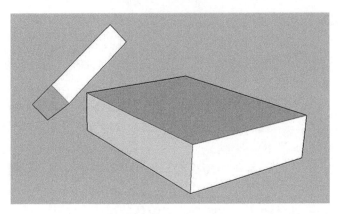

图 5-11　　向坐标轴正投影无法判定的情况

个集合的交集情况。在上一小节已经提出了很多多面体的相交检测的相关算法。大多数的检测算法需要考虑多面体自身的特性问题，针对多面体自身的特性的不同来设计不同的冲突检测方案进行研究。然而现实中的三维实体都非常复杂，针对三维实体的冲突检测要考虑和顾及的特性很多。

在实际考察中可以发现，大多数建筑的体表示模型都是相对规整的，面和面之间的夹角多为直角，因此将复杂的建筑模型转换为多个简单的凸多面体模型是比较容易想到的方案。将复杂的三维建筑模型剖分为多个简单的凸面体模型，主要优点有三个：第一，三维建筑模型比较规整，利于切割；第二，将复杂的三维建筑模型转换成凸多面体组之后，只需要针对凸多面体设计冲突检测算法，减少了针对不同形状特征的多面体设计专项的冲突检测算法，减少了工作量；第三，由于凸多面体的特性较多，现阶段针对凸多面体的冲突检测算法比较多，比较容易设计和优化冲突检测算法。从复杂的多面体转换为一群凸多面体组，本质上来说是一种化简的过程，符合正常设计算法和解决方案的思路流程。

对于每一次独立的检测来说，其问题规模已降为一个常数，每次检测结果都可以在一个常数时间得到（熊玉梅，2011）。

实际的城市三维建筑模型数量较多，针对每个复杂的多面体模型剖分成简单的多面体只需要一次预处理，在以后的多次拓扑检测中不需要进行重复分解。在模型凸分解后，用分解后的多面体组当作原模型处理，简化流程第二步骤的冲突检测。凸分解据上文的表述可以知道，对于一个不规则的三维建筑模型，只需要选择合适的凸分解算法将模型分解到实验误差允许的范围之内，达到判断各建筑模型之间冲突检测的结果，该结果不是 100%精确的，但是误差很低。针对一群凸多面体而言，可以运用多个概念来减少凸多面体的冲突检测次数，而且凸多面体本身就易于检测，将一群多面体互相进行冲突检测后，找出相交的这些多面体。根据这些多面体在原本三维建筑模型中所处的位置关系，可以近似地判断两个三维模型之间是否相交，并能指出大概相交的位置，达到一个较为准确的检测结果。图 5-12 是算法的主要流程图。

综上，解决三维建筑模型冲突检测的思路就是把针对不同形态的建筑模型的冲突检测转换成了相对容易下手的问题。三维建筑模型的凸分解算法以及适用于分解后的凸多

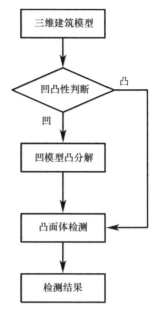

图 5-12　算法的流程图

面体的冲突检测算法。选取和设计好适合建筑模型的凸分解方法和凸多面体冲突检测方法，是主要考虑的两个问题。

2. 三维目标的体分解算法设计

定义 S 是三维欧几里得空间的多面体，$V = \{A_1, A_2, \cdots, A_n\}$ 是 S 的顶点数组（n 表示 S 的顶点个数），$\Theta = \{t_1, t_2, \cdots, t_T\}$ 是多面体 S 的三角面（T 代表 S 的三角面总数）。

计算多面体 S 的精确凸分解在于将其分割成一组最小的子凸面。Chazelle 等（1995）证明这种分解是一个难度为 NP-hard 问题，并且提出不同的猜想办法来尝试解决它。Lien 和 Amato（2008）在他的文章中指出该算法是不实用的因为它们产生了大量的子凸面。为了提供一个易于解决的解决方案，算法提出可以适当地放松确切的凸度约束，将考虑的问题转变为近似凸分解问题。这里，对于固定参数 α，算法的目的是确定 Θ 的一个分解结果集 $\Pi = \{\pi_1, \pi_2, \cdots, \pi_K\}$，保证产生的分解结果 K 最少并且验证每个子凸面的凹度都低于 α。

只有 Lien 和 Amato（2008）的文章中提到过近似的凸分解问题。这种较新的技术利用了一种分治策略，其中包括迭代式的划分网格，直到每一个子凸面体的凹度都低于阈值 α（Mamou and Ghorbel，2009）。在其中，在每一个步骤 i，选择具有最大凹度的顶点 A_i^*，并且考虑通过 A_i^* 的二分平面来将 A_i^* 所属的凸面体分为两个子凸体。这个方法的主要限制与最佳切割平面的选择有关，需要对模型特征进行复杂的分析，此外，实际上仅考虑基于平面的二分法有比较多的限制性并且可能会导致分解结果很差。

为了克服这种限制，本书引用的算法（V-HACD）采用了三维网格近似凸分解分层分割，这种方法对 Lien 和 Amato（2008）的近似凸分解算法进行了一些改进，在进行近似分解之前对模型进行了一些处理。下面将对这个方法的特点简要介绍：所提出的分层分割方法如下进行。首先，把三维网格当作图来处理，计算图的对偶图。然后，通过连续应用拓扑抽取操作，同时最小化与生成的分割集群的凹度和纵横比相关的成本函数，迭代地对其顶点进行聚类。

网格 S 相关联的对偶图的 S^* 定义如下。平面图 S 的对偶图 S^* 是将这个平面的每个区域看成点，原图每一条边所属的两个相邻的区域对应在对偶图中的点有连边，如图 5-13 所示。

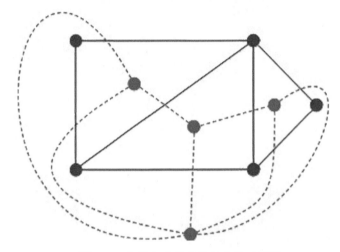

图 5-13　红色部分是蓝色部分的对偶图

一旦计算出了对偶图 S^*，算法就开始抽取阶段，其中包括依次应用半边缘折叠抽取操作。施加到表示为 Hecol（v，w）的边（v，w）的每个半边折叠操作合并两个顶点 v 和 w。顶点 w 被去除并且其所有入射边缘都连接到 v（图 5-14）。

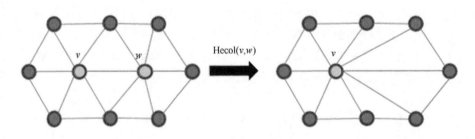

图 5-14　半边折叠抽取操作图

令 A（v）是顶点 v 的初始的数组。最初，A（v）这个数组为空。在应用于顶点 v 的每个操作 hecol（v，w）上，数组 A（v）可以用 A（v）←A（v）∪A（w）∪{w}这个伪代码表达。

上面部分描述的抽取过程由描述 $S(v, w)$ 的凹度和长宽比的成本函数来控制（Jain，1989），其中 S（v，w）是由顶点 v 和顶点 w 以及它们的初始数组来得到，其中 S（v，w）表示为 A（v）∪A（w）∪{w，v}。根据 Jain 的定义，我们将表面 S（v，w）的长宽

比 $E_{\text{shape}}(v, w)$ 由式（5-6）给出：

$$E_{\text{shape}}(v, w) = \frac{\rho^2\left(S(v, w)\right)}{4\pi + \sigma\left(S(v, w)\right)} \tag{5-6}$$

式中，$\rho(S(v, w))$ 和 $\sigma(S(v, w))$ 分别为 $S(v, w)$ 的周长和面积。

引入了成本函数 $E_{\text{shape}}(v, w)$ 是为了以便于生成紧凑的集群。在当表面是圆的情况下 $E_{\text{shape}} = 1$；表面越不规则，其长宽比越高。

与边缘也就是棱 (v, w) 相关联的抽取成本 $E(v, w)$ 由式（5-7）给出：

$$E(v, w) = \frac{C\left(S(v, w)\right)}{D} + \alpha E_{\text{shape}}(v, w) \tag{5-7}$$

式中，$C(S(v, w))$ 是 $S(v, w)$ 的凹度，也就是第 2 章中提到的概念；D 为等于 S 的边界对角线的归一化因子；α 为控制形状因子 $E_{\text{shape}}(v, w)$ 相对于凹度成本的贡献的参数。

在抽取处理的每个步骤中，应用具有最低抽取成本的 Hecol 操作，并且计算如下新的分区 $\prod(n) = \{\pi_1^n, \pi_2^n, \pi_3^n, \cdots, \pi_{K(n)}^n\}$。其中 π_k^n 由式（5-8）表示：

$$\forall k \in \left\{1, \cdots, K(n)\right\}, \pi_k^n = p_k^n \cup A\left(p_k^n\right) \tag{5-8}$$

式中，$(p_k^n)k \in \{1, \cdots, K(n)\}$ 表示在 n 个半边折叠抽取操作之后获得的对偶图 S^* 的顶点。这个过程被迭代，直到所有的 S^* 的边缘产生具有低于 E 被剔除。

正如 Lien 和 Amato（2008）中所讨论的，在定量凹凸测量的文献中没有共识。 在这项工作中，我们定义三维网格 S 的凹度 $C(S)$，由式（5-9）给出：

$$C(S) = \arg\max_{M \in S} \| |M| - P(M) \| \tag{5-9}$$

如图 5-15 所示，$P(M)$ 表示点 M 在 S 的凸壳 CH(S)（Preparata and Hong，1977）上的投影，相对于具有原点 M 的半光线和垂直于 M 处的表面 S 的方向。从定义和实际情况中可以知道凸面的凹度为零。直观地说，多面体表面越凹，其顶点距离凸包就越远。

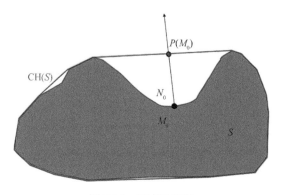

图 5-15　凹度的定义

算法的早期阶段检测到的面群由具有几乎等于零的凹度的少数相邻三角形组成。因此，抽取成本 E 由长宽比 E_{shape} 主导，这有利于生成紧凑的表面。 这种行为在抽取过程中逐渐失效，因为面群变得越来越凹。引入形状因子贡献参数α也是为了确定 E_{shape} 不影响最后的抽取过程。

Khaled Mamou 在实际的测试结果中和 Lien 和 Amato（2008）的多面体近似凸分解技术进行了比较，并且从结果上看本章的方法得到的近似凸分解效果更好，而且产生的凸多面体个数较少。

本节主要介绍了 V-HACD 算法在进行切割前对模型进行的一些处理工作。关于多面体凸分解算法还有很多研究，综合来说 Khaled Mamou 提供的近似凸分解算法在本质上还是基于 Lien 和 Amato（2008）的近似凸分解算法，只是在进行凸分解前对模型进行了一个抽取处理，从而让凸分解的过程得以更快速地进行。Khaled Mamou 的 V-Hacd 方法在三维图形检测和骨架提取等方面有很好的应用，所以该方法可以作为针对三维建筑模型凸分解的办法。

3. 针对凸多面体的冲突检测方法

在解决较为困难的普通三维产权体模型的检测问题时将问题转换成凸分解和面向凸多面体的冲突检测算法两个方面。同样的，在研究针对凸多面体的冲突检测算法时同样想到了转换思想，即将针对体的冲突检测算法转换为针对二维平面的平面相交算法。

实际上，本书在介绍凸多面体冲突检测算法的最后就已经探讨了用投影的方式将凸多面体转换成二维的凸多边形，用这种方式将体转换成二维图形之后进行检测判断的方法，但同时在最后也发现了这个方法的缺陷。只有多面体有平行于坐标平面的时候向坐标平面作正投影的时候结论才成立。在对相关理论进行研究分析后，对这个思路进行了完善和补充。修正了这个思路的只能针对一些特殊的凸面体的问题。

定理：对两个任意形状的多面体 A 和 B，如果这两个多面体的顶点在坐标平面上关于任意直线 l 方向的投影（或在某直线上的投影）的交集为空集，则这两个多面体不相交（黎自强，2010）。

由该定理可知，当存在顶点的投影的集合形成的凸多边形不相交时则可以证明两个凸多面体不相交。因此，根据上述定理断定两个凸面体相交的条件应该更正为在任意方向的投影的顶点集形成的凸多边形的交集均不为空集而不是仅针对坐标平面的投影顶点集的交集不为空。然而在实际编程开发中，针对所有面投影是不实际的，这个条件不可能作为根据进行开发判断凸多面体是否相交。

定义：凸多面体属于三维欧式空间的点、面和其围成的内部空间的和。凸多面体具有顶点 $A_1, A_2, \cdots, A_n$（n 表示多面体的顶点个数）。那么该多面体可以用 $V(A_1, A_2, \cdots, A_n)$ 来表示。求出多面体的所有顶点坐标的平均值得到的点 $C(x_c, y_c, z_c)$，$C(x_c, y_c, z_c)$ 是 $V(A_1, A_2, \cdots, A_n)$ 的中心，计算公式如下：

$$x_c = \frac{1}{n} \sum_{i=1}^{n} x_i, y_c = \frac{1}{n} \sum_{i=1}^{n} y_i, z_c = \frac{1}{n} \sum_{i=1}^{n} z_i \tag{5-10}$$

如果两个凸多面体 V_A 和 V_B 的中心分别定为 C_A 和 C_B，向量 $C_A C_B$（向量 $C_B C_A$）被

定义为凸多面体 V_A 关于 V_B（V_B 关于 V_A）的中心向量。对于凸多面体 V 中的一个面 F，面 F 的一个从凸多面体内朝向凸多面体外的法向量（垂直向量）被称为这个面的外法向量（外垂直向量），用 N 来表示。

　　如果 C_A 和 C_B 各自是凸多面体 V_A 和 V_B 的中心，那么 V_A（V_B）中外垂直向量与向量 C_AC_B（C_BC_A）的向量夹角为锐角的面被称作相向面，也就是说这个面是靠近或者朝向 V_A（V_B）的；V_A（V_B）的外法向量与向量 C_AC_B（C_BC_A）的夹角为直角或钝角的面被称作背向面，这个面是远离 V_A（V_B）的。根据以上可得出，对于两个凸多面体 V_A 和 V_B 而言，如果这两个多面体相交，那么相交的位置一定是在相向面。

　　如图 5-16 所示，C_A 和 C_B 分别是两个多面体的中心，C_AC_B 是凸多面体 V_A 和 V_B 的中心向量。$A_1A_3A_4$ 和 $B_1B_4B_8B_5$、$B_1B_2B_6B_5$，以及 $B_5B_6B_7B_8$ 表示这两个多面体的相向面。

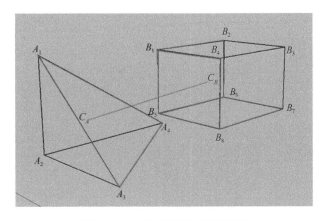

图 5-16　中心点和相向面示意图

　　假定面 F 是凸多面体 V_A 和 V_B 的一个相向面，如果 V_A 和 V_B 在一组平行于面 F 的直线向任一个坐标平面上的投影的集合交集为空，那么这个面 F 被叫作 V_A 和 V_B 的投影分离面。如果两个凸多面体 V_A 和 V_B 不相交，那么 V_A 和 V_B 至少存在一个投影分离面 F。根据面的外垂直向量和两个面中心向量的向量夹角的角度（取锐角并且升序排列）分别在 V_A 和 V_B 的面的集合 F_A 和 F_B 中取 n_0 和 m_0 个相向面，组成的集合 S_A 和 S_B 分别被称为 V_A 和 V_B 的准投影分离面集。根据以上可以得出，如果两个凸多面体 V_A 和 V_B 没有相交，那么产生的投影分离面一定是 V_A 和 V_B 的投影分离面集 S_A 和 S_B 其中的一个元素。如图 5-17 中面 M 就是两个凸多面体 V_A 和 V_B 的一个投影分离面，面 M 在空间上把这两个多面体分割在两个空间。

　　由此，可以得出，依次并交替取 S_A 和 S_B 中的面让 V_A 和 V_B 作平行于该面和坐标平面的相交直线方向向坐标平面投影，对两个投影的坐标点集求出凸壳多边形，并判断两个投影多边形是否相交，如果存在面 F_k 属于两个准投影分离面集，使得两个投影多边形不相交，则 V_A 和 V_B 不相交。如果准投影分离面集合没有面 F_k 使得两个投影的多边形不相交，那么这两个凸多面体 V_A 和 V_B 相交。根据这个条件，得出正确的凸多面体冲突检测的降维算法如下。

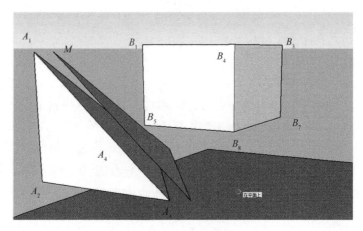

图 5-17　投影分离面示意图

输入：两个凸多面体的顶点参数，V_A（$A_1, A_2, \cdots, A_n$）和 V_B（$B_1, B_2, \cdots, B_n$）。

输出：两个凸多面体 V_A 和 V_B 的相交情况。

步骤一，根据两个凸多面体的顶点得到凸多面体 V_A 和 V_B 的中心 C_A 和 C_B；

步骤二，计算面集 F_A 和 F_B，获取面的外法向量 N_{Ak}（$k=1, 2, \cdots, n_1$）和 N_{Bk}（$k=1, 2, \cdots, m_1$），计算 N_{Ak} 和向量 $C_A C_B$ 的夹角集合以及 N_{Bk} 和向量 $C_B C_A$ 的夹角集合（用余弦值代替）。

步骤三，从面集 F_A 和 F_B 中筛选出夹角预选值集合的正值，并按照余弦值从大到小（也就是向量夹角的大小）将选择出的符合条件的面组成新的面集 $S_A = \{F_{Ak} \mid k=1, 2, \cdots, n_0\}$ 和 $S_B = \{F_{Bk} \mid k=1, 2, \cdots, m_0\}$，之后将两个集合 S_A 和 S_B 中的元素交替排列组合成一个面的数组 $S = \{F_k \mid k=1, 2, \cdots, n_0+m_0\}$。令 $i=1$。

步骤四，将凸多面体 V_A 和 V_B 的顶点沿数组 S 中的元素面 F_i 和 yoz 坐标平面的相交直线方向向 xoy 坐标平面作平行投影（如果 F_i 平行于 y 轴，则向 yoz 平面作正投影），分别计算得到的投影点集的凸包，得到 V_A 和 V_B 的在 xoy 平面上的投影多边形 P_{iA} 和 P_{iB}。

步骤五，计算两个投影多边形 P_{iA} 和 P_{iB} 是否相交。对两个多边形的边线段分别循环判断两个边线段是否相交，如果出现相交的情况则两个多边形相交；否则继续循环。直至循环结束那么两个多边形不相交。如果两个投影多边形不相交，令 flag=0，转到步骤七。

步骤六，如果 $i = n_0+m_0$，也就是将所有的准投影分离面已经全部判断完了，令 flag =1；否则，令 $i = i +1$，转到步骤四。

步骤七，如果 flag=0，将两个凸多面体不相交的结果输出；如果 flag=1，那么将两个凸多面体相交的情况输出。

如图 5-18 所示，是针对凸多面体冲突检测算法的流程图。

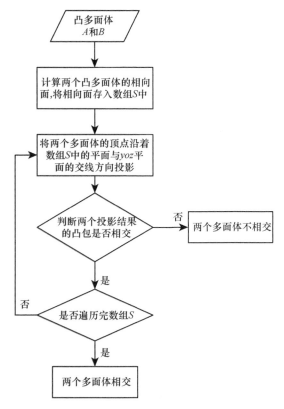

图 5-18　针对凸多面体冲突检测算法流程图

5.3　三维产权体的拓扑构建与拓扑维护

5.3.1　三维产权体的拓扑构建

1. 拓扑构建的流程

从三维拓扑重建的角度，三维拓扑分为内拓扑和外拓扑，内拓扑是单个三维实体的内部拓扑，即三维实体内的点、弧段、面元、表面等拓扑基元层次组合关系；外拓扑则指三维实体间的拓扑，即实体间公共点、公共线、公共面等拓扑邻接关系。已有的三维拓扑重建研究中，外拓扑的重建往往被忽视，很多研究仅针对简单规则的、结构一致的体，外拓扑是丢失的。三维地籍空间数据的拓扑自动构建算法，既需要构建体的内拓扑，同时也要构建体与体之间的外拓扑信息。

在介绍拓扑构建方法之前先分析一下非拓扑数据模型的一些特点：

（1）以体为单位组织数据，体的内拓扑是完备的，但体的外拓扑完全丢失，外拓扑是相邻体之间不存在公共拓扑几何元素（公共点、线、面等），因此存在大量的数据冗余，即相同的点、线、面，如图 5-19 所示。

（2）虽然三维产权体的权属空间是唯一的，相互之间不存在交集，但以体为单位的数据组织方式，体相互之间是独立的，但不能保证线与线，面与面之间不存在相交，重叠和包含的关系，如图 5-20 所示。

（3）数据的误差是难免的，因此就存在有缝的数据，需要在构拓扑之前排除这些误差造成的数据不一致的问题，如图 5-21 所示。

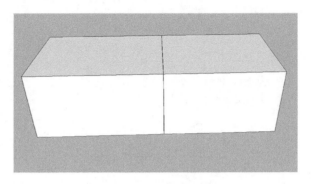

图 5-19　冗余的几何元素

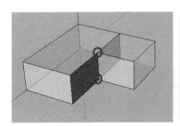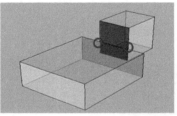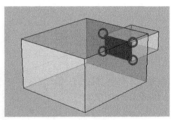

图 5-20　体外线、面相交

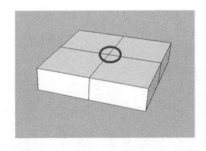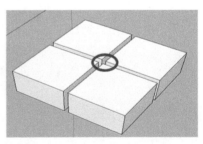

图 5-21　数据的误差

图 5-19 说明了数据的冗余问题，两个体相邻的面被重复存储，构面的线和点也同样被重复存储；图 5-20 说明体外的同维几何元素之间存在相交和包含的关系；图 5-21 说明了四个体之间原本没有缝隙，由于数据存在误差而产生了缝隙。

由此，拓扑构建的主要任务，即核心思想是去除冗余的点、线、面，打散具有相交和包含关系的几何元素生成新的线和面，最后构建体。

数据模型的三个特点也是此拓扑构建方法面临的复杂度依次加大的三种数据状态，分别讨论三种不同复杂度的数据状态下构建拓扑的方法。

三种不同数据状态的相同点是体的内拓扑完备，体的外拓扑完全丢失。

（1）假设数据只存在冗余的点、线、面，即原本是公共点、公共线和公共面在体与体之间被重复存储了多次。这种数据状态下，构建拓扑的方法是把重复的几何元素唯一化，用重复的几何元素中的任意一个去替换其他相同的几何元素，按照维数从低到高逐步替换，具体的算法如下：

> 首先获得坐标相同的重复点，用其中一点替换其他相同点。

> 点唯一化后，线的唯一化就相对简单，只需要判断首尾节点是否相同即可。

> 线同样的处理，判断构面的线集合是否相同。

通过以上三步的处理后，这种数据状态下构建拓扑的工作基本就完成了，按三维产权体的数据要求体是不能重复的，但是为了构建拓扑算法的完整性，把重复体的处理过程也加到算法中，判断构体的面集合是否相同，相同则把重复的体唯一化。算法结束后，图 5-21 两个体之间的重复面就变为唯一的公共面了。

（2）假设数据除了存在第一种情况外，还存在如图 5-20 所示的数据情形，在寻找公共点、线和面的工作前，首先要把图中的公共几何元素构建出来，原因如图 5-22 所示。

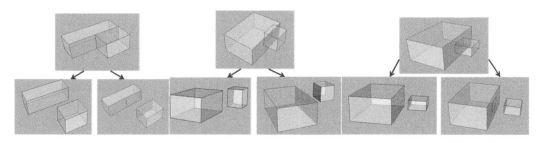

图 5-22　对相交或包含的面剖分

图 5-22 的前两种情况是面与面相交，第三种是面的包含关系，在图中分别阐释了这些面在剖分前后的形态。

图 5-22 只说明了面需要的预处理工作，但在处理面以前，首先还是要先对线进行处理，因为面相交必然存在线的相交，从图 5-22 也明显能看出线的关系。

按照维数从低到高对有相交和包含关系的线和面进行剖分的算法如下：

在执行此算法之前，假设第一种情况的拓扑是已经构建好的。

> 对所有参与构拓扑的线元素进行判交，如果有相交的线，采用计算几何的算法对其进行打断或者说剖分处理，同时更新这些线所在的面，这个过程中会产生新的点和线，但不会产生新的面。

> 线处理完毕后，对有相交关系和包含关系的面剖分，剖分的结果是公共部分被剖分成一个面或多个面，同时原始面除去公共部分外剩下的部分作为一个面。面的剖分算法也是对所有的面进行预处理，首先获取相互平行的面，再判断是否共面，对于共面的面再进行关系判断，相交或包含的面就进行剖分处理，剖分的结果中包含老面和新面的对应关系，其中公共部分在新面中是唯一的。

> 面剖分结束后，根据剖分的新老面的对应关系分别用新面去更新老面所在的体，同时要判断新面在所在体的方向，判断依据是新面的法向量和老面的法向量比较，如果新面与老面相同则方向同老面的方向也是相同的，反之则相反，又因为新面是唯一的，所以更新过程中拓扑亦然也就构建起来了。

　　这种数据状态下拓扑构建的算法总结为：把几何元素之间有相交和包含关系的公共部分剖分出来，为构建拓扑做好数据准备，最后构建拓扑。

　　在整个算法中要考虑数据精度的问题，因为在几何计算的过程中难免有数据精度的损失，为保证算法执行的正确性，必须要处理好这个问题。

　　（3）前面两种情况都是基于一种假设——数据是理想的，如果出现类似像图 5-21 所示的数据误差，那前两种情况构建拓扑的算法是不能保证正确执行的，因此需要对数据进行预处理，以便在执行两种算法之前保证数据的正确性和一致性。

　　在第三种存在误差的数据状态下，对数据的预处理采取了类似于上面介绍的两种技术，只是情况由二维的变为三维的。

　　在数据预处理完后，图 5-21 就反过来保持了数据的正确性和一致性。

　　最后总结，三种假设的数据状态在数据中都是存在的，因此拓扑构建的方法是三种情况的拓扑构建的总和，但不是简单的算法罗列，必须正确设计整个拓扑构建的流程，参照二维的拓扑构建，三维地籍空间数据的拓扑构建大体上包括如下 3 个步骤。

　　（1）三维融合，对处于容差范围内的元素进行合并处理，除重复的几何元素，使相同的几何元素唯一化。这一步骤和二维拓扑构建中的融合类似，主要目的是剔除重复元素，如将原本坐标相同的几个点的数据，由于数据采集或数值运算和存储的精度问题，在坐标值上却不完全相等，存储了几个不同的点；又或是两条重复的边，它上面的点都相同，这一步骤是消除此类的点，边，面。

　　（2）进行边与边的打断处理，面与面的分裂处理。这一步骤是将拓扑基元打断或分裂成最小单位，使得拓扑基元满足基本的拓扑规则以及三维地籍空间数据模型的约束，如边与边在空间中不能相交，相交的边需要在交点处打断。

　　（3）对这些离散的数据进行拓扑重构。搜寻出边，由边环绕构面，由面封闭而成体。

　　这 3 个步骤又可细分为更多的小步骤：

- ➢　三维点融合；
- ➢　三维边融合；
- ➢　三维面融合；
- ➢　边与边打断；
- ➢　面与面打断；
- ➢　搜寻拓扑节点；
- ➢　搜寻拓扑边；
- ➢　搜寻拓扑面；
- ➢　离散面自动构建体。

　　这些步骤相互间有一个顺序上和信息上的依赖关系，只有前一个步骤完成才能进行后一个步骤，后一个步骤的完成是需要依赖前一个步骤提供的信息的。而在任何两个步骤间还需要进行一个检查工作，检查工作是为了确保几何元素的正确性，比如由于点融合导致一条边的两个点合并了，那么此条边也不复存在；或者由于点或边的融合导致面退化成点或线，或者面上的点在空间上不共面了，此时需要将面删除或将面剖分成更小的部分。检查工作包括：

- ➢　检查边的两个端点是否重合。
- ➢　检查面上的所有顶点是否在空间上共面。
- ➢　检查面的面积是否为零。

上述这些算法的步骤均是在三维空间中进行，涉及三维空间的一些算法。

2. 三维几何元素的融合

进行融合算法介绍前，先介绍两个在二维拓扑构建中非常重要的基本概念，在三维拓扑构建过程中同样需要使用到它们。

1）resolution

可以参考 ArcGIS 中给出的空间参考（spatial reference）的 resolution 的概念。在二维的空间参考中，resolution 的概念是指一个元素类是记录地理要素的位置和形态的，而 resolution 则表达了这些地理要素的位置和形态在一个要素类中的具体细节。具体来说，它就是在要素坐标中能够按某一地图单位区分 x 坐标和 y 坐标的最小距离。举个例子，假设一个空间参考把 resolution 定为 0.01，则在 x 轴上的值如 1.22 和 1.23 就可以区分为两个不同的值而单独存储，而 1.222 和 1.223 两个值却不能作为两个不同的值而是被存储为 1.22，y 轴也是同样的原理，原因如图 5-23 所示。

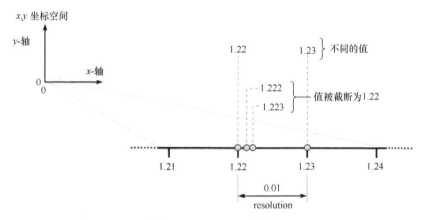

图 5-23　resolution 的定义

软件设计师都会考虑用精细的笛卡儿格网表达坐标，格网的大小就由 resolution 来决定。所有要素的坐标都是基于一个坐标系和已定义好的 resolution 来赋值的。网格的大小由 resolution 决定，而坐标值的精度依赖于网格，因此，resolution 的定义对生成的数据的坐标值精度是有影响的，因为所有坐标都要对齐到网格点上，图 5-24 是对网格和 resolution 关系的阐释。

三维坐标的预处理过程与二维坐标的原理是类似的，只是多了 z 轴方向的坐标处理。

2）tolerance

tolerance 也是空间参考中的一个概念，是在一个坐标系中两个坐标之间允许的最短距离，如图 5-25 所示。

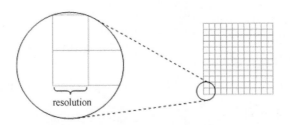

图 5-24　网格和 resolution 的关系

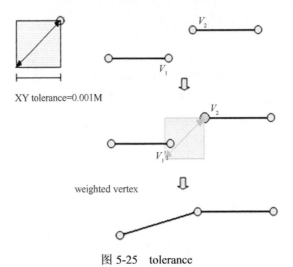

图 5-25　tolerance

resolution 是在数据生产过程中决定其数据精度的一个决定因素，而 tolerance 是在数据生成后，对数据误差的一种处理方法，是一个软件系统的数据误差处置能力要考虑的因素之一。

几何元素的融合是由低维到高维进行的，因为只有在低维的元素融合之后才能知道高维的元素是否能够融合。如两条边是否能够融合，取决于其两个端点是否相同，只有在点融合后才能判定端点是否一致。

按照设置的阈值构建相应的三维立体格网，然后按照点所处网格中的位置将三维空间中的点靠到最近的网格点上，具体示例如图 5-26 所示。

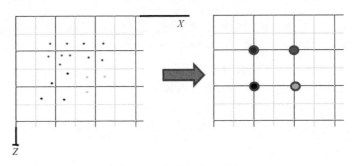

图 5-26　合并拓扑相同点

格网本质上是数值的精度，处理过程是先将点按照格网规定的精度进行四舍五入，例如如果设置精度为 0.1，坐标 4.657 按照 0.1 的精度进行处理得到的就是 4.7，坐标 8.6489 按照 0.1 的精度处理得到的就是 8.6。将所有点坐标进行这样的处理后再根据坐标值进行判断，哪些点属于同一个点，如图 5-26 左图中所有红色点都将拉到一个网格的端点上（右图中的红色大点），蓝色、绿色、黑色的点有类似的处理结果。

点融合算法：

```
FOR EACH POINT P1
    DO P1 = ROUND(P1);
END
FOR EACH POINT P1
    FOR EACH POINT P2
        IF P1 == P2
        P1 = P2;
    END
END
```

在点融合后，进行边融合就比较简单了，只需要判断两个端点是否相同。

边融合算法：

```
IF E1.BEGIN == E2.BEING AND E1.END == E2.END
    E1 = E2;
END
IF E1.END == E2.BEGIN AND E1.BEGIN == E2.END
    E1 = E2;
END
```

面融合在边融合的基础上，判断面是否相同，仅仅需要判断面上的边是否完全相同。由于面上边是有顺序的，边集完全相同时，若顺序相同则两个面完全相同，顺序相反时表明面的形态一样，仅仅是方向相反，面也可以融合。

面融合算法：

```
IF F1.EDGESET == F2.EDGESET
    F1 = F2;
END
```

3. 三维几何元素的打断与分裂

在进行拓扑元素融合后，需要进行拓扑元素的打断与分裂，具体来说需要进行边与边的打断，面与面的分裂。

三维空间中的边与边的打断不同于二维空间。在二维上，两条线段相交了，通过两条线段的直线方程联立求解就可以求取交点。三维空间中边打断的原因一般有两种，即部分重合和相交，如图 5-27 所示。

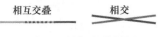

图 5-27　线打断的原因

　　另外三维空间中的通过两条线段的直线方程联立求解，可能不能求解出线段的交点，因为从数学上看两条线是不相交的，因此方程是无解的。但此时两条线段的距离很小，远小于容差值，这两条线段是需要打断的，如图 5-28 所示。左边的两条线段，先可以判断两线段是否共面，然后确定它们是否有交点，发现两线段上距离最近两点间落于同一个格网点上，当作它们有交点进行处理。它们两个线段的交点确定在两线段的中间，所以要将两线段剖分成四条线段，右图为剖分过的结果，新产生了一个交点。

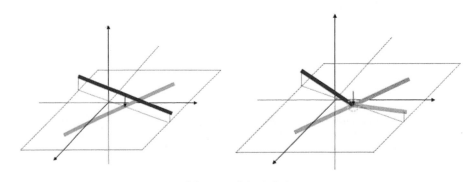

图 5-28　空间线求交

　　一般空间中线线求交的过程中，如果空间中的两条线段有交点，将该交点计算出来后，按照前面介绍的方法将交点归并到最近的格网点上，两条线段被剖分为四条线段。然后用新生成的线段迭代继续进行空间中线线求交的计算，直到没有线两两相交为止。

　　如图 5-29 中，线段 S 先与 S_1 相交，交点计算出为左边的红色点，离左边红色点最近的格网点为 N_3，所以 S 线段被剖分为 (N_1, N_3)、(N_3, N_2) 这样两条线段，同样 S_1

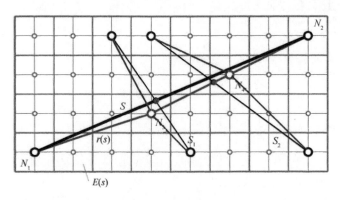

图 5-29　需要对数据进行预处理情况示意图

也被剖分为左边的两段蓝色线段。然后（N_3，N_2）这条线段又与S_2相交于右边的红色点，离右边红色点最近的格网点为N_4，所以（N_3，N_2）的这段线段又被剖分为（N_3，N_4）、（N_4，N_2）这样两条线段，同样S_2也被剖分为右边的两段蓝色线段。至此，三条线段求交之后为新生成的七条线段。

上面的求解过程看似无误，但实际上在某些极端情况下会存在一定的问题。

问题一，线段求交时遍历线段的顺序不同，会造成不同的求解结果。如图 5-30 中所示，按照前述方法进行求解，左图中 S 先与 S_1 求交再与 S_2 求交，右图中 S 先与 S_2 求交再与 S_1，左图中 S 与 S_1、S_2 的交点在原始线段的下方，右图中 S 与 S_1、S_2 的交点在原始线段的上方。这就造成求解顺序不同，结果不唯一，在某些条件下，这种情况是不能被允许的，因为这样会改变原始线段之间的拓扑关系。

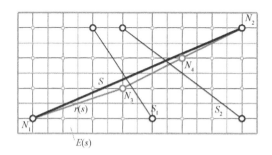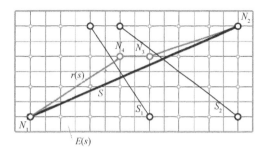

图 5-30　线段求交顺序不同造成不同求解结果

问题二，线的累积偏移。如图 5-31 所示，直线段 S 与垂线段 S_1、S_2、S_3 和 S_4 分别相交。求解时如果按照 S 先后与 S_1、S_2、S_3 和 S_4 的顺序求交，S 先与 S_1 求交，并将对应的交点归一到最近的格网点上，S 被分为较长的一条线段与较短的一条线段，将较长的线段再与 S_2 求交，将这个过程持续下去，最后得到的结果就如图 5-31 所示。很明显可以看出，如果这个过程持续下去 S 线段剖分得出的线段会越来越远离 S 本来的位置。

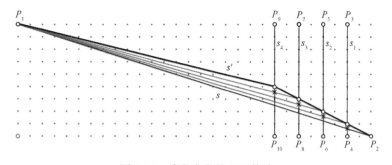

图 5-31　线段求交的累积偏移

问题三，没有考虑到三维拓扑需要，不应以相交为判断线段是否该剖分的条件。如前所述，构建拓扑前先要将所有的点归一到相应的格网点上，这意味着在进行线段求交前，线段都是有过轻微扰动的。在二维空间中线段端点的轻微扰动，不太容易改变两线段判交的结果，如图 5-32 中所示，线段被归结到格网点上后，虽然交点点位有改变，但是相交的线段仍然相交。

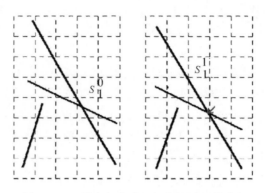

图 5-32　二维空间中线段相交情况不易改变

但是在三维空间中，两条相交的直线，端点稍微有一点扰动，就会变为不相交，如图 5-33 中所示，本来在平面上的两条直线中如果有一条轻微向上提起，就会造成线段不相交。

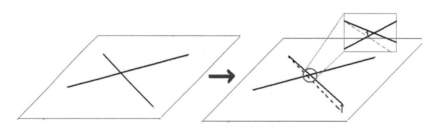

图 5-33　三维空间中线段相交情况较易改变

问题四，造成拓扑上的冲突。拓扑上造成的冲突是多种多样的，由于线段剖分后线段位置会有轻微改变，由此造成了各种各样的拓扑改变，例如本该不相交的线段变为相交。如图 5-34 所示，线段 a 与 c 本来不相交，但当 a 与 b 求交后交点位置有所偏移以后，新生成的线段就与 c 相交。

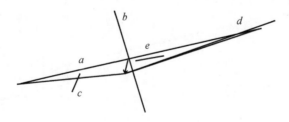

图 5-34　拓扑冲突问题

解决上述一些问题的方法如下：

方法一，0 阶（Zero-Order）求交方法能够避免上述的前两个问题，使其不会因为求解顺序不同产生不同的结果，避免线段求交造成的累积偏移。

0 阶方法核心思想就是记录剖分后线段的原始线段信息。线段的阶表示线段是由原始线段剖分的次数。0 阶线段又被称为根线段（原始线段），由 0 阶线段剖分一次产生的线段的阶是 1。如图 5-35 所示，S 为 0 阶线段，S_1、S_2 为 1 阶线段，S_3 和 S_4 为 2 阶线段。

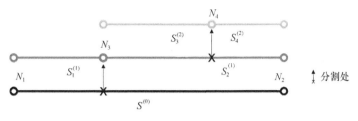

图 5-35　线段的阶

0 阶求交方法使用正在求交的线段的对应 0 阶线段，代替现在的线段来求解交点，使用此种方法能防止线段的累积偏移，并且求解结果不会因为求解顺序不同而产生不同的求解结果。被分割而产生的线段通过一个引用指向其对应的 0 阶线段。0 阶求交方法计算出与已经求解出的交点不同的独立交点来进行线段的进一步分割。图 5-16 中描述的情况使用 0 阶求交方法时得到的结果如图 5-36 所示，解决了前面所叙述的问题。

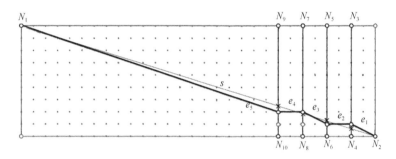

图 5-36　0 阶求交方法示例

方法二，引入新的空间判交准则，解决了前一节所叙述的第三个问题，符合拓扑构建的要求。在计算空间直线交点的时候，采用两空间直线上距离最近两点所对应的格网点来判断两空间直线是否相交，如果这两个点被归一到相同的格网点上，我们就认为两直线相交，交点就是被它们被归一到的格网点。如图 5-37 中计算出两空间直线间最近

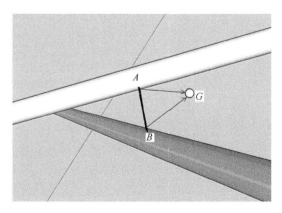

图 5-37　空间直线判交示例

的两点为分别为 A 和 B，离 A 最近的格网点和离 B 最近的格网点都是 G，就认为这两空间直线有交点，交点为 G。利用这种方法来判断直线相交不相交就可以解决前面所述的问题三，并且利用这种方法来判断二维平面上直线交点时，也不会与原方法冲突。

因此，三维空间中线段打断归结为两线段最小距离及最近点的求解。假设上空间上有两条线段，线段 1 上的端点为 p_1、q_1，线段 2 上的端点为 p_2、q_2，进行如下的推导。

设这两条线段的方向向量分别为

$$g_1 = q_1 - p_1 \tag{5-11}$$

$$g_2 = q_2 - p_2 \tag{5-12}$$

式中，v_1、v_2 分别为线段所在直线上的点；s_1 和 s_2 为参数，则两线段所在直线的参数方程可以表示为

$$v_1 = p_1 + s_1 g_1 \tag{5-13}$$

$$v_2 = p_2 + s_2 g_2 \tag{5-14}$$

则 v_1 到 v_2 的距离向量为

$$D = v_2 - v_1 = r + s_2 g_2 - s_1 g_1 \quad (其中 r = p_2 - p_1) \tag{5-15}$$

由此 v_1 到 v_2 的平方距离函数为

$$F(s_1, s_2) = d^T d = r^T r - 2 s_1 g_1^T r + 2 s_2 g_2^T r + s_1^2 g_1^T g_1 + s_2^2 g_2^T g_2 + 2 s_1 s_2 g_1^T g_2 \tag{5-16}$$

所以当满足以下两个条件的时候函数 $F(s_1, s_2)$ 取得最小值：

$$\frac{\partial F}{\partial s_1} = 0 \tag{5-17}$$

$$\frac{\partial F}{\partial s_2} = 0 \tag{5-18}$$

由此可以得到如下两个方程：

$$a_{11} s_1 + a_{12} s_2 = b_1 \tag{5-19}$$

$$a_{12} s_1 + a_{22} s_2 = b_2 \tag{5-20}$$

上两个方程中：

$$a_{11} = g_1^T g_1; a_{22} = g_2^T g_2; a_{12} = -g_1^T g_2; b_1 = g_1^T r; b_2 = -g_2^T r$$

这两个方程的克拉默决定因子为

$$D = a_{11} a_{22} - a_{12}^2; D_1 = b_1 a_{22} - b_2 a_{12}; D_2 = b_2 a_{11} - b_1 a_{12}$$

当 D 不等于 0 时，方程有解，如果解得 s_1、s_2 在[0，1]之间，说明距离最近点在两条线段的中间。根据 s_1、s_2 就可以求出线段上距离最近的两点。

但是有些特殊情况必须要考虑，如图 5-38（b）所示线段 S_1 求出的 s_1 将会为 1，线段 S_2 求出的 s_2 将会大于 1，这时需要求出 S_1 上离线段 S_2 上的 q_2 最近的点，并且发现它和 q_2 归一到相同的格网点上，所以它们有交点，且 q_2 即为交点，结果如图 5-38（a）所示。

除了上面所说的端点的情况需要特殊考虑以外，如果线段共线的时候也需要特别考虑，线段求交前先要判断它们的外包六面体是否有重叠，如果不重叠就肯定无交点。总

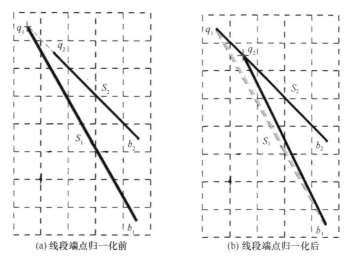

(a) 线段端点归一化前　　　　　　　(b) 线段端点归一化后

图 5-38　空间线求交中端点需要特殊处理情况示例

体的流程上，先要判断线段的这些特殊情况，然后再计算一般情况，因为一般情况的计算步骤较多会耗费更多的时间。

　　总结算法流程如下：

确定两线段共面
　　确定两线段平行
　　　　确定两线段共线（完全共线）
　　　　　　确定线段重合（不会出现这种情况，在点处理中已经避免）
　　　　　　确定共一个顶点（不处理）
　　　　　　确定一个线段包含另一个线段（处理，用短线段剖分长线段为两段{共一点}或者三段）
　　　　　　确定一个线段与另一个线段交错（处理剖分为三段）
　　　　确定两线段不共线（不处理）
　　两线段不平行(当作不共面的情况处理)
确定两线段不共面
　　　　确定两线段有交点
　　　　　　确定交点在两个端点上（不处理）
　　　　　　确定交点在某一个端点上（处理，用端点剖分其中一个线段）
　　　　　　确定交点在两线段中间
　　　　确定两线段无交点（不处理）

　　边与边打断操作后，需要进行面与面的分裂操作。面与面的分裂操作如图 5-39 所示，左边的黄色和蓝色面，它们有一块重叠区域，经过空间求交操作以后就变为右边的绿色、白色和橙色三个面。

　　三维空间中的面与面分裂处理与二维上的多边形算法没有本质区别，可以将三维空间中的面投影到平面上，在二维平面中进行处理，然后反算回三维空间中。此算法与一般二维平面多边形算法没有区别，这里不做介绍。

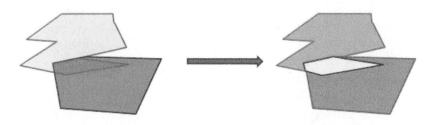

图 5-39　面与面分裂

4. 基于离散面的自动寻体

经过前述步骤后，所有空间实体为分裂完成后的面，打断后的线，最后一个步骤是在相互连接的离散面之中自动寻体。自动寻体的核心思想是根据面的方向寻找与初始面夹角最大或最小的邻接面。寻体的过程中不免要计算面的方向即面与它所在体的关系（体是面的前向体还是后向体），这里定义面的法向量指向体内则体是面的后向体，反之是前向体。

数据的特点：

➢　所有面都是通过公共边相互连接的；
➢　所有边都至少被两个面共享；
➢　除最外表面的面外，其他面都是公共面，寻体后被两个体共享。

自动寻体前，离散面都是相互连接的即无缝、没有悬挂面，从一个面通过公共边可以遍历所有与它邻接的面，因此可以从面的一条边出发找到共享此边的其他所有邻接面，然后计算此面与其他邻接面的夹角，按某一时针方向找到最大夹角和最小夹角的面，这两个面也许是同一个面，无论是否同一个面，寻得的面是与此面最近的邻接面，中间不会再有其他面存在。

假设 A 是初始面，由 A 和 A 上的一条边 a，寻找共享 a 的其他面，按逆时针计算与 A 夹角最大和最小的面，寻的是同一个面如图 5-40 中的面 B，如果不是同一个面，如图 5-41 中面 C 和 D。由此可见，计算夹角得到的面不管是面 B，还是面 C 和 D，与面 A 之间不再夹杂其他面，即面 B 或面 C 和面 D 是面 A 从两个不同的时针方向寻得

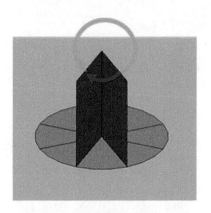

图 5-40　寻最邻近面为同一个面

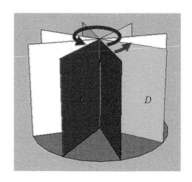

图 5-41　寻最邻近面为不同的面

的最邻近的面，但是在寻一个体的过程中，算法始终要保证是按同一个时针方向去搜寻最邻近的面，一个面从它正反两面分别去搜寻的时候，问题就转化为最大角和最小角的问题，这样有利于程序的实现，制定一个规则避免二义性。

在寻得最邻近的面的同时还需要解决面的方向的问题，规定面的方向由构成它的边的构造顺序决定，如图 5-42 所示，一个面的边的构造顺序是按照右手定则组织的，右手定则所指方向就是面的方向。

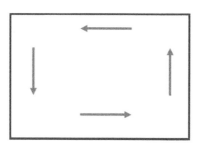

图 5-42　面的方向

假设已知一个面的方向和所有面的边的构造顺序，如何根据已知面的方向来计算与它邻接的面的方向，解决方法可以从邻接面的公共边入手，如图 5-43 所示，面 A 的方向已知为 1（与右手定则方向一致），面 A 与面 B 的共享边为边 a，边 a 的两个端点为点 n_1 和 n_2。在面 A 中边的构造顺序为 $b—a—c$（只关心公共边 a 的前后边的构造顺序），边 a 和边 b 的公共点为点 n_2，边 a 和边 c 的公共点为点 n_1，基于三条边的构造顺序，在

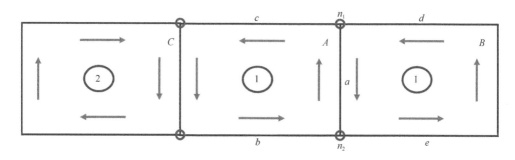

图 5-43　由已知面计算邻接面的方向

面 A 中定义点 n_2 为边 a 的起始节点，点 n_1 为终止节点。同样的，在面 B 中，点 n_1 变为边 a 的起始节点，点 n_2 变为终止节点。由图 5-43 我们可以看出面 A 和面 B 按某一时针的方向是一致的，在算法中的判定方法就是判定公共边 a 在面 A 定义的首尾节点与在面 B 定义的是否是一样的，如果相反，则两个面的方向是一致的，如面 A 和面 B；如果首尾节点的定义是相同的，那么两个面的方向是相反的，如面 A 和面 C。

基于此种方法就可以根据一个已知面的方向来计算邻接面的方向。

按这种方法，遍历面的所有边可以得到按同一个时针方向与面最邻近的所有面，找到的邻近面进行同样的计算，可再得到这些面的最邻近的面（也是按照同一个时针方向），当然也会把以前搜到的面再次被搜到，这里只需要把重复搜到面排除掉就可以了，这样不断地搜索下去，直到不会有新的面被搜到，就是一个体被寻找出来的终止条件。这是一种广度优先的方式从一个起始面开始不断搜索的过程，直到一个体的面被全部搜寻到为止。

如图 5-44 所示，广度优先搜寻体初始从一个面开始遍历它的四条边，找到四个最邻近的面，从这四个面再找，直到找到最后一个面，即搜寻一个体算法的终结，一个体就被搜寻到。

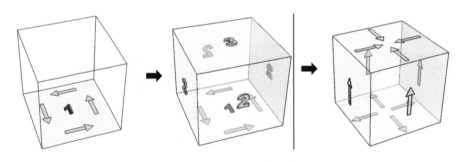

图 5-44　广度优先搜寻体

假设刚才搜寻一个体用到的面都是公共面，那么它们也是另一个体的一部分，当在搜寻这些体的时候，这些面又会出现在算法的搜寻过程中，不同的是，这次用的面方向正好与上次相反，那么计算夹角找最邻近的面时，夹角也是相反的，第一次用最大夹角，第二次就要用最小夹角。如图 5-45 制定一个规则，已知面 A 以及公共边 a 和共享边 a 的一系列邻接面，由面 A 的正面（Af）寻到最邻近面为面 B，由面 A 的反面（Ab）寻到的最邻近面为面 C。根据面 A 的方向 Af（Af 表示面 A 的正向，Ab 表示面 A 的反向），确定边 a 的首尾节点，由首尾节点确定一个向量，把它定为向量 $a\bigcirc^?a$，由图 5-45 第一个幅图可知向量 $a\bigcirc^?a$ 的方向与边 a 首尾节点的方向是相反的，把向量 $a\bigcirc^?a$ 的方向作为右手定则的方向，由第二幅图（第一幅图的俯视图）可以看出是按逆时针的方向寻找夹角最大的邻接面 B，当由面 A 的反面（Ab）寻找最邻近面 C 时，是按右手定则寻找夹角最小的邻接面。

总结此规则如下：

➤　所有邻接面共享的边 a 的方向由初始面 A 的正方向确定；

➤　初始面的正面或反面寻找最邻近面时，都按公共边的方向即向量 $\vec{a}$ 的方向作为右手定则的方向寻找最邻近面；

> 正面 Af 寻找最邻近面要找夹角最大的，反面 Ab 寻找最邻近面要找夹角最小的。

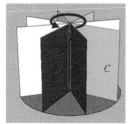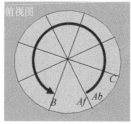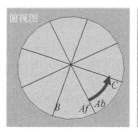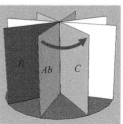

图 5-45　正反面寻最邻近面

制订此规则的目的是每个公共面在自动寻体的过程中都会被使用两次，每次作为初始面去寻找其他邻近面时，寻面的规则就按照此规则进行以避免二义性。

计算两个面的夹角在数学上一般都演化为计算两个面法向量的夹角，但因为向量之间的夹角范围是 0°～180°，对于范围超过 360° 的夹角是不适应的，因此本书采用了投影的方式，把面的法向量投影到二维平面的直角坐标系中求最大角和最小角。

投影找邻近面的方法如图 5-46 所示，假设是由面 f_4 的正面寻最邻近面。

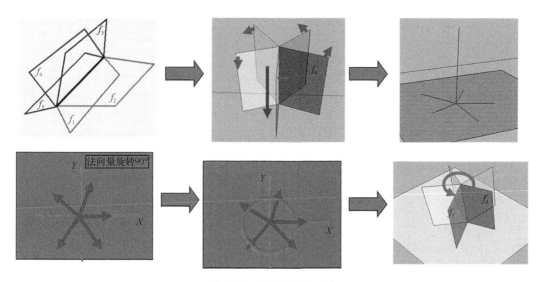

图 5-46　计算夹角的大小

投影规则如下：

> 以公共边作为投影轴，以面 f_4 的正方向确定的公共边的方向为投影方向，其实相当于一次三维坐标转换。首先构造一个局部三维坐标系，局部三维坐标系的 z 轴方向是公共边的方向，面 f_4 的法向量方向作为 y 轴方向，z 轴与 y 轴叉乘得 x 轴方向，以公共边的起始点作为原点，依照此局部坐标系构造一个坐标转换矩阵，把绝对坐标转换为局部坐标后，忽略 z 坐标，只关心 x 和 y 坐标，就得到投影后的二维平面坐标；
> 在二维平面坐标系中处理向量之间的夹角，以 x 轴为界对上下两个半空间分别

处理就解决了向量夹角范围的问题，最后就可以求得 f_4 正面的最邻近面 f_5。

按照上面的方式寻体有一个特点是每一个公共面都会被用到两次，但是并非所有的面都是公共面，非公共面在整个寻体过程中只会被用到一次，可能是正面或反面，如果被用到两次，寻得体的结果是不正确的。这些被用过一次的面是整个相互连接的离散面构成的整体的最外表面的那些面，只有这些面是被用过一次的，如图 5-47 所示。

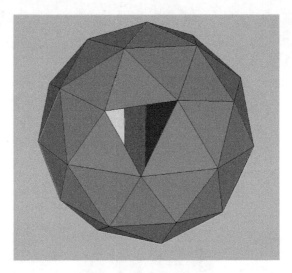

图 5-47　体的最外表面

图 5-47 是在寻体试验过程中的一个结果（为了看到内部结构，一个外表面被隐藏了），此结果是没有排除最外表面被用过一次的情况，假设了所有面都被用过两次，结果是最外表面的所有面构成的一个大体也被搜寻出来作为一个体，这确实是一个体，但这个体在三维地籍权属空间中是不存在的，因为它的内部还有其他体的存在，这与无交集的要求是矛盾的，因此是一个不正确的体，需要在算法中排除这种情况。

排除此种情况就要把所有的外表面首先找出来，在寻体过程中遍历到外表面时只需要用一次就可以了，但还需要解决最外表面的所有面的方向的问题，因为前面已经介绍基于面的正反面寻夹角的大小是不同的，如果面的方向不确定，找邻近面是不能进行的，因此寻最外表面的面就归结为两个问题，即找出最外表面的所有面和获得每个面的方向。

前面已经介绍已知一个面和它的方向求它的最邻近面和面的方向，求最外表面的所有面是一样的，只是求最邻近面的过程与寻体的过程是相反的，正面求夹角最小的面，反面求夹角最大的面。因此，只要求得一个外表面片和它的方向，其他外表面片可以基于第一个外表面片全部寻得，这其实也是一次寻体的过程，只是寻的是最外包的体。

现在问题就变为如何求第一个外表面片和它的方向（指向最外包体的体内还是体外），找第一个外表面片有一个规则，求第一个外表面片的方向决定了如何求第一个外表面片，类似于求二维平面一个简单多边形所在平面的法向量，首先必须求位于多边形上的一个凸点，求得的平面的法向量才是正确的，求得的第一个外表面片也必须位于最外包体的凸包上，原因如图 5-48 所示。

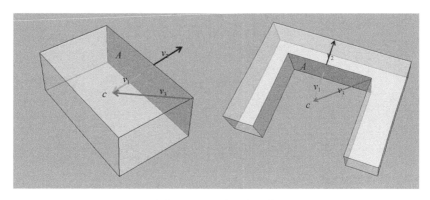

图 5-48　寻最外表面片

求面的正方向是指向体内还是体外的方法是：作面上任意一点（图中取了面 A 的一条边上的端点）到最外包体的几何中心点 c 的向量 v_3，判断面的法向量与 v_3 的夹角是大于 90°还是小于 90°，假设面的方向是 v_1，则 v_1 与 v_3 的夹角显然小于 90°，因此面的方向是指向体内，如果面的方向是 v_2，则刚好相反，但是这种算法是基于一个假设的前提条件：面 A 是位于最外包体的凸包上如图 5-48 的第一幅图，类似于二维多边形的凸点，如果不是位于凸包上，如图 5-48 的第二幅图，则计算结果正好是相反的，是不正确的，因此求第一个外表面片以及方向时一个很重要的前提是这个面片必须位于最外包体的凸包上。

如何求位于凸包上的外表面片，前面说了算法类似求二维多边形的凸点，求距离最外包体的几何中心点最远的那个面一定是在最外表面的，而且是位于凸包上的。

至此描述了整个自动寻体算法的主要流程，算法中涉及的两个终止条件及收敛条件：第一个是搜寻一个体结束的条件，在前面已经提到，即没有新的面被搜寻到；第二个是整个算法终止条件，即除了最外表面外的共享面都被算法遍历了两次，最外表面的面只被遍历一次。

最后整个算法的过程如图 5-49 所示，总结如下：

（1）求第一个位于最外表面的凸包上的面及方向。

（2）基于第一个外表面片求出其他所有最外表面的面及方向。

（3）按照核心思想遍历每一个面，从广度优先寻到一个体，终止条件是不会有新的面再被寻到。

（4）整个算法的终止条件是除最外表面以外的其他面都被遍历过两次。

到此拓扑构建的算法描述完毕。

5.3.2　合并与分割算法中的拓扑维护

在二维宗地的管理中，宗地的合并和分割不可避免，同样在三维宗地的管理模式下也需要充分考虑宗地的合并和分割，同时对合并和分割后的局部拓扑维护也是一个挑

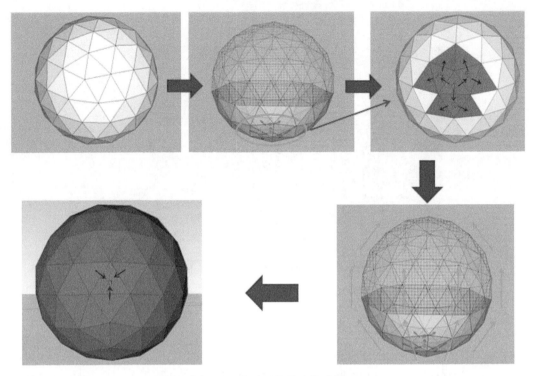

图 5-49　自动寻体的总体过程

战。本节基于前面拓扑构建的基础上介绍三维宗地的合并和分割以及拓扑维护的算法。拓扑构建好后，分割、合并产生的新的拓扑元素需要与已存在的拓扑元素保持拓扑一致性。

　　为了方便算法的描述，给出一个简单的数据结构，在此数据结构上给出算法。在此结构中，有顶点记录、边记录、面记录和体记录四种类型的记录。

　　顶点记录：记录该顶点的坐标信息，三维空间中的坐标由三元组 (x, y, z) 表示（用 Coordinate 表示）。

```
structure Vertex
{
c: Coordinate;
};
```

　　边记录：一条边由两个顶点限定，这里虽然采用有向边的表达方式（org，dest），但这里边是无向的，边的方向并不重要。

```
structure Edge{
    org: Vertex;
    dest: Vertex;
};
```

面记录：包含构成该面的边的集合，这里规定构成面的边集合中的边是有顺序的，该顺序决定了面的方向（按右手定则）。另外包含了两个体的引用，分别是它的正方向和负方向的体，如果该方向不存在体，此属性为空。为了一致地处理（不需要每次都判断此属性是否为空），在实践中可以采用一个特殊的体来表示整个外界三维空间，此时该属性可以指向这个特殊的体。

```
structure Face{
    edges: set<Edge>;
    pbody: Body;
    nbody: Body;
};
```

体记录：记录构成该体的面的集合。

```
structure Body{
    faces: set<Face>;
};
```

这里不同于前面的基于边的结构，这里的面记录和体记录均包含一个集合（用 set 表示），面记录中的集合是有序的，该顺序决定了面的方向，而体记录中的集合是无序的。

1. 访问函数

给定一个顶点 v，一条边 e，一个面 f 和一个体 b，可以很容易判断它们之间的关系；判断一个顶点 v 是否在边 e 上，只需判断边 e 的两个顶点是不是 v。算法如下：

```
IsVertexOnEdge(Vertex v,Edge e)
if e.org = v or e.dest = v then output true;
                else output false;
```

判断边 e 是否在面 f 上，只需检查面 f 的边集合是否包含 e。算法如下：

```
IsEdgeOnFace(Edge e,Face f)
if e in f.edges then output true;
                else output false;
```

判断面 f 是否在体 b 上，只需检查面 f 的 PBody 和 NBody 是否为 b，这样算法的时间复杂度为常数。当然也可以通过检查集合 b.faces 中是否包含面 f 来实现，而此时的时间复杂度不为常数。

```
IsFaceOnBody(face f,body b)
if f.PBody = b or f.NBody = b then output true;
                    else output false;
```

判断顶点 v 是否在面 f 上，此算法需要依靠前面的 IsVertexOnEdge 算法，针对面 f 上的边集 f.edges 中的每一条边，运用 IsVertexOnEdge 来判断该边与顶点 v 的关系，只要有一条边和顶点 v 有关联，则顶点 v 在 f 上，否则顶点 v 不在 f 上。判断顶点 v 是否

在体 b 上或者判断边 e 是否在体 b 上，均可以采用类似的方式，依托上面的算法实现。

对于查询两个面是否相邻，这里可以细分为共一个顶点和共一条或多条边。对于共顶点可以通过比较两个面的顶点集合中是否有相同顶点来实现，对于共边，判断顶点集合中是否有相邻的两个顶点相同来实现。注意这里相邻顶点的顺序不要求一致。此算法在具体的数据结构中容易实现。

对于查询两个体 a、b 是否相邻（假定 a，b 共一条边时不为相邻关系，要判断这种关系也比较容易实现，通过比较 a、b 中的面是否有共边的关系即可），可以遍历体 a 的所有面，判断每一个面的另一个邻接体是否为 b，来得出结论。

算法如下：

```
IsBodysConnected(Body a,Body b)
foreach (Face f in a.faces)
        if f.pbody = a then
                if f.nbody = b then return true;
        else
                if f.pbody = b then return true;
        return false;
```

在对体进行可视化或度量计算时，需要得到它的几何信息，这个数据结构获取几何信息是直观且直接的。对一个体结构而言，直接包含了它的面的集合，面又包含了顶点的集合，因此可以很容易地得到该体的所有面，以及所有的顶点。这里由于面的方向是固定的，面的方向在它所属的一个体中为朝向体外，那么在它所属的另一个体中（一个面只能被两个体共享），面的方向是朝向体内的，在对体进行可视化时，面的方向是非常重要的；而体的信息中仅仅包含了面的集合，它无法保证这些面的方向是朝向体内的，或者说无法获得这个信息，这时就需要靠面的 pbody 和 nbody 两个属性来判断了。如果一个体 b 中的面 f 满足 f.pbody = b，则面 f 的方向是朝向体内的；如果满足 f.nbody = b，则面 f 的方向是朝向体外的。

对于类似找出顶点 v 所属的所有的边和找出边 e 所属的所有面的查询，时间复杂度将比较高，它需要搜索面的集合才能实现。但此类查询在后续算法中并不需要。

对此数据结构存在几个约束，需要相应的方法来验证。由于对面和体的表达均是通过一个集合实现的，对这个集合是有一定的约束的。面是由一系列的边构成的，需要保证这一系列的边是依次首尾相连，并构成一个环，由于我们限定面必须是一个三维空间中的平面多边形，所以构成面的所有边或者说所有顶点都必须是共平面的。同样，对于体而言，是由一系列的面构成，必须保证这些面能够围成一个封闭的多面体，并且没有游离的面。

对于面的验证，有两点，第一，能够首尾相连，构成一个环。第二，所有顶点共平面。前者是一个拓扑验证，后者是一个几何验证。拓扑验证不需要涉及具体坐标系统和坐标值，几何验证需要有具体的坐标系统和坐标值，进行几何运算获得。对于点集是否共面，即第二点，很容易达到，任取不共线的三个顶点可以确定一个平面，然后计算其他顶点到此平面的距离，若距离小于一个阈值，即可认为这个顶点是共面的，否则不共面。对于第一点的验证为每两条相邻边必定共一个顶点，对并且每一条边而言，它与前一条边所公共的顶点不同于它和后一条边所公共的顶点。

对于体而言，它是由一系列的面构成，如何知道这些面能否构成一个封闭的区域呢？单纯从几何上考虑这个是很困难的。具体地针对我们的模型，由于公共顶点和公共边没有重复存储，这里有一个简单的验证方式，对一个封闭的体而言，每一条边只会被构成这个体的所有面共享两次，这也是 3-伪流形的本质所决定的。因此这里的验证方法是将构成体的每一个面的所有边均放入一个集合，那么此集合中的每一条边在集合中均刚好出现两次。还有一个问题，如果一个体的面集中的面，恰好能构成两个或多个互不邻接的多面体（虽然这种情况不多见），那么它也满足此验证条件。因此，对验证还需附加一个条件，即从体中任何一个面出发，以广度优先的顺序搜索相邻面，必定能找到构成体的所有面。这个条件限定了只可能有一个多面体，结合上面的验证方式，能解决体封闭的验证问题。

2. 体合并算法

合并具体算法描述如下：

（1）首先去除两个体的公共面；

（2）公共边所在的面如果共面也需要合并，公共边去除，但合并之前需要判断两个合并的面是否也是与其他体（非合并体）共享的面，如果是则不能合并，合并的面要记录合并前后新老面的对应关系；

（3）公共点所在的边如果在一条直线上也需要合并，可合并的预判条件是这些边是位于已合并面上的边，同时记录新老边的对应关系；

（4）根据新老面和新老边的对应关系更新维护数据库的局部拓扑，并在数据库中记录新老体的对应关系。

合并涉及三个特殊情况需要考虑，保证算法的完备性。

1）多个面、多条线合并

出现多个面、多条线合并的情况，而并非只有两两合并的情况，其处理方法类似多个体合并转为两两合并，如图 5-50 所示。

 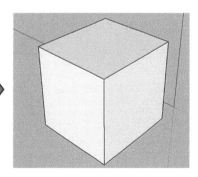

图 5-50　多面、多线合并

2）"锁形体"合并。

所谓"锁形体"是指原本没有洞的体合并后有一个或多个洞，如图 5-51 所示。

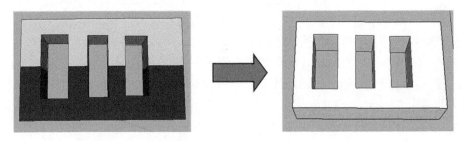

图 5-51　"锁形体"合并

"锁形体"的特殊之处在于没有环的面合并后会产生多个环，多个环需要识别出最大的环作为面的边界，其他环都是面的内环（岛），识别最大环的方法之一可以考虑使用每个环的矩形外包。

3）需要合并的两个面在另一个体中。

在判断两个面是否可以合并时，前面介绍除了判断两个面是否共面外，还需要判断合并的面是否有其他体共享，如果共享就不合并，但有一种特殊情况就是两个合并面都属于同一个非合并体，这种情况下两个面是要合并的，多个面的情形同样是转为两两合并。如图 5-52 所示。

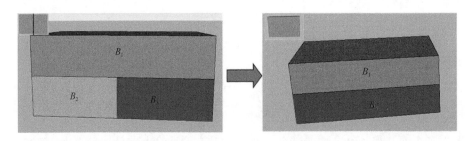

图 5-52　同体面合并

下面进行具体的分析，当两个体公共一个以上的面时（图 5-53），才能将它们合并，合并的结果是形成一个新的体，而原来的两个体将被删除。

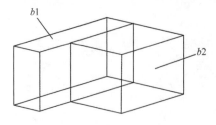

图 5-53　两个共面的多面体

体合并的过程包含查找公共面，删除公共顶点、边和面（如果需要），生成新的体三个过程。假设被合并的两个体为 *b*1 和 *b*2；查找公共面：即查找集合 b1.faces 和集合 b2.faces 中，同时存在的面。或者说查找这样的面，它的一边的体为 *b*1，另一边的体为 *b*2。按后者进行效率较高，实现方式如下：

```
set<Face> commonFace;
foreach(Face f in b1.faces)
if (f.pbody = b1)
then
        if (f.nbody = b2) then add f to commonFace;
else
        if (f.pbody = b2) then add f to commonFace;
```

这样便可以获得体 *b*1 和体 *b*2 的公共面集合。

删除公共顶点、边和面，两个体合并后的结果应该如图 5-54 所示。

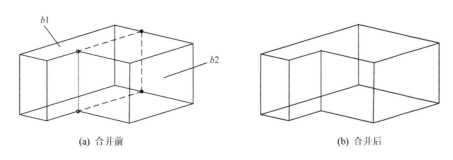

(a) 合并前　　　　　　　　　　　　　(b) 合并后

图 5-54　两个体的合并

图 5-54（a）中黑色虚线的边表示需要被删除的边，黑色的顶点表示需要被删除的顶点，红色表示不能被删除的顶点和边。图 5-54（b）是最终结果。如何确定是否删除公共面时怎么确定公共面上的边和顶点，参考如下几种情况

图中黑色虚线是合并时可以被删除的边，黑色顶点是可以删除的顶点。红色边和红色顶点是需要被保留的。

同样是合并两个体，根据周围邻接体的情形，公共面上的顶点和边可能需要删除，或者不允许删除。图 5-55 列出了几种典型情况：图 5-55（a），红色的边和红色的顶点是不可被删除的，原因是红色的边不仅仅由下面两个体所共有，同时还是上面体的一

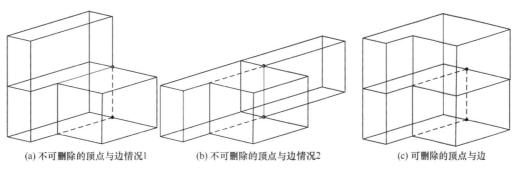

(a) 不可删除的顶点与边情况1　　　(b) 不可删除的顶点与边情况2　　　(c) 可删除的顶点与边

图 5-55　多面体合并的几种情况

部分，如果将红色的边删除，将会导致上面的体不完整。对红色顶点而言也是一样。图 5-55（b）的情形和图 5-55（a）的一样。关于图 5-55（c），第二层的体本身就是一个整体，而第一层原来是分开的，现在需要将它们合并，可以发现，合并后虚线边和黑色的顶点均可以删除。

通过对各种不同的情况的比较分析，可以归纳出删除的原则。对于公共面上的一条边，如果这条边除了公共面之外仅仅属于两个面（注意这里是两个面，不是体），那么该边"可能"被删除，否则该边必须被保留。这一点可以通过对图 5-55 几种情况分析得知。红色边是不能删除，很明显红色边除了公共面之外还至少属于 3 个面，而黑色虚线的边除了公共面之外仅仅属于另外两个面，因此可以被删除。注意删除一条边并不意味着它的两个顶点可以被删除，但保留一条边时，它的两个顶点一定要被保留。前面说到该边"可能"被删除，这里为什么是可能呢？

参考图 5-56，红色的边除了公共面外仅仅属于两个面，按上述评判规则它可能被删除，但红色的边却没有被删除，这里一条"可能"被删除的边到底是否会被删除，取决于它所属的两个面（除开公共面）是否是共平面的，共平面时可以删除该边，这样两个面将融合成一个新的面，否则该边不能删除。图中红色边所属的两个面（除开公共面）由于不在一个平面上，因此该边是不能被删除的。当边可以被删除时，其所属的两面将被合并。

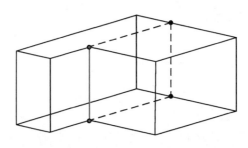

图 5-56　边删除的情况

对于公共面上的顶点，有类似的规则。如果该顶点除了公共面上的边之外仅仅属于另外两条边（注意这里是边，不是面或体），则该顶点"可能"被删除，否则该顶点需要被保留。上面图形中的黑色顶点均是"可能"被删除的类型。同样，这里也用了"可能"，"可能"被删除的顶点需要做进一步的判断，如果该顶点属于公共面上一条不能被删除的边，则该顶点不能被删除，这一点和前面边删除中的情况对应，即一条边被保留，它的两个顶点一定要被保留。否则如果该顶点所属的两条边（除开公共面上的边）是共线的，则该顶点可以被删除，否则该顶点不能被删除。在顶点可以被删除时，它所属的两条边被合成为一条边。

生成新的体只是对此阶段任务的概括，此阶段其实还包括其他很多的操作，这些操作是否必须是由具体的情形决定的。

在确定了公共面上哪些顶点和边可以被删除的同时，也确定了哪些边和面需要被合并。

　　每删除一个顶点就涉及两条边的合并，这两条边的合并同时会牵涉到所有包含这两条边的面，需要对这些面进行更新，将这些面中原来的两条边替换成新生成的边。

　　每删除一条边就涉及两个面的合并，面合并了，也会牵涉到包含了被合并面的体，它们也需要被更新，用新生成的面替换被合并的面。

　　最后，合并两个体，涉及原来两个体中的面的 nbody 或 pbody 属性的更新，使得对应的属性值为新生成的体。

　　根据前面的讨论，在确定边能否删除后才能确定顶点是否能被删除，因此实施的次序是先删除边，合并面，然后再删除顶点，合并边，并进行相应的更新操作，最后合并两个体。

　　删除边合并面的前提是两个面是共平面的，只需要判断一个面上的三个不共线的顶点是否都在另一个面所在的平面上即可，因为面本身是处于一个平面内的。这个判断过程属于纯粹的几何算法，不做过多的讲解，可以参考计算几何相关数据。这里假定已经确定了两个面是共平面的，这样所需的工作就是删除边合并面，假设需要合并的面为 $f1$, $f2$：

$$f1.\text{edges} = \{ei1, ei2, \cdots, ein\} ;$$

$$f2.\text{edges} = \{ej1, ej2, \cdots, ejm\} ;$$

　　由于面的方向是由构成它的边的顺序所决定的，因此这里边集中的边的顺序是很重要的，合并后的面的边集也需要保持某种顺序，这样面的方向才能确定。虽然 $f1$ 和 $f2$ 是共面的，但它们的方向不一定相同，即法向量可能是相反的。如何知道两个面的方向是相同还是相反的呢？第一，可以采取几何方法，求取面的法向量，然后比较。第二，采用拓扑的方法，如果满足：f1.nbody = b1 and f2.nbody = b2；或者满足 f1.pbody = b1 and f2.pbody = b2；则两个面的方向是一致的，否则是相反的。下面的算法中我们假定面方向是一致的，如果方向不一致，我们可以将集合 f2.edges 中的元素反向排列，使面反向，即使得 f2.edges 为{ ejm，ejm-1，…，ej2，ej1}；

　　假设公共边 e = eix = ejy；这样合并后的面 f 的边集为：f.edges = {ei1, ei2, …, eix-1, ejy+1, ejy+2, …, ejm, ej1, ej2, …, ejy-1, eix+1, eix+2, …, ein}；

　　相当于将 f2.edges 中的所有元素插入到 f1.edges 中公共边 e 的位置，其中 f2.edges 中的元素的排列方式为从公共边 e 的下一条边开始，循环到公共边 e 的前一条边截止。这样做是为了保证新生成面的方向和之前面 $f1$ 的方向一致，对于新面 f 而言，需要设置其 nbody 和 pbody 域，方法如下：

if f1.nbody = b1 then f.nbody := b; f.pbody := f1.pbody;
else f.pbody := b; f.nbody := f1.nbody;

　　此时删除了公共边，并且合并了相应的面，最后需要对同时包含 $f1$、$f2$ 的体进行更新，将这些体的面集中的 $f1$、$f2$ 去掉，替换成新生成的 f。这个过程需要搜索所有和 $b1$、$b2$ 相邻的体，判断这些体的面集合中是否包含 $f1$、$f2$，如果有则用 f 替换 $f1$、$f2$。

　　对删除边合并体的所有操作总结如下：

（1）判断边是否能被删除，如果不能删除则结束。

（2）删除边，合并该边所属的两个面。

（3）更新相关的体（这些体的面集合中包含了被合并的两个面），用新生成的面去替换被合并的面。

删除顶点并合并两条边的过程和删除边的类似，这里直接给出操作步骤，然后再讨论算法：

（1）判断顶点是否能被删除，如果不能删除则结束。

（2）删除顶点，合并相邻接的两条边。

（3）更新相关的面（这些面的边集合中包含了被合并的两条边），用新生成的边去替换被合并的边。

步骤（2）中的算法涉及三个参数，顶点 v 以及两条边，这两条边是除了公共面上的边之外，仅有的两条包含顶点的 v 的边。假设之前已经进行了两条边是否共线的判断，这个算法很简单，即判断三点是否共线，属纯粹几何算法，我们关注此数据结构本身的操作。首先找出合并后新生成的边的起点和终点，然后依据这两个顶点创建一个新的边，最后删除原来的两条边以及顶点 v。算法如下：

```
Delete_Vertex(Vertex v,Edge e1,Edge e2)
if e1.org = v then org := e1.dest;
              else org := e1.org;
if e2.org = v then dest := e2.dest;
              else dest := e2.org;
Create a new Edge e0;
e0.org := org;
e0.dest := dest;
delete Vertex v;
delete Edge e1,e2;
```

步骤（3）需要搜索所有和边 $e1$、$e2$ 关联的面，用新生成的边 $e0$ 替换这些面的边集合中的 $e1$、$e2$。

最后进行体合并，删除体 $b1$、$b2$ 的记录，生成新的 b。b 的面集为 $b1$ 和 $b2$ 的面集的并集，去掉公共的面 commonFace。即为 a.faces $\cup$ b.faces $-$ commonFace。然后需要更新这些面的 nbody、pbody 域，将指向原来体 $b1$、$b2$ 的引用均替换成 b，算法如下：

```
UpdateRef（Body b)
foreach(Face f in b)
if f.nbody = b1 or f.nbody = b2 then f.nbody := b;
if f.pbody = b1 or f.pbody = b2 then f.pbody := b;
```

到此介绍了体合并过程中的主要步骤和关键算法，整体上将此算法分成 3 个部分，是为了方便讨论，实施时需要根据所采用的编程语言和基础数据结构（集合类数据结构，如数组、链表、堆、栈等）进行相应调整。

3. 体分割算法

分割是针对一个体的分割，被分割为两个或多个体，算法描述如下：

（1）首先设定切割面，对体进行自动切割。

（2）对切割后的体进行自动寻体。

（3）自动寻得的新体与老体比较，寻找切割前后新旧拓扑元素的对应关系。

（4）根据新旧拓扑元素的对应关系更新维护数据库中的拓扑，并在数据库中记录新老体的对应关系。

分割要考虑的一种特殊情况是"蜈蚣体"的分割，所谓"蜈蚣体"如图 5-57 所示，

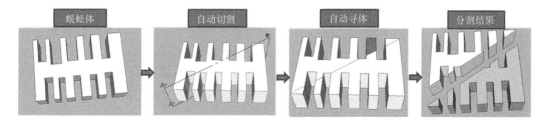

图 5-57　"蜈蚣体"的分割

体分割是一个复杂的过程，涉及分割的方法和方式，如用一个平面去切割体，或者从某个方向上按体积 4∶3 将体分割。这里讨论的重点是拓扑维护的算法，排开对几何问题的讨论，假定分割时，具体的分割点已经确定，研究拓扑维护所涉及的操作。

图 5-58 表示了一个体分割的典型例子，体分割的情况多种多样，这里我们先考虑简单的情形，复杂的情况均可以通过简单的情形扩展解决。不管是用几何面去分割，还是其他指定约束条件的分割，最后均可以得到分割点的位置，故算法以此为起点。此算法涉及的步骤有：①边分裂，通过插入顶点，将一条边分裂成两条，此时还需要更新此边所属面，用新生成的两条边替换原来的边；②生成新的边，并将原来的面分裂，此时还需要更新此面所属的体，用新生成的两个面替换原来的面；③生成新的面，将体分裂，一个体分裂成两个（或多个）体，收集合适的面构成新的体，此时还需要更新所涉及的面，使得面中 nbody 或 pbody 指向分裂后新的体；

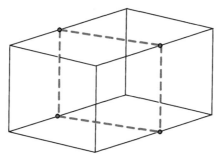

图 5-58　一个体的分割

下面依次介绍每一步骤的关键算法：

步骤一，插入新的顶点，将边一分为二，如图 5-59 所示。

图 5-59　边的分裂

红色为插入的顶点，此算法输入参数为新的顶点 v 和被打断的边 e，将生成两条新边，同时删除原始边 e，算法如下：

```
SplitEdge(Edge e,Vertex v)
Create Edge e1,e2;
e1.org := e.org;
e1.dest := v;
e2.org := v;
e2.dest := e.dest;
delete Edge e;
```

然后需要更新边 e 所属的所有面，将这些面的边集合中的 e 替换成 $e1$、$e2$。此过程和具体的集合数据结构相关，这里不做说明。分裂后结果如图 5-60 所示。

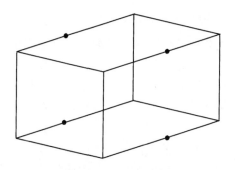

图 5-60　边分裂后的体

插入所有新的顶点后，此时可以进行第二步骤的操作。

步骤二，插入新的边，将面分裂，单独考虑一个面，如图 5-61 所示。

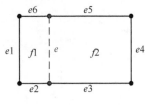

图 5-61　面的分裂

由于上一步骤的操作，边已经被打断成 $e2$、$e3$ 和 $e5$、$e6$，这一步骤的操作主要是生成新的边 e，并将面分裂，这个算法的参数涉及被分裂的面，新插入的边，以及分裂的地方，由于算法与具体的基础数据结构相关，这里也仅给出描述说明，但对实现此算法已经足够。

参考上图假设每个分裂点处于两条边的中间，如第一个分裂点处于 e2、e3 之间，第二个分裂点处于 e5、e6 之间，分裂点的位置信息可由前一步骤可以获得。新插入的边 e 的生成只需要边的两个顶点信息即可，也是在前一步骤信息中可以获得，这里假设边 e 已经生成。这样该算法结束后，有如下情况：

> f1.faces := {e1,e2,e,e6};
> f2.faces := {e3,e4,e5,e};
> f1.nbody := f2.nbody := f.nbody;
> f1.pbody := f2.pbody := f.pbody;

很容易得出此集合是如何生成的，要点在于新生成面的方向与被分裂面的方向是一致的，既边集中边的顺序是一致的。

分裂之后同样需要更新相关体的面集合信息。由于一个面同时只能被最多两个体共享，所以这里仅涉及两个体，即 f.nbody 和 f.pbody。将这两体的面集合中的面 f 替换成 f1、f2 即可。

步骤三，此步骤需要借助几何运算获得的一定信息，首先生成分裂面 f，此面由体中每个面上的分别边集合构成，按某种顺序（顺时针或逆时针）排序后生成。然后我们需要借助几何运算来将被分裂体 b 的面集合分成两个部分，一个部分中的面均处于分裂面的某一边，另一部分中的面均处于分裂面的另一边。假设分裂面 f 将 b.faces 分成两个部分，set<Face>faceP 和 set<Face>faceN，分别处于分裂面 f 的正方向和负方向。

这样体 b 被分裂为两个体 b1 和 b2，其中 b1.faces ：= faceP，b2.faces ：= faceN。这样便有：f.pbody ：= b1，f.nbody ：= b2。

同时需要更新 b1 和 b2 中面的相关属性，方法如下：

> foreach(Face f in b1.faces)
> if f.nbody = b then f.nbody := b1;
> 　　　　else f.pbody := b1;
> foreach(Face f in b2.faces)
> if f.nbody = b then f.nbody := b2;
> 　　　　else f.pbody := b2;

最后删除原来的体 b，到此，完成了体分割操作。

体分割会涉及其他许多特殊的情况，如分割点和某个顶点重合，分割面和体的某个面重合，体被分割成多个部分等等，这些特殊情况应该在几何运算时最大量的记录相关信息，在实现具体数据结构的操作算法时将会有很大帮助。

5.4　三维产权体的计算

三维地籍基本几何参数计算包括对点、线、面、体空间目标的位置、中心、重心、质心、长度、面积和体积等的量测和计算。这些几何参数是了解地籍对象特征、进行空间分析以及制定决策的基本信息。对于二维地籍相关的诸如位置、中心、面积、长度等几何参数计算，都已经比较成熟，这里主要关注的是三维产权体的几何参数的量算问题，如体积、表面积和质心。

5.4.1　体　积　计　算

传统二维地籍模式下的不动产税收和评估通常是以面积为基础的，这导致房地产商在开发房产时，故意加高楼层的间距而在销售房产时，则在高楼层之间添加夹层，将其一分为二，形成了两个房产单元，以逃避税费。针对这种面积量算带来的缺陷，三维地籍地体积量算能较好地解决这类问题。因此，体积的量算可以减少房地产投机，保障税收，使得房地产管理更加地科学。

对于形状比较规则的产权体而言（如长方体形的房子），其体积计算比较简单，可以通过普通的体积公式计算求出。但对于结构形态比较复杂的产权体，如地下盐穴和极不规则的建筑物（图 5-62）等，再采用普通的体积公式进行计算则比较困难。可以采用变通的方法将不规则产权体剖分为约束不规则四面体网，然后计算网中的每一个四面体的体积，再对这些四面体的体积求和，以获取整个产权体的体积。

图 5-62　不规则的产权体

设四面体的四个顶点为 A、B、C、D（图 5-63），其体积公式为

$$V_i = \frac{1}{6} \begin{vmatrix} x_B - x_A & y_B - y_A & z_B - z_A \\ x_C - x_A & y_C - y_A & z_C - z_A \\ x_D - x_A & y_D - y_A & z_D - z_A \end{vmatrix} \tag{5-21}$$

四面体另一个求体积公式是采用四面体的六条棱来求解，将六条棱分为三组，其相对棱长分别为 a、a'、b、b'、c、c'，让

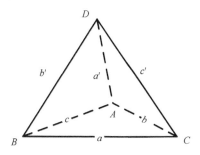

图 5-63　四面体

$$M_a = (aa')^2 (b^2 + b'^2 + c^2 + c'^2 - a^2 - a'^2)$$

$$M_b = (bb')^2 (a^2 + a'^2 + c^2 + c'^2 - b^2 - b'^2)$$

$$M_c = (cc')^2 (a^2 + a'^2 + b^2 + b'^2 - c^2 - c'^2)$$ （5-22）

$$N = (abc)^2 + (ab'c')^2 + (a'bc')^2 + (a'b'c)^2$$

则

$$V_i = \frac{1}{12}\sqrt{M_a + M_b + M_c - N}$$ （5-23）

整个产权体的体积为

$$V = \sum_{i=1}^{n} V_i$$

式中，n 为产权体分解为四面体的个数。

5.4.2　表面积计算

计算产权体的表面积也是三维地籍几何计算的任务之一。如计算一栋建筑物的表面积可以获取粉刷该建筑物所需的涂料数量。再如，通过计算地下盐穴的表面积可以计算出造腔所需的盐数量等。

在计算产权体的表面积时，可以将产权体剖分为约束不规则四面体网，利用边缘算子，来提取构成该产权体边界的三角面。计算每一个三角面的面积，并将这些三角面的面积求和即得到整个产权体的表面积。

图 5-64 给出了计算表面积的示例。将该产权体剖分为 TEN 后，形成的单纯复形为 C_3，求出该单纯复形边界为

$$\begin{aligned}
\partial C_3 = &-[v_0, v_3, v_4] + [v_0, v_1, v_4] - [v_0, v_1, v_3] + [v_2, v_3, v_6] \\
&+ [v_1, v_2, v_6] - [v_1, v_2, v_3] - [v_1, v_5, v_6] - [v_1, v_4, v_5] \\
&- [v_3, v_6, v_7] + [v_3, v_4, v_7] + [v_6, v_7, v_8] - [v_4, v_7, v_8] \\
&+ [v_4, v_5, v_8] + [v_6, v_8, v_9] - [v_5, v_8, v_9] + [v_5, v_6, v_9]
\end{aligned}$$ （5-24）

令第 i 个三角形边长为 a、b、c，半周长为 P，利用海伦公式求得它的面积为

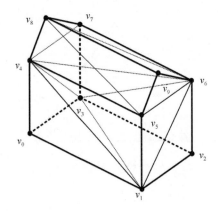

图 5-64　计算表面积示例

$$A_i = [P(P-a)(P-b)(P-c)]^{\frac{1}{2}} \qquad (5-25)$$

$$P = (a+b+c)/2$$

整个产权体的表面积为

$$S = \sum_{i=1}^{n} A_i \qquad (5-26)$$

式中，n 为中三角形的数量。

5.4.3　质　心　计　算

　　如同宗地中需要的一个特定点（例如宗地多边形的重心）来代表宗地一样，在计算三维产权体之间的距离时，也需要选择一个点来代表产权体。这里我们选择质心作为代表产权体的点，来计算产权体的质心。由于计算一个形状比较复杂的产权体的质心比较复杂，我们可以采用与计算体积和表面积相似的方式将产权体进行四面体剖分，通过求四面体质心的方式来间接地求产权体的质心。图 5-65 给出的四面体，其质心计算公式为（Tsai，1994）：

$$\vec{C} = \vec{I} + \frac{(I \to J) + (I \to K) + (I \to L)}{4}$$

$$= \vec{I} + \frac{(\vec{J} - \vec{I}) + (\vec{K} - \vec{I}) + (\vec{L} - \vec{I})}{4}$$

$$\qquad (5-27)$$

$$= \frac{\vec{I} + \vec{J} + \vec{K} + \vec{L}}{4}$$

$$= \frac{1}{4}(x_i + x_j + x_k + x_l)\vec{i} + \frac{1}{4}(y_i + y_j + y_k + y_l)\vec{j} + \frac{1}{4}(z_i + z_j + z_k + z_l)\vec{k}$$

整个产权体的质心为

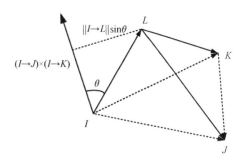

图 5-65 四面体

$$x = \dfrac{\sum\limits_{t=1}^{n} x_t \mathrm{Volume}_t}{\sum\limits_{t=1}^{n} \mathrm{Volume}_t}, y = \dfrac{\sum\limits_{t=1}^{n} y_t \mathrm{Volume}_t}{\sum\limits_{t=1}^{n} \mathrm{Volume}_t}, z = \dfrac{\sum\limits_{t=1}^{n} z_t \mathrm{Volume}_t}{\sum\limits_{t=1}^{n} \mathrm{Volume}_t} \tag{5-28}$$

式中，$\sum\limits_{t=1}^{n}\mathrm{Volume}_t$ 为产权体的体积，Volume_t 为第 t 个四面体的体积，(x_t, y_t, z_t) 为第 t 个四面体的质心。

参 考 文 献

郭仁忠. 2001. 空间分析(第二版). 北京: 高等教育出版社.

郭仁忠, 应申. 2010. 三维地籍形态分析与数据表达. 中国土地科学, 24(12): 45-51.

郭仁忠, 应申, 李霖. 2012. 基于面片集合的三维地籍产权体的拓扑自动构建. 测绘学报, 41(4): 620-626.

郭仁忠, 虞昌彬, 李霖, 等. 2014. 平面片构体算法中广度优先遍历和深度优先遍历策略的调用. 湘潭: 2014 年全国地理信息学术研讨会.

贺彪. 2011. 三维地籍空间数据模型及拓扑构建算法研究. 武汉: 武汉大学博士学位论文.

贺彪, 李霖, 郭仁忠, 等. 2011. 顾及外拓扑的异构建筑三维拓扑重建. 武汉大学学报(信息科学版), 36(5): 579-583.

黎自强. 2010. 凸多面体快速碰撞检测的投影分离算法. 计算机辅助设计与图形学学报, 22(4): 639-646.

李霖, 赵志刚, 郭仁忠, 等. 2012. 空间体对象间三维拓扑构建研究. 武汉大学学报(信息科学版), 37(6): 719-723.

潘海鸿, 冯俊杰, 陈琳, 等. 2014. 基于分离距离的碰撞检测算法综述. 系统仿真学报, 26(7): 1407-1416+1447.

田延军, 邓俊辉. 2008. 几个多面体网格剖分问题的 NP 难度证明. 软件学报, (4): 1026-1035.

熊玉梅. 2011. 虚拟环境中物体碰撞检测技术的研究. 上海: 上海大学博士学位论文.

于勇, 陈书君, 郭希娟. 2012. 基于近似最少切割面的凹多面体剖分算法. 计算机应用与软件, 29(7): 172-174.

臧若兰, 曹其新. 2009. 非凸多面体碰撞检测简化算法. 机电一体化, 15(2): 51-53.

Arens C, Stoter J, Oosterom P V. 2005. Modelling 3D spatial objects in a geo-DBMS using a 3D primitive. Computers and Geosciences, 31(2): 165-177.

Chazelle B. 1984.Convex partitions of polyhedra: a lower bound and worst-case optimal algorithm. SIAM Journal on Computing, 13(3): 488-507.

Chazelle B, Dobkin D P, Shouraboura N, et al. 1995. Strategies for polyhedral surface decomposition: An experimental study. Proceedings of the Eleventh Annual Symposium on Computational Geometry, 297-305.

Ehmann S. 2010. Accurate and Fast Proximity Queries Between Polyhedra Using Convex Surface Decomposition.Hoboken: John Wiley and Sons, Ltd.

Germs R, Van Maren G, Verbree E, et al. 1999. A multi-view VR interface for 3D GIS. Computers and Graphics, 23(4): 497-506.

Gilbert E G, Foo C P. 1990. Computing the distance between general convex objects in three-dimensional space. IEEE Transactions on Robotics and Automation, 6(1): 53-61.

Huang B, Lin H. 1999. GeoVR: A web-based tool for virtual reality presentation from 2D GIS data. Computers & Geosciences, 25(10): 1167-1175.

Jain A K. 1989. Fundamentals of Digital Image Processing. Upper Saddle River: Prentice-Hall, Inc.

Ledoux H, Meijers B. 2009. Extruding building footprints to create topologically consistent 3D city models. Urban and Regional Data Management: 39-48.

Ledoux H, Meijers M. 2011. Topologically consistent 3D city models obtained by extrusion. International Journal of Geographical Information Science, 25(4): 557-574.

Lien J M, Amato N M. 2008. Approximate convex decomposition of polyhedra and its applications. Computer Aided Geometric Design, 25(7): 503-522.

Lingas A. 1982. The power of non-rectilinear holes. International Colloquium on Automata, Languages, and Programming. Springer, Berlin, Heidelberg.

Mamou K, Ghorbel F. 2009. A simple and efficient approach for 3D mesh approximate convex decomposition. 2009 16th IEEE international conference on image processing(ICIP). IEEE, 3501-3504.

Murai S, Phonekeo V, Ono K, et al. 1999. Development of polygon shift method for generating 3D view map of buildings. ISPRS Journal of Photogrammetry and Remote Sensing, 54(5-6): 342-351.

Over M, Schilling A, Neubauer S, et al. 2010. Generating web-based 3D City Models from OpenStreetMap: The current situation in Germany. Computers, Environment and Urban Systems, 34(6): 496-507.

Portele, C. 2007. OpenGIS Geography Markhup Language (GML) Encoding Standard. Version 3.2.1. Waland: Open Geospatial Consortium Inc.

Preparata F P, Hong S J. 1977. Convex hulls of finite sets of points in two and three dimensions. Communications of the ACM, 20(2): 87-93.

Pu S. 2005. Managing Freeform Curves and Surfaces in a Spatial DBMS. Delft: Master Dissertation of Delft University of Technology.

Pu S, Zlatanova S. 2006. Integration of GIS and CAD at DBMS level. Proceedings of UDMS. 6: 9. 61-9.71.

Tsai J. 1994. Towards an integrated three-dimensional geographic information system. Madison: PhD Dissertation of the University of Wisconsin.

Yu C, Ying S, He B, et al. 2012. An automatic sorting approach of surface bundle based on the shared space curve. 2012 20th International Conference on Geoinformatics. IEEE: 1-6.

Zhu Q, Hu M Y. 2010. Semantics‐based 3D dynamic hierarchical house property model. International Journal of Geographical Information Science, 24(2): 165-188.

Zlatanova S. 2000. 3D GIS for Urban Development. Enschede: PhD Dissertation of International Institute for Aerospace Survey and Earth Sciences.

Zlatanova S, Pu S, Bronsvoort W F. 2006. Freeform curves and surfaces in DBMS: A step forward in spatial data integration. Proceedings of the ISPRS Commission IV Symposium on Geospatial Databases for Sustainable Development. 27-30.

第6章 基于 CityGML 的三维产权体构建和检验

6.1 CityGML 几何和语义对象

CityGML 涵盖了语义和几何拓扑两个层次体系，实现了对空间对象的语义对象和与其相关联的几何、拓扑属性的一致性建模，能够方便简单地实现分别在每一个层次体系中遍历，或在不同的层次体系之间相互遍历。在空间特征方面，几何拓扑对象指的是现实世界中对象的空间属性。在语义特征方面，CityGML 是通过专题模型来描述现实世界中的对象（如建筑物、道路、植被等）及其属性、层次关系等。

CityGML 要素的空间属性由 GML3 中的几何模型对象表达，这个模型基于标准 ISO19107，通过边界模型方式表达三维几何，包括几何对象点、曲线、表面和体（point、curve、surface、volume）和拓扑的节点、边、面和三维的体（node、edge、face、solid）。在 CityGML 中，曲线被限制为直线，因此只有 GML3 的类 LineString 被使用。在 CityGML 中表面由多边形表达，它定义为一种平面几何，也就是说边界和内部点被要求位于同一个平面。在 CityGML 中，使用的就是 GML3 中的 gml：solid 对象，没有增加任何新的内容。另外，OGC 定义了一些其他三维对象，包括锥（cone）、球（sphere）等。同时，有些三维对象从实体建模角度认为是三维对象，仍然存在于三维空间中，如自由曲线、自由曲面，但它们并不是真正的封闭三维几何体。

CityGML 提供了一种针对空间数据基础设施中的三维城市模型的多目的、多尺度数据存储和互操作途径，适用于各种传统三维模型无法满足的应用需求。基于 CityGML 可以构建建筑模型、构建数字城市的三维显示等（Isikdag et al.，2013）。CityGML 主要是面向要素描述和存储的，由于表达城市中建筑物或房间的需要，CityGML 中采用 GML 的三维体（solid）和多面结构（multisurface）来表达这类的三维目标。但是现有的 CityGML 数据中还没有见到真正采用三维体来表达三维目标的，都是采用多面片表达三维目标的外围构造，这些面片之间只能通过语义信息相关联，几何面片本身是相互独立的，无法构成三维封闭体，并且可以存在悬挂面片。为了便于纹理映射，CityGML 只需要在可视化角度上看起来像个"三维体"如图 6-1 所示。

CityGML 可视化强调两个方面。一方面是强调建筑整体，重点在于实现建筑整体外部可视化及其环境的融合，主要体现在数字城市、建筑整体规划等应用上；另一方面是强调建筑内部构造、功能分区和室内布局，重点是建筑内部设计。可以说 CityGML 的可视化是强调实体的真实性以及建筑房产的功能等，突出强调建筑外面或内部构造的特

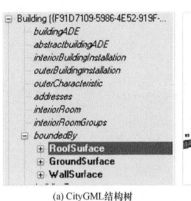

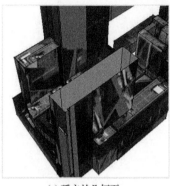

(a) CityGML 结构树　　　　　　(b) 多面三维目标外围构造　　　　　(c) 孤立的几何面

图 6-1　CityGML 中 multisurface 表达建筑物

征及其可视化，其可视化对象是建筑的构造体，如墙、门、窗等。而三维地籍产权体可视化强调的是产权空间的表示，这种空间很多情况是以墙体等自然物为界的。三维地籍产权体的界址面是法定或指定的地理面，该地理界址面可以是客观的物理实体表面，也可以是法定的虚拟"空"表面。

　　CityGML 提供了丰富的独立的建筑和内部信息，而三维地籍更关注建筑的边界、三维空间的占位、与周围环境的关系、与已有建筑的相互影响等。利用 GIS 技术来融合和集成已有 CityGML 数据，为三维地籍产权体构建提供数据源是构建三维地籍并促进其进一步发展的一个重要解决途径。

6.2　三维地籍产权体和 CityGML 语义关联

　　三维地籍产权体是将土地、房产和其他不动产及其基础设施统一，并按照权属界线划分的三维空间上的基本单元，是一种对三维空间的占位。三维地籍产权体由三个基本要素构成，即语义和权属信息、空间几何信息、权利人（应申等，2014）。权利人、语义和权属信息主要指的是权利人的身份信息，可以在权属登记时获取。三维地籍产权体是由产权体空间边界来界定的，三维地籍产权体的几何对象是由界址点、界址线和界址面构成。在本章中我们所说的三维地籍产权体指的是建筑产权体，这种建筑产权体主要是由产权边界围成的三维封闭空间。在三维地籍产权体的分析中的空间几何信息可以表现为房产、建筑等不现实对象所构成的权属边界，权属边界在现实世界中一般又可以进一步表现为墙体、屋顶等自然物[①]（郭仁忠等，2012；郭仁忠和应申，2010）。CityGML 包括了主题分类中的聚合、层次、空间属性以及对象之间的关系等。在 CityGML 中存储了内容丰富而详细的建筑信息，通过几何和语义两个方面，按不同的细节层次提供了地块、建筑等对象，并且建筑信息可以进一步细化为房间、墙体、屋顶、地板等语义对象，可以为三维地籍产权体的边界构建提供精确的数据基础，因此可以从语义描述角度

　　① Ying S, Guo R, Li L, et al. 2011.Design and development of a 3D cadastral prototype based on the LADM and 3D topology. Proceedings 2nd International Workshop on 3D Cadastres, 16-18 November, 2011, Delft, The Netherlands. International Federation of Surveyors (FIG), EuroSDR, TUDelft.

出发，建立三维地籍产权体所需几何对象和 CityGML 语义对象之间的需求关联关系①。

CityGML 的数据组织结构具有几何和语义信息的一致性，CityGML 的每个语义对象都关联着相应的几何信息，语义对象之间的关联关系通过嵌套方式实现，例如 CityGML 的语义信息中一面墙有三个窗户和两扇门，那么在几何信息中描述该墙体时同样包含有三个窗户和两扇门（Goetz，2013；孙小涛，2011），因此，可以从三维地籍产权体的语义需求和边界对象描述出发，重组 CityGML 的语义对象（房间、墙体、屋顶等），并按三维地籍产权体的空间约束来重新构建三维地籍产权体的边界几何信息。CityGML 模型文件有五种不同的连贯的细节层次 LoD，并随着细节的提升，展现逐渐详细的建筑信息。由于每层 LoD 所包含的对象的详细程度不同，构建三维地籍产权体的重组对象也不同。根据 CityGML 官方文件，CityGML 的核心及扩展模块如图 6-2 所示。下面简单对每个模块所描述的信息进行介绍。

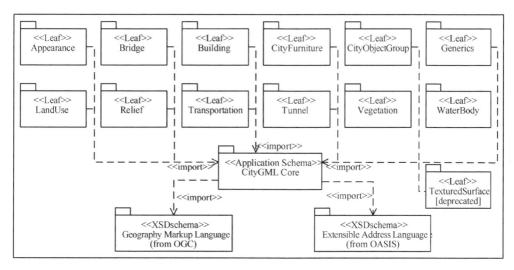

图 6-2　CityGML UML 核心与扩展模块

Appearance：该模块主要用来描述 CityGML 对象模型的显示方法，如纹理、颜色等。这个模块可能会存储在每个 CityGML 对象的描述中。每个 LoD 都有一个特定的主题。一个单独的面可能会包含有多个主题的面数据。同样，面数据也可能被多个几何面数据共享，如道路铺设。

Bridge：该模块主要描述 LoD（1-4）中桥梁及其附属设施的主题和空间表示，包括桥梁的内部结构。

Building：该模块主要用来描述 LoD（1-4）中建筑物及其附属设施，内部结构的语义和空间信息，是 CityGML 中描述最详细的主题模型。如果一个建筑模型只有一部分则用 Building 来表示，如果含有多个部分，则可以用 Building 和 BuildingPart 来表示，一个 Buildingpart 只可以和一个 Building 或 BuildingPart 对象相关联。

CityFurniture：该模块主要用来描述城市设施对象。城市设施对象是指出现在交通

① Cox S, Cuthbert A, Daisey P, et al. 2002. Opengis® geography markup language (GML) implementation specification, version. Open Geospatial Consortium Inc.

区域、建筑密集区域、居民区域、广场等场所的固定的不可移动的对象，如路灯、交通标志、广告牌、长椅、公交站牌等。

CityObjectGroup：该模块为 CityGML 提供了一个分组的概念。任何一个城市对象都可以根据其使用的标准来对其进行分组。每一个组可以根据其属性进行进一步分类。

Generics：该模块提供了 CityGML 的通用扩展数据模型。只有当 CityGML 的其他模块中无法提供所需的对象类和属性类时才使用扩展数据模型。

LandUse：该模块主要致力于地球表面土地利用概况的描述，同时也可以用来描述地球表面有特定土地覆盖的区域，如植被覆盖区域、岩石覆盖区域、森林或草地覆盖区域等。土地利用和土地覆盖是两个不同的概念，前者描述的是地球表面上由于人类的活动所形成的不同的土地表面，而后者描述的是由于物理或自然生态变化自然形成的地球表面。

Relief：该模块主要进行城市模型中地形的表达。CityGML 支持不同详细程度的地形的表达，不同的地形可以有不同的精度和分辨率。地形可以通过规则格网，不规则三角网等形式来表达。

Transportation：该模块主要用来描述一个城市中的交通对象，如道路、轨道、铁路或广场等。交通对象可以通过线性网格或几何描述的三维面来表示。

Tunnel：该模块主要用来描述 LoD（1-4）中隧道及其附属设施、内部结构的相关主题和空间属性。

Vegetation：该模块三维城市模型的重要组成部分，主要是提供专题类来表达植被对象，可以分为单独的植被对象和植被区域。单独的植被对象如各种各样的树木，植被区域如森林等的群落环境。

WaterBody：该模块是主要用来表达河流、运河、湖泊或盆地等相关的主题和三维几何信息。

三维地籍产权体是由权属边界组成的三维封闭体，根据上述对 CityGML 中各个模块的描述，本章的研究目的是重组三维地籍中的建筑产权体，即研究对象为 CityGML 中的建筑物，对建筑物以外的对象不做考虑，CityGML 中建筑物示意图如图 6-3 所示，CityGML 的核心和扩展模块中 Building 模块描述了五个层次模型中 Building 和 BuildingParts、BuildingInstallations 和 InteriorBuilding structures 的语义和空间几何信息。根据 CityGML 标准文件中的描述可知，Building 和 BuildingParts 属于本章的研究对象。以 CityGML LoD3 为例（UML 模型图如图 6-3 所示），Building 和 BuildingParts 可以进一步细化为 ClosureSurface、GroundSurface、OuterCeilingSurface、OuterFloorSurface、RoofSurface、WallSurface、Opening 等对象，Opening 又可以进一步细化为 Door 和 Window 等对象。

下面逐个对象进行具体分析：

BuildingFurniture：房间内的家具等设施主要是通过 BuildingFurniture 和 IntBuildingFurniture 类来表示的，BuildingFurniture 用来表示房间内可以移动的设施，如桌椅。

CeilingSurface：该类只出现在 LoD4 中，主要用来描述建筑物内部房间的天花板等的信息。

ClosureSurface：为了计算几何体的体积（如人行地下通道或飞机机库），必须保证几何体的封闭性，如洪水计算中，地下建筑物如隧道、地下通道的入口必须被封闭起来，

ClosureSurface 就是这样一种特殊的面。该面比较特殊，只有当需要计算体积时才被使用，但在可视化时该面是被忽略的，ClosureSurface 示意图如图 6-4 所示。

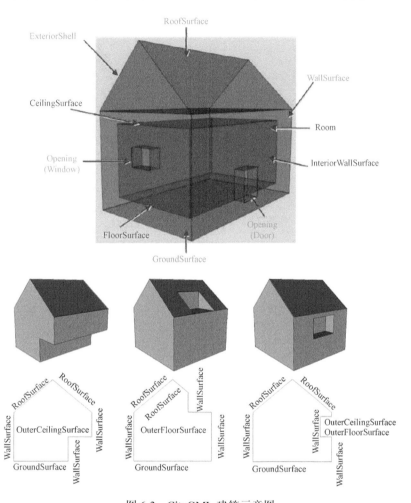

图 6-3　CityGML 建筑示意图

ExteriorShell：外壳；OuterCeilingSurface：外顶面；OuterFloorSurface：外底面

图 6-4　ClosureSurface 示意图

Opening（Door）：该类主要用来描述建筑物外壳或相邻两个房间的门。门是人进出建筑物或房间的通道。与 ClosureSurface 不同，门可以是封闭的，也可以是打开的。

FloorSurface：该类只在 LoD4 中出现，主要用来描述建筑物内部的层信息。

GroundSurface：该类主要用来描述建筑物内部的地板等信息。

BuildingInstallation：该类主要用来描述建筑物的附属设施，在 LoD4 中会增加 IntBuildingInstallation 来描述建筑物内部的附属设施。与 BuildingFurniture 不同，BuildingInstallation 描述的是建筑物中不可移动的附属设施，如楼梯、阳台、栅栏等。该类一般和 Room、Building 或 BuildingPart 相关联。

RoofSurface：该类主要用来描述建筑物的屋顶部分。RoofSurface 在几何上由一系列的面片组成。

Room：该类主要用来描述建筑物内部的空闲空间，每个 Room 只能单独地和一个 Building 或 BuildingPart 相关联。房间必须是封闭的（在必要的时候可以使用 ClosureSurface 进行封闭），通常情况下通过多面片来围成。

WallSurface：该类主要用来描述建筑物中的墙体信息，在 LoD4 中会增加 InteriorWallSurface，用来描述建筑物内（如房间）的墙体信息。

Opening（Window）：该类主要用来描述建筑物外壳或相邻房间的窗户信息。

根据上述分析，Building 或 BuildingPart 中可以作为边界的对象类如 WallSurface 可以用来重组构建三维地籍产权体，另外一些对象如 Door 或 Window 对象类，则需要经过特殊处理，而 BuildingInstallation 等对象则完全不参与三维地籍产权体的重组。为了描述得清晰简便，表 6-1 中只列出了针对每层 LoD，具体的细化对象与三维产权体的需求关联关系，即构建三维产权体所需的重组对象。图 6-5 给出了 LoD3 建筑物 UML 模型图。

表 6-1　三维地籍产权体对 CityGML 语义对象需求关联关系

CityGML 对象	LoD1	LoD2	LoD3	LoD4
BuildingFurniture	—	—	—	×
CeilingSurface	—	√	√	√
ClosureSurface	—	√	√	√
Door	—	—	?	?
FloorSurface	—	×	×	×
GroundSurface	—	√	√	√
BuildingInstallation	—	—	×	×
IntBuildingInstallation	—	—	—	×
InteriorWallSurface	—	×	×	×
OuterCeilingSurface	—	√	√	√
OuterFloorSurface	—	√	√	√
RoofSurface	—	√	√	√
Room	—	—	—	×
RoomInstallation	—	—	—	×
WallSurface	—	√	√	√
Window	—	—	?	?
除建筑物以外的对象	×	×	×	×

√代表该对象包含在对应的 LoD 层级中，并且为构建三维产权体所需；×代表该对象包含在对应的 LoD 中，但在构建三维产权体时可以直接删除；？代表该对象包含在对应的 LoD 中，但在构建三维产权体时需要进行相应处理；—代表 LoD 层级没有对应的对象信息。

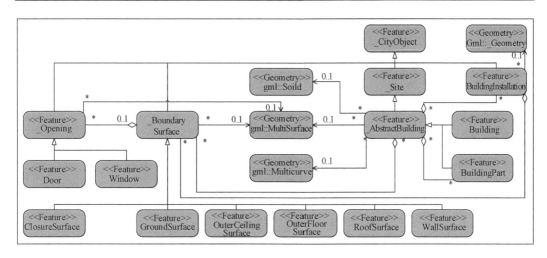

图 6-5　CityGML LoD3 建筑物 UML 模型图（相关部分）

从表 6-1 中可以看出 LoD1 中并不存在墙体、屋顶等语义对象，其构成是通过直接在 Solid 的语义标签下关联对应的几何数据形成的。构建三维产权体时 LoD2 所需的最小粒度重组对象为屋顶、墙体、地板等对象；LoD3 相对 LoD2 增加了门或窗户等对象；CityGML 中 LoD4 相对于 LoD3 增加了建筑物的内部结构（如房间、家具等内部设施），由于三维地籍产权体的核心是权属边界，而 LoD4 中对象在空间粒度上小于三维地籍产权体，所以本书不做讨论。

6.3　CityGML 几何提取与转换

6.3.1　基于语义关联过滤 CityGML 几何对象

在 CityGML 中含有众多的语义和几何对象信息，是一个庞大的资源信息库，构建三维地籍产权体只需要重组 CityGML 中可以作为三维地籍中建筑产权体边界的对象。基于语义关联过滤 CityGML 几何对象就是在建立了三维地籍产权体几何对象和 CityGML 语义对象需求关系的基础上，根据所需语义对象，从 CityGML 中提取构建三维地籍产权体所需的几何对象。该过程的实质是有选择性地读取 CityGML 模型文件，保留所需的重组对象。如在读取 CityGML 模型文件操作中，颜色、纹理、道路、植被、烟囱、附属设施等语义标签下的对象信息可以直接忽略，墙体、屋顶标签下的信息则需要保留。在 CityGML 中门、窗只存在于 LoD3 和 LoD4 中，是嵌套于墙体或屋顶等对象的语义标签下的 Opening 类，同时在相应的墙体结构中会增加存放 Opening 类所形成的洞，如图 6-6 所示。在读取 CityGML 模型文件时，Opening 语义标签下的对象可以直接过滤，带有 Opening 的墙体则需要进行进一步的处理，修复所遗留的洞。根据上述章节中对三维地籍产权体和 CityGML 语义和几何特征的分析，本书所研究的对象为 CityGML 中的建筑物对象，建筑物以外的对象，如道路、植被、建筑物附属设施（如楼梯等）可以根据语义信息直接过滤。图 6-7 和图 6-8 分别为 LoD2 和 LoD3 基于语义关联过滤

CityGML 几何对象的结果图。经过过滤处理后的 CityGML 模型文件只包含重组三维地籍产权体所需的几何对象及其相对应的语义信息（该操作后的几何和语义数据仍然按照 CityGML 的数据组织格式进行数据组织），可以大大简化后期拓扑处理和几何转换的过程。

图 6-6　CityGML LoD3 带有窗户的墙体示意图

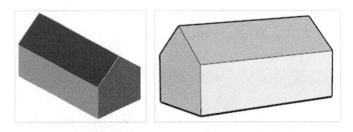

图 6-7　基于语义关联过滤 CityGML 语义对象（LoD2）

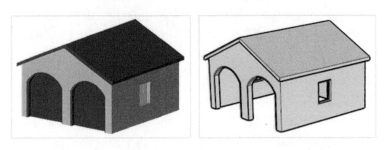

图 6-8　基于语义关联过滤 CityGML 语义对象（LoD3）

经过过滤后的几何对象仍然按照 CityGML 的约束条件组织数据。拓扑处理与几何转换的实质就是转换数据的组织方式，具体的流程图如图 6-9 所示。CityGML 中 LoD1、LoD2 和 LoD3 的几何对象的详细程度不同，拓扑处理和几何转换的复杂度也有所差别。LoD1 和 LoD2 中的每一个语义对象对应的几何数据都是由单面片组成的，如用单面片来表达一个墙体、屋顶等。从可视化的角度，在经过基于语义过滤几何对象的处理后，LoD1 和 LoD2 的数据已经基本符合三维地籍产权体的要求，其后续的拓扑处理和几何转换则相对简单，只需根据语义信息所表达的拓扑关系重组几何对象。从可视化的角度，LoD3 中的几何对象增加了厚度信息，与现实中的建筑物对象更为接近，如 LoD3 中的墙体、屋顶等对象可能是由六个或更多面片组成的立体结构，如图 6-10 所示，其后续的拓扑处理和几何转换则相对复杂。下面以 LoD3 数据为例对拓扑处理和几何转换的步骤进行详细说明（LoD3 相对 LoD1 和 LoD2 的数据较为复杂，相对 LoD4 的数据较为简单，以 LoD3 为例进行拓扑处理和几何转换的步骤阐述比较有代表性）。

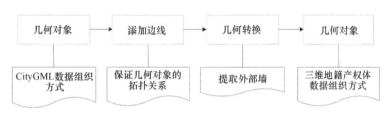

图 6-9　拓扑处理与几何转换流程图

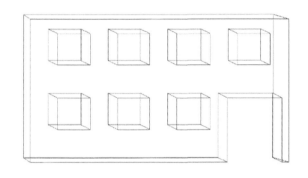

图 6-10　CityGML LoD3 中的墙体、窗户以及门等对象以立方体的方式显示

6.3.2　几何与拓扑处理

最初意义上的拓扑关系主要指的是地图上的图形在经过旋转、拉伸、缩放等一系列统一的变形后，图形之间的相对位置关系保持不变的一种稳定性性质。在地籍管理中拓扑关系能够表达对象间的相邻、包含和关联等空间关系，根据拓扑关系，不需要利用空间坐标和距离，就可以方便地得出一种地理对象相对于另一种地理对象的空间位置关系，综合清晰地反映出对象在空间中的存在关系、逻辑结构关系，在相对位置方面表现出了强大的健壮性和稳定性。空间中的各种对象的大小，形状会随对象的变形而改变，但是对象间的关联关系、包含关系、邻接关系和连通关系保持不变。传统的二维地籍就是以拓扑结构为基础实现基本的分析和计算的，复杂多样的三维地籍产权体更离不开拓扑关系的使用与表达。利用拓扑关系可以解决许多实际问题，如邻接性（相离、相交等）。因此一个真正意义上的三维地籍产权体（建筑产权体）模型如果只包含几何对象，将无法实现各种分析和计算，无法方便地定位不同实体之间的空间

位置关系。三维地籍产权体是由空间中连续，封闭的权属界线组成独立的三维封闭权利空域来表达的，如图 6-11（b）所示，是一种隶属于不同自然人或非自然人的三维封闭权利实体，即具有固定的位置和明确的权利边界，且具有无交叉、无重叠等几何属性特征，必须包含节点、弧段和面片三种拓扑元素以及点、线、面、体四种几何对象如图 6-11（a）所示。其中，体是由面构成的，面是由线构成的，线是由节点构成，同时必须确保几何对象能够完整地表达产权体的几何和拓扑信息，可以满足实际应用所需的可视化表达、空间分析和计算等功能，即三维产权体要求有精确的边界表示和范围，同时兼备一般的空间分布性和变化特征。CityGML 是从对象的语义角度提供几何对象之间的拓扑连接性，如墙体与窗户的拓扑关联只能通过语义对象得到，无法直接单从几何上拾取两者之间的拓扑关系，几何对象本身是由相互独立的面片组成，面片之间是离散的。为了便于后期的几何转换，在基于 CityGML 语义对象过滤几何对象后，需要重组几何对象信息，引入新的边来保证几何对象本身之间的拓扑连接性。几何与拓扑处理的实质就是将 CityGML 中语义对象所包含的拓扑关系通过几何对象表达出来。例如，在 CityGML 中墙体和窗户分属两个语义对象，两者的拓扑关联是通过将窗户的语义对象标签嵌套在墙体的语义对象标签下实现的，几何对象信息相互独立。在进行几何转换前，通过增加新的边，根据语义重组几何对象，实现墙体和屋顶之间的拓扑关联，将 CityGML 中的几何对象转换为由点、线、面等组成的一个完整的三维几何体对象来表达三维产权空间。

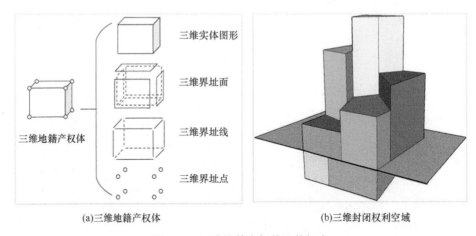

(a)三维地籍产权体　　　　　　　　　　(b)三维封闭权利空域

图 6-11　三维地籍产权体及其组成

6.3.3　几 何 转 换

经过几何和拓扑处理后的 CityGML LoD3 中的数据依然带有厚度信息，无法满足三维地籍产权体的几何数据约束。三维地籍产权体几何转换只针对 CityGML LoD3 的数据。拓扑处理后形成的三维几何体需要经过几何转换，形成由界址点、界址线以及界址面组成的三维几何封闭体。几何转换的实质为获取建筑物的外部边界面，提取建筑物的外壳，将由立体结构组成的各个几何对象转变成单面片。本书所使用的提取建筑物外部墙的方法为在建筑物的内部任取一点，以墙体为例，做内部点与所有墙面的垂直射线，该射线会与每个方向的墙交于两点（内墙和外墙各一个交点），距离远的那个点处于外部墙上，如图 6-12（a）和图 6-12（b）所示，该方法是默认每个墙体只有一个外部面。建筑物提取外墙后，得到的外部墙与屋顶会产生脱离现象，此时可以利用延伸面的功能将墙和屋顶进行咬合。如图 6-12（c）所示。获取外部墙的流程示意图如图 6-12 所示，其中图 6-12（a）（b）（c）（d）为截面示意图，图 6-12（e）为实际数据示意图。获取外部墙后，数据的处理可以由三维空间转换为二维空间，对门、窗等对象的处理转换为二维空间中二维洞的处理。实际上在现实世界中，建筑物中墙体与屋顶的排列并不规则，射线与墙体相交面可能并非外面，以建筑物的中心为起点的射线可能会穿过其他墙体，如两个墙体在立面上的投影相交或重合时，此时从建筑物中心发出的射线，将会与两个墙体相交，如果取最外面为墙体外部面，则会造成数据上的丢失。部分建筑物中，由于墙体垂直方向的非均一性，墙体的外面并不止一个。西方许多国家以及我国南方城市的一些建筑的屋顶造型通常也比较复杂，一个建筑物的屋顶可能拥有多种不同的角度以及造型各异的形状（Fan and Meng，2012）。CityGML中屋顶的存在方式有两种。一种是每个屋顶由多个 RoofSurface 构成，每个 RoofSurface 是由多个面组成的立方体；另一种是整个屋顶由一个单一的 RoofSurface 构成。具体细节组成可能更加复杂，因此本章所用的射线提取墙体的方法只能处理相对简单和规则的建筑物，还不能很好地适用于现实世界中各种复杂的建筑物，在后续的研究中需要进一步研究出更为适用的几何转换方法。有的研究学者提出首先将所有的墙体面或屋顶面转换成点云，再利用相关算法重新组建外部边界面。无论是本书用的射线方法还是利用点云，以及将墙体、屋顶的等对象投影至二维平面再化简，再重建建筑，这些方法都不能很好地保持建筑物对象的某些细节特性。本书的目的是探究 CityGML 到三维地籍产权体的转换的可行性，以及基本的转换流程，每一过程的具体转换细节、方法步骤，将作为后续的主要研究方向。

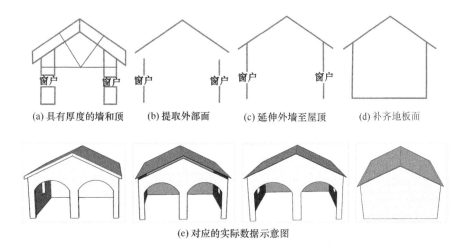

(a) 具有厚度的墙和顶　　(b) 提取外部面　　(c) 延伸外墙至屋顶　　(d) 补齐地板面

(e) 对应的实际数据示意图

图 6-12　外部墙提取流程图

6.4 三维地籍产权体的验证与修复

在现实世界中，三维地籍产权体（建筑产权体）的形态各异，复杂多样，但经过抽象建模后，都可以在三维空间中得到的一个封闭的几何实体。仅仅有三维空间数据，并不能满足三维地籍应用的现实需求。例如，表达建筑的三维几何体必须是封闭的，只有这样才能保证建筑内部的连通性，才能计算建筑物的体积，并且相邻的两个或多个不同的建筑物产权体之间不允许存在彼此之间穿透的情形，不同的建筑产权体之间可以通过共享线或者面片（墙）来实现彼此之间的邻接关系；为了计算城市建筑物的能量耗费量（如热能），必须计算三维数据所构成的三维几何体的体积。这就要求三维数据所构成的三维几何体是封闭的，于是人们开始关注有效性三维几何体的创建。如三维城市中，用推拉拔高的方法来生成三维城市模型体。当前众多基于立面（facade）的城市三维模型仅仅具有三维空间坐标，本质上还是离散的面片，不具有严格的几何和拓扑上的三维几何体的概念，同时也缺乏体和面片的组织关系，多为非封闭的对象，无法满足当前对三维几何体进行计算和相关的空间分析。要想创建有效的三维地籍产权体就必须明晰有效性所满足的条件，探究其有效性验证规则和修复方法。

CityGML 是一种语义信息非常丰富的模型，在提取和转换过程中必然产生大量的冗余数据。如由于屋顶边沿的存在，在转换过程中可能产生悬挂面。由于柱子等对象的删除，可能造成由屋顶所转换形成的界址面上带洞；由于 CityGML 本身数据结构的特点可能造成三维几何体的底面缺失；对 CityGML LoD3 的几何数据进行提取外部墙处理，由立体结构转换为单面片后必然会产生脱节现象，同时可能会产生悬挂线或孤立线。针对由 CityGML 转换为三维几何体所产生的错误，可以从几何定位和拓扑关系两个角度来对其进行融合、化简、重组、合并等有效性验证和修复操作，构建三维地籍产权体模型和产权体内部的空间关系，即从几何和拓扑两个角度找出构成三维地籍产权体的三维几何体内的界址点、界址线和界址面之间的关系，如欧拉公式。下面详细阐述构成三维地籍产权体的三维几何体（以下简称三维几何体）的所需要满足的验证规则，并进一步研究根据这些规则如何去验证和修复已经存在的三维几何体。

6.4.1 三维几何体有效性

当前关于三维几何体的研究主要有三类：①ISO19107 和 GML 中三维几何体的定义（Fogel and Teillaud，2015；Kazar et al.，2008）：体是三维几何的基础，它是由一系列边界面（壳）来定义的，作为边界的面不允许自邻接且是二流形的（2-manifold）。②计算机几何学中定义的三维几何体是由点、边、面及其之间的相互关系组成的（Fogel and Teillaud，2015），三维实体表面边界是一个有向的封闭的二维流形，其拓扑关系通常使用半边数据结构来进行表达，每一个边都是由两个不同方向的半边表达的；面是由半边沿着边界循环围成的（Verbree and Si，2008）。③Oracle 中的三维几何体的定义为由一个外部边界面和多个内部边界面组成的，为了区分实体的内部和外部，规定外部边界面的法向总是从体的内部指向外部（Brugman，2010）。这些定义都不能支持带洞的多面体、奇异的形状等非二流形的形体和对象，而三维地籍产权体中的许多实体都是这种特殊体（Gröger and Plümer，2011），因此这些关于三维几何体的定义很难满足三维建模的需要。

随着科学技术的不断发展以及各种先进设施的出现，在过去无法实现的各种建筑造型和空间利用方式不断出现在现实生活当中，如图 6-13 所示，构成三维地籍产权体的三维几何体有较多是非二流形的，本书定义的三维几何体是由一系列二维边界面形成的封闭形体，该形体可以保持内部的三维空间连通性。二流形中具有边或线只使用 2 秩的规则，本定义打破了二流形的简单性，该三维几何体的边界面可以自邻接，三维几何体的外部可以形成三维洞。在非二流形的三维几何体中，很难确定点或边的哪侧是三维几何体的内部，如图 6-14（a）所示的同一个三维几何体的奇异点，图 6-14（b）中的边 AB 被使用了 4 次，这种基于点或边自邻接的非二流形在本书的定义中仍然是有效的三维几何体，因为它保持着三维几何体内的空间连通性。

(a) 中央电视台总部大楼

(b) 日本大阪某建筑

图 6-13　中央电视台总部大楼及日本大阪某建筑

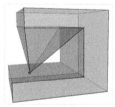

(a) 三维几何体的奇异点

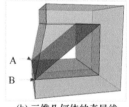

(b) 三维几何体的奇异线

(c) 邻接

(d) 三维洞

图 6-14　非流形的三维几何体

上述复杂三维几何体的构建，是传统二流形所不能实现的，不仅仅表现在基于点和边的奇异性（图 6-14）上，更重要的体现在对"洞"的定义和处理上。根据二流形的定义，若三维几何体是由带洞的面构成，则每个带洞的面在二维平面中都要被处理，增加一个虚构的边，来使其满足二流形的要求。很明显，这种处理方法无法在数据处理的整个过程中保持几何数据的不变性和一致性，它随时增加了新的边数据。事实上，在现实生活中有许多不规则形状的三维建筑物自邻接或有穿透洞等，如图 6-14（c）（d）所示，它们仍然保持了三维空间内部的连通性，因此此类非流形的实体也是有效的。本书定义的三维几何体无二流形的限制，可以极大地满足现实世界中的非流形三维几何体。

6.4.2　三维几何体所满足的规则

所谓有效性验证就是在数据预处理或进入系统之前通过一些预先定义的规则，对可能存在的错误进行验证的过程。几何定位可以定量的描述空间对象，但很难描述空间对象之间的位置关系。拓扑关系可以定性的描述空间对象，在相对位置关系方面有很强的稳定性。事实上，拓扑关系是由几何关系产生的，并且在一个非几何空间内是无法获得拓扑关系的（Kumar，2013）。因此，针对三维几何体及其构造，可以从几何定位和拓扑关系两个角度找出三维几何体（S）以及其内部构造中的点（V）、边（E）、面（F）所需要满足的规则。为了便于描述，首先假设在一个三维几何体存在的前提下，该三维几何体内的不同维度的点、边、面和体的一些基本符号表示：

$d_{V/E}$：表示一个三维几何体内与某个点相关联的几何边的个数，又可以成为点的度；

$d_{V/F}$：表示一个三维几何体内与某个几何点相关联的几何面的个数；

$d_{E/F}$：表示一个三维几何体内与某个几何边相关联的几何面的个数，又可以称为边的度；

$d_{E/V}$：表示一个三维几何体内与某个几何边相关联的几何点的个数；

$d_{F/V}$：表示一个三维几何体内与某个几何面相关联的几何点的个数；

$d_{F/E}$：表示一个三维几何体内与某个几何面相关联的几何边的个数；

$d_{F/S}$：表示一个三维几何体内与某个几何面相关联的几何体的个数。

以下约束主要体现两种思想，一是共享，即相邻接的几何边、几何面以及体会分别共享公共几何点、几何边和几何面。二是面与面，线与线之间不会出现相交的情形，在建立几何对象之间的拓扑关系的过程中，相交的线或是相交的面会被打断。

1. 三维几何体中点、边所需要满足规则

规则 1：三维几何体中的点是唯一的。即对任意不同的两点 $V_1(X_1,Y_1,Z_1)$ 和 $V_2(X_2,Y_2,Z_2)$，有 $X_1 \neq X_2 \| Y_1 \neq Y_2 \| Z_1 \neq Z_2$。即不同点的几何定位坐标是不同的。这体现了三维地籍产权体的空间范围的确定性、地理位置的固定性，地理坐标是产权体的基因，这是产权体的本性。

规则 2：在三维几何体中必然满足 $\forall d_{V/E} \geqslant 3$。即与三维几何体中的任一几何点相关联的几何边的个数至少为 3，如果与某个几何点相关联的几何边的个数少于三个，那么这个三维几何体必然是不封闭的体。

规则 3：在三维几何体中必然满足 $\forall d_{V/F} = d_{V/E}$。即与三维几何体中的任一几何点相关联的几何面的个数 $d_{V/F}$ 和与该点相关联的几何边的个数 $d_{V/E}$ 是相等的。一个几何点和一个几何边相关联，那么这个几何点属于这个几何边，从而这个几何点必然和与这个几何边相关联的几何面相关联。同时根据规则 2，可以得出 $\forall d_{V/F} \geqslant 3$。

规则 4： 在三维几何体中必然满足 $\forall d_{E/F} \geqslant 2$。即三维几何体内与任一几何边相关联的几何面的个数至少为 2。这说明三维几何体中的相邻面都是通过边进行"拼接"关联的，并且支持流形和非二流形的三维体，如图 6-14（b）所示。如果与某个几何边相关联的几何面的个数少于两个，那么这个三维几何体必然是不封闭的。

2. 三维几何体中的面片所需要满足规则

规则 5： 三维几何体中的面片为直面片。即所有的边界线为直线段，面片上的点都必须在同一个平面上；曲面可以被划分成多个直面片的集合。

规则 6： 三维几何体中的面片的边界必须是封闭的。即在三维几何体中 $\forall F = (\vec{e}_1, \vec{e}_2, \cdots, \vec{e}_n)$，有 $\vec{e}_1, \vec{e}_2, \cdots, \vec{e}_n = \vec{0}$，这里假设 $\vec{e}_1 = (V_1, V_2), \vec{e}_2 = (V_2, V_3), \cdots, \ \vec{e}_n = (V_n, V_1)$。如果不满足这一条件，该几何面必然是不封闭的[①]。

规则 7： 三维几何体必须满足最大分割原则。假设三维几何体中 $\exists F_1 \cap F_2 \neq \Phi$，则必然满足 $F_1 \cap F_2 = E$。如图 6-15 所示的三维几何体中，$F_{ABCD} \cap F_{EFGH} \neq \Phi$，则边 MN 必然存在。同样 $\exists E_{AC} \cap E_{EG} \neq \Phi$，有 $E_{AC} \cap E_{EG} = V_M$，即三维空间中边、面之间都是实交并被分割的。

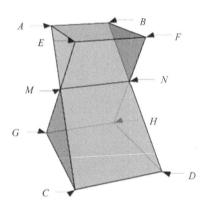

图 6-15 面片和边的最大分割

规则 8： 三维几何体中的面片必须满足 $d_{F/F} = d_{F/E}$。即与三维几何体中的几何面相关联的几何点的个数 $d_{F/V}$ 和与该面相关联的几何边的个数 $d_{F/E}$ 是相等的。

规则 9： 三维几何体中的几何面必须满足面片的单向使用原则。根据一定法则（如右手法则：假设面片的法向量以指向体内为正，让大拇指指向这个正方向，四指所指的方向即为面片边界的方向）可确定面片的正、负法方向，一个面片的正、负法方向不能同时参与一个三维几何体的构造。因此，一个三维几何体在邻接时不能共享同一个几何面。

① Thompson R J, Van Oosterom P J M. 2012. Validity of mixed 2D and 3D cadastral parcels in the land administration domain model. 3rd International Workshop on 3D Cadastres (Shenzhen). International Federation of Surveyors (FIG)/Urban Planning, Land and Resources Commission of Shenzhen Municipality Shenzhen Urban Planning and Land Resources Research Center Wuhan University, 325-342.

3. 三维几何体所需要满足规则

上述两个小节中描述的是一个有效性三维几何体构造中几何点、几何边以及几何面所需要满足的验证规则，即几何对象的外拓扑关系，三维几何体除了要按照点-点、点-线、点-面、线-线、线-面、面-面这种逻辑层次建立几何对象的拓扑关系以外，还需要建立一从三维几何体的整体性角度出发按照体-面片-几何边-几何点以及点-体、线-体、面-体这种逻辑层次给出相应的验证规则。

规则 10：三维几何体中点、边、面都是三维几何体构造的一部分。即 $\forall V, \exists E$ 使 $V \in E$；$\forall E, \exists F$ 使 $E \in F$；$\forall F, \exists s$ 使 $F \in s$；$\forall s, \exists S$ 使 $s \in S$，其中符号 s 代表三维几何体的外壳或边界界面，S 表示三维几何体。

规则 11：三维地籍产权体一定是封闭有界的，传统地籍管理中的二维宗地表达的是二维空间中封闭的权力空间，产权体在三维空间中是封闭的空间，建筑物本身不一定封闭，但抽象出来的产权体必须是封闭的，不封闭的产权体不能描述其确切的空间范围，无法进行空间计算等相关分析。所以经过三维地籍产权体抽象出来的三维几何体必须满足封闭性，封闭性是三维几何体有效的充分必要条件。三维几何体中所有的几何边、几何面如果满足 $d_{E/F} = 2$，则可以保证三维几何体的封闭性；但一个封闭的三维几何体中的几何边，几何面不一定满足 $d_{E/F} = 2$，如图 6-14（b）中自邻接的三维几何体的边 AB 的 $d_{E/F} = 3$。

规则 12：三维几何体具有内部连通性，也就是说，三维几何体内任意两点间存在一个内部路径，且该路径不与三维几何体的边界（几何面或边）相交。如果一个三维几何体满足封闭性和面的单向使用性原则，那么其必然满足内部连通性。

规则 13：$\exists S_1$、S_2，如果 S_1、S_2 相邻接，那么相邻接的部分只能是点、边或面。两个三维几何体共享一个几何点、几何边或几何面，而不能产生新的几何元素，否则三维几何体的几何数据将被重组。同时一个三维几何体可自邻接于内部构造的几何点、几何边，如图 6-14（b）中的三维几何体自邻接于一条线。

规则 14：$\exists S_1$、S_2，如果 $S_1 \cap S_2 \neq \Phi$，则 $S_1 \cap S_2$ 和 $S_1 \cup S_2$ 仍然是三维几何体，即三维几何体的交非空时（不包括相互邻接的三维几何体），它们的交和并仍为三维几何体。

虽然我们给出了有效性三维几何体所需要满足的规则，但必须注意的是上述规则是必要的，但不是充分的，并且这些规则也不可能是详尽的，还可能会有另外的一些规则来验证三维几何体的有效性。因此这些规则并不具有完备性。探究有效性三维几何体所需要满足的规则是一个不断修改和完善的过程。

6.4.3　三维几何体的验证与修复

原则上三维几何体所需要满足的规则，都可以用来验证体的有效性。但是由于几何数据组织和处理的差别，不能满足上述规则时，需采取相应方法进行修复，只有这样才能更好地利用已有的三维数据去创建有效的三维几何体。下面就依据上面章节中给出的有效性三维几何体所需要满足的规则，讨论如何验证三维空间中"已假设存在的体"是不是有效的三维几何体，当不满足要求时需要进行一定的修复。

1. 三维几何体中点、边、面数据的验证与修复

（1）依据规则 **1**：在三维几何体中 $\forall V_1(X_1,Y_1,Z_1)$、$V_2(X_2,Y_2,Z_2)$，如果存在 $X_1=X_2 \&\& Y_1=Y_2 \&\& Z_1=Z_2$ 说明两个几何点完全重叠，则需要删除其中一个几何点。

（2）依据规则 6：在三维几何体中 $\forall F=(\vec{e}_1,\vec{e}_2,\cdots,\vec{e}_n)$，如果存在 $\vec{e}_1+\vec{e}_2+\cdots+\vec{e}_n \neq \vec{0}$，则这个几何面不是封闭的。因为三维几何体中的几何点都满足点的唯一性原则，又根据规则 5，在有效性三维几何体中，几何面上的点都在同一个平面内，所以只能是构成三维几何体的某个几何面的边界线是不封闭的。如图 6-16 所示，顶面的点 V_1 没有闭合到点 V_5 处，同时由于点 V_5 已经参与侧面的构造，因此修复时应将点 V_1 归一到点 V_5 处，从而完成对顶面和正面的修复。

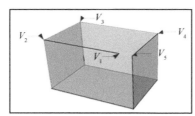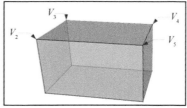

图 6-16　不封闭面的修复

（3）剔除三维几何体数据中的孤立边、悬挂边、孤立面、悬挂面。

三维几何体修复过程中通常需要处理孤立边、悬挂边、孤立面、悬挂面。

孤立边：在三维几何体中 $E_{\text{Iso}}=(V_1,V_2)$，有 $d_{V_1/E}=1$，$d_{V_2/E}=1$。即在三维几何体中边的两个端点的度都等于 1 的边为孤立边。如图 6-17 中边 $E(V_7,V_8)$。

悬挂边：在三维几何体中 $E_{\text{Han}}=(V_1,V_2)$，有 $(d_{V_1/E}=1,d_{V_2/E}=1)\|(d_{V_1/E}>1,d_{V_2/E}=1)$。即在三维几何体中构成边的点中有一个点的度为 1，另一个大于 1 的边为悬挂边。如图 6-17 中边 $E(V_1,V_2)$。

孤立面：在三维几何体中 $F_{\text{Iso}}=(E_1,E_2,\cdots,E_n)$，有 $d_{E_1/F}=d_{E_2/F}=\cdots=d_{E_n/F}=1$。即在三维几何体中，构成某个面的所有边的度都为 1 的面为孤立面，如图 6-17 中面 $F(V_3,V_4,V_5,V_6)$。

悬挂面：在三维几何体中 $F_{\text{Han}}=(E_1,E_2,\cdots,E_n)$，则 $\exists d_{E_i/F}>1(i\in(1,2,\cdots,n))$，$\exists d_{E_j/F}=1(j\in(1,2,\cdots,n)$ 且 $j\neq i)$。即在三维几何体中与度为 1 的边关联的面片是孤立面或悬挂面；若该面片的其他边的度都为 1，则其为孤立面，否则为悬挂面，如图 6-17 中面 $F(V_9,V_{10},V_{11},V_{12})$。

依据规则 **2、4**：三维几何体中不满足 $\forall d_{V/E}\leqslant 3$ 的几何点都不满足有效性三维几何体中点数据要求，但是这些不符合要求的几何点可能是由于几何边或几何面不符合要求引起的，直接删除这些不符合要求的几何点并不能起到修复的效果。如图 6-17（a）的三维几何体中$d_{V_2/E} \leqslant 3$，图 6-17（b）的三维几何体中$d_{V_4/E} \leqslant 3$、$d_{V_6/E} \leqslant 3$，直接删除点V_2、V_4、V_6后仍然不能起到修复效果，需要进行下一步的判断。同样对于三维几何体中$d_{E/F} \leqslant 2$的判断也存在同类问题。

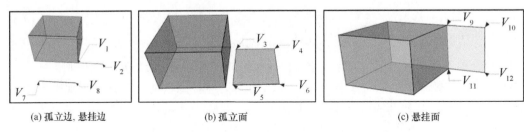

(a) 孤立边、悬挂边   (b) 孤立面   (c) 悬挂面

图 6-17　孤立边、悬挂边、孤立面、悬挂面示意图

依据规则 3、8：判断三维几何体中$d_{V/F}$和$d_{V/E}$、$d_{F/V}$和$d_{F/E}$是否相等，如果不相等，那么在该三维几何体中肯定存在悬挂边、悬挂面、孤立边或孤立面，需要采用如下的方法进行修复。

（1）计算三维几何体中$d_{V/E}$和$d_{E/F}$的值，找出所有的F_{Iso}、F_{Han}、L_{Iso}、L_{Han}（悬挂边、悬挂面、孤立边或孤立面）并删除，注意操作顺序采用自上而下的原则，先删除面片，然后删除边。

（2）更新三维几何体数据，重新计算三维几何体数据中所有的$d_{V/E}$和$d_{V/F}$的值，检查是否依然存在L_{Iso}、L_{Han}、F_{Iso}、F_{Han}。

（3）如果依然存在F_{Iso}、F_{Han}、L_{Iso}、L_{Han}，则将其删除，并返回步骤 2，否则修复结束。

以图 6-17（a）为例：①计算图 6-17（a）中三维几何体中所有的$d_{V/E}$和$d_{E/F}$值，只有边$E(V_1, V_2)$中$d_{V_1/E} = 2$，$d_{V_2/E} = 1$，属于悬挂边，不存在孤立边、孤立面和悬挂面，将悬挂边$E(V_1, V_2)$删除。②重新计算删除边$E(V_1, V_2)$后的三维几何体数据中的$d_{V/E}$和$d_{E/F}$的值，所有的$d_{V/E} > 3$、$d_{V/E} > 3$。③根据步骤（2）判断三维几何体数据中不再存在悬挂边、孤立边、悬挂面、孤立面，修复结束。

（4）依据规则 7：三维几何体中几何边和几何面都需要满足最大分割原则，最大分割后边、面的确定性以及根据规则 9 的约束，可以有效地避免三维几何体中莫比乌斯（Möbius）曲面及克莱因（Klein）瓶的情形出现。

（5）依据规则 9：一个三维几何体不允许自邻接于面，如果自邻接于面，就应该剔除那个共享面。如图 6-18 的三维几何体中F_{ABCD}（又称内部面）应该删除，因为它违反了面的单向性使用原则。

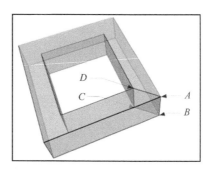

图 6-18　不合规则的内部面片

（6）三维几何体中的二维环或洞 R 的判定依赖于其所在的三维几何体的环境。如图 6-19（a）中体 S_1 顶面上的面 R 只属于 S_1，所以顶面上的面 R 不是洞，或者说 R 也参与三维几何体的构建并指向三维几何体 S_1 的内部；而在图 6-19（b）中三维几何体 S_1 顶面的面 R 同时参与三维几何体 S_1 和 S_2 的构造，则三维几何体 S_2 中的 R 对 S_1 来说就是一个标准的二维洞的概念。

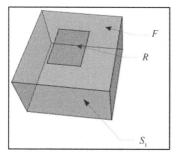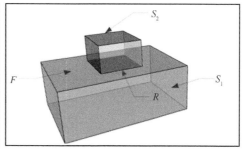

(a)R 参与三维体的构建　　　　　　　　　　(b)R 被两个体使用

图 6-19　二维洞的判定

2. 三维几何体的整体性验证

在验证了三维几何体中的点、边、面后，下面进一步对三维几何体进行整体性验证。

（1）依据规则 **10**：在三维几何体中如果存在点 V、E 或 s 不满足**规则 10** 中的条件，则说明在该三维几何中可能存在孤立边或孤立面，应该用前述章节中所叙述的孤立边和孤立面的修复方法进行修复。

（2）依据规则 **10、13、14**：多个三维几何体相邻接时应删除重复的几何数据（几何点、几何边和几何面），保证三维几何体在拓扑上连接，消除数据冗余。图 6-20 中三个图中的两个三维几何体分别在几何点、几何边或几何面处相邻接，最后得到两个三维几何体共享一个几何点、几何边或几何面。

（3）欧拉公式（$V-E+F=2$）说明了简单三维几何体中的顶点数，边数和面数之间的关系。庞加莱对欧拉多面体定理进行推广，得出了欧拉-庞加莱公式（Wilson，1985）。

欧拉-庞加莱的验证公式为：$V-E+F-(R-F)-2(s-G)=0$。其中，R 代表二维环、s 代表壳、G 代表三维洞。以图 6-21 为例说明用欧拉-庞加莱公式验证现实世界中存

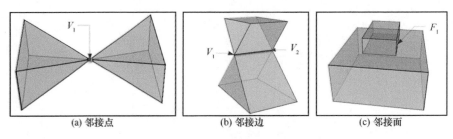

(a) 邻接点　　　　　　　　(b) 邻接边　　　　　　　　(c) 邻接面

图 6-20　三维几何体在点、边、面处邻接

在的几种常见类型的三维几何体。图 6-21（a）中边 E 的个数为 24、面 F 的个数为 11、顶点 V 的个数为 16、二维环 R 的个数为 12（11 个面加顶面上的一个内部环）、壳 s 的个数为 1，三维洞 G 的个数为 0。因此有如下等式：

$$V - E + F - (R - F) - 2(s - G) = 16 - 24 + 11 - (12 - 11) - 2(1 - 0) = 0 \qquad (6\text{-}1)$$

同理对于图 6-21（b）、图 6-21（c）、图 6-21（d）也存在如下等式：

$$E = 24, F = 10, V = 16, R = 12, s = 1, G = 1, 有16 - 24 + 10 - (12 - 10) - 2(1 - 1) = 0 \quad (6\text{-}2)$$

$$E = 36, F = 16, V = 24, R = 18, s = 1, G = 0, 有24 - 36 + 16 - (18 - 16) - 2(1 - 0) = 0 \quad (6\text{-}3)$$

$$E = 48, F = 20, V = 32, R = 22, s = 1, G = 1, 有32 - 48 + 20 - (22 - 20) - 2(1 - 0) = 0 \quad (6\text{-}4)$$

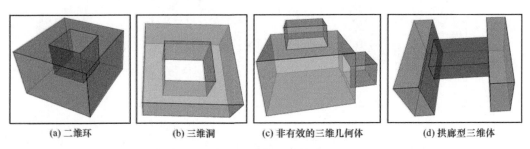

(a) 二维环　　　　　　(b) 三维洞　　　　　(c) 非有效的三维几何体　　　　(d) 拱廊型三维体

图 6-21　满足欧拉-庞加莱公式的三维几何体

二维环 R［图 6-21（a）］和穿透洞（三维洞）［图 6-21（b）］在现实三维地籍对象中很常见（如跨街建筑），因此带洞的三维几何体是客观的需求。欧拉-庞加莱公式是三维几何体验证的必要非充分条件。如果一个三维几何体不满足欧拉-庞加莱公式，则其必不是有效的三维几何体；但满足欧拉-庞加莱公式的三维几何体却并不一定是有效的三维几何体，如图 6-17（c）所示，$E = 15, F = 7, V = 10, R = 7, s = 1, G = 0$，有 $10 - 15 + 7 - (7 - 7) - 2(1 - 0) = 0$，满足欧拉-庞加莱公式，但却不是有效的三维几何体。

3. 三维几何体的几何化简

三维几何体的几何化简是在保证三维几何体的体特征的前提下，达到减少几何数据的复杂度，简化拓扑表达的目的而采取的操作，如图 6-22 的三维几何体中存在 $F_{ABEF} \cap F_{EFCD} = E_{EF}$，且面 F_{ABEF} 和面 F_{EFCD} 在同一平面内，那么就需要计算边 E_{EF} 的 $d_{E/F}$ 值。

（1）当 $d_{E/F} = 2$ 时，则说明 E_{EF} 由面 F_{ABEF} 和 F_{EFCD} 共享，且不被其他面占用，则边

E_{EF} 应该删除。如图 6-22（a）中 $E_{EF} \in F_{ABEF}$、$E_{EF} \in F_{EFCD}$，不存在面 F_{EFGH}，所以边 E_{EF} 可以删除；类似地，如果边 EF、EG、GH 和 HF 都被删除掉，则点 $EFGH$ 也应该删除，形成边 AC、BD，如图 6-22（b）所示。

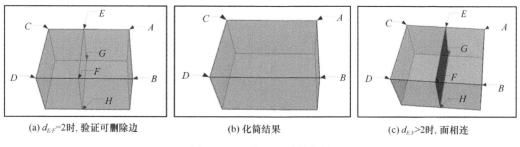

(a) d_{EF}=2时，验证可删除边   (b) 化简结果   (c) d_{EF}>2时，面相连

图 6-22　三维几何体的化简

（2）当 $d_{E/F} > 2$ 时，说明还有另外一个面 (F_{EFGH}) 在使用 E_{EF}，不能直接删除。图 6-22（b）中 $E_{EF} \in F_{ABEF}$、$E_{EF} \in F_{CDEF}$、$E_{EF} \in F_{EFGH}$，所以边 E_{EF} 不能删除，此时图 6-22（c）中是存在 2 个三维几何体在面 FEFGH 处相邻接。

6.4.4　融合语义的三维地籍产权体的验证与修复

三维地籍产权体的修复指的是对三维地籍产权体抽象后的三维几何体的修复。三维地籍产权体是法律意义上的权属体，要求其抽象后的三维几何体是封闭的三维体，进而能计算体积来反应对空间资源的占用，但从数据加工的角度来说几何数据仅提供一系列的面片集，如何确保这些面片集"恰好"围成三维封闭体，即有效性验证，是三维地籍产权体建模的难点；对不满足要求的数据，如何有效的修补和修复来使之满足三维地籍产权体的几何建模要求同样是数据处理的难点。利用前述章节中三维几何体的验证规则和修复方法对经过几何提取和模型转换后所生成的三维地籍产权体的几何数据进行验证和修复，如图 6-23 所示。从图中可以看出，所生成的建筑物数据中含有悬挂面（屋顶边沿）、二维环或洞（去除门或窗户后形成）、底部面缺失，这些都可以利用上述章节中所阐述的修复方法进行修复，修复过程示意图如图 6-23 所示。在进行有效性验证和修复处理过程中要采用先处理面数据，再处理线数据的自上而下的原则，以图 6-23 为例，首先要删除由屋顶边沿所形成的悬挂面，再对可能的悬挂线进行处理。

在图 6-24（a）中，由于提取外部墙的原因，造成墙体与屋顶分离，此时可以利用三维地籍产权体验证和修复章节中的规则 5 和规则 6 对此种类型的错误进行修复，延伸墙体与屋顶连接；在图 6-25（a）中，由于屋顶中烟囱的存在，在删除烟囱后，会在屋顶上形成洞，在转换完成后，需要进行修复洞的操作，填补缺失的面；图 6-26（a）中两层建筑物的中间的面片超出了整个建筑的范围，有根据面的最大分割原则，在两个面相交处必然产生相交的线，所以两层楼之间的面片与下层楼的屋顶和上层楼的地面必然有相交的线，相交的线以外延伸出的面片，属于悬挂面，可以利用悬挂面的修复方法进行修复，最终得到的修复结果如图 6-26（b）所示；在图 6-27（b）中，经过转换修复完

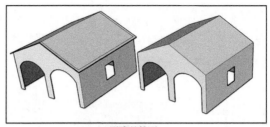

(a)删除悬挂面

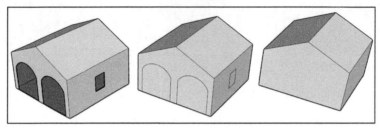

(b)填补缺失面、修复二维洞

图 6-23 三维几何体有效性验证和修复过程示意图

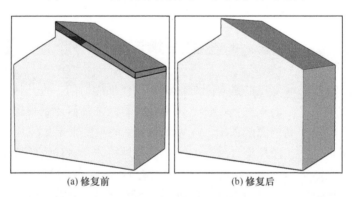

(a) 修复前   (b) 修复后

图 6-24 延伸面示意图

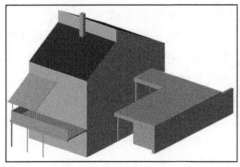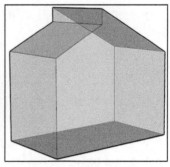

(a) 修复前   (b) 修复后

图 6-25 CityGML LoD2 数据结果对比图

成后的三维几何封闭体中，顶面存在三维内陷，属于有效性三维地籍产权体，不能删除；在图 6-28（a）中，删除建筑物侧面墙体内部的柱子后，在左侧墙体中形成的是一个三维内陷，属于有效性三维地籍产权体。

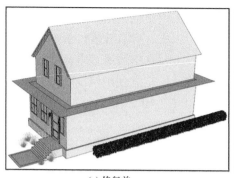
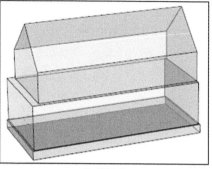

(a) 修复前　　　　　　　　　　　　　　　　(b) 修复后

图 6-26　CityGML LoD3 数据结果对比图

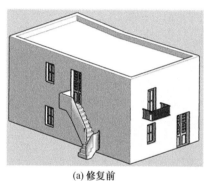

(a) 修复前　　　　　　　　　　　　　　　　(b) 修复后

图 6-27　CityGML LoD3 数据处理结果对比图（屋顶内陷）

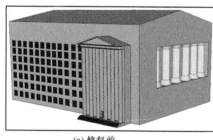

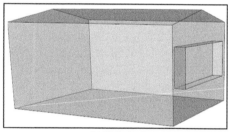

(a) 修复前　　　　　　　　　　　　　　　　(b) 修复后

图 6-28　CityGML LoD3 数据处理结果对比图（立面内陷）

　　经过验证和修复后的数据，只包含三维地籍产权体的几何数据，可以满足三维地籍的可视化显示需求和各种空间分析，所生成的三维地籍产权体要满足各种三维地籍管理系统的用户查询等实际需求，进而需要结合相应的三维地籍产权体语义信息，例如，权利人、权属等信息，以及规划、土地和建筑信息，房地产的法律地位和政府限制等信息，进行三维地籍产权体整合，构建语义丰富的三维地籍对象。权利人（包括自然人和非自然人，非自然人如法人、企业等机构组织）信息中最基本的内容为姓名、身份证号、登记名称、登记号等能够证明权利人身份的信息。三维地籍产权体（建筑产权体）的基本信息主要指的是某个建筑所在的地理位置以及登记号等信息；权属主要是指所有权和使用权信息看，可以将权利人信息和三维地籍产权体信息关联，主要用来说明某一权利人对某一三维地籍产权体的使用权和所有权等，同时在权利性质中还会给出所有权人对某个产权体的使用期限和份额等信息。所有权主要是指所有者对其所依法享有的建筑产权体享有的占有、使用、收益和处分的权利。使用权主要是指使用者对其使用的建筑产权体所依法享有的占有、使用和收益的权利。以三维土地空间使用权出让为例，三维地籍产权体的语义信息应该包含二维土地空间信息及三维土地空间信息，空间形态信息及权属信息。更具体的，应该包括：

（1）二维宗地的权属信息。具体包括二维宗地的所有权人、使用权人、用地类型以及周边的相关属性信息。

（2）三维宗地的权属信息。具体包括权属证号、所有权人、使用权人、登记日期、产权来源等传统登记信息、测绘人员、测绘日期等测绘信息，以及核对人员、核对日期等核对信息。

参 考 文 献

郭仁忠, 应申. 2010. 三维地籍形态分析与数据表达. 中国土地科学, 24(12): 45-51.

郭仁忠, 应申, 李霖. 2012. 基于面片集合的三维地籍产权体的拓扑自动构建. 测绘学报, 41(04): 620-626.

孙小涛. 2011. 基于 CityGML 的城市三维建模和共享研究. 重庆: 重庆师范大学硕士学位论文.

应申, 郭仁忠, 李霖. 2014. 三维地籍. 北京: 科学出版社.

Brugman B. 2010. 3D Topological structure management within a DBMS. Delft: Master Dissertation of Delft University of Technology.

Fan H, Meng L. 2012. A three-step approach of simplifying 3D buildings modeled by CityGML. International Journal of Geographical Information Science, 26(6): 1091-1107.

Fogel E, Teillaud M. 2015. The computational geometry algorithms library CGAL. ACM Communications in Computer Algebra, 49(1): 10-12.

Goetz M. 2013. Towards generating highly detailed 3D CityGML models from OpenStreetMap. International Journal of Geographical Information Science, 27(5): 845-865.

Gröger G, Plümer L. 2011. Topology of surfaces modelling bridges and tunnels in 3D-GIS. Computers, Environment and Urban Systems, 35(3): 208-216.

Isikdag U, Zlatanova S, Underwood J. 2013. A BIM-Oriented Model for supporting indoor navigation requirements. Computers, Environment and Urban Systems, 41: 112-123.

Kazar B M, Kothuri R, Oosterom P, et al. 2008. On Valid and Invalid Three-dimensional Geometries. Berlin: Heidelberg: Springer.

Kumar N P. 2013. A short note on the theory of perspective topology in GIS. Annals of GIS, 19(2): 123-128.

Verbree E, Si H. 2008. Validation and storage of polyhedra through constrained Delaunay tetrahedralization. International Conference on Geographic Information Science. Berlin, Heidelberg: Springer.

Wilson P R. 1985. Euler formulas and geometric modeling. IEEE computer graphics and applications, 5(8): 24-36.

第 7 章　基于 Cesium 的三维地籍系统设计与实现

7.1　Cesium 平台

Cesium 采用面向对象的 Java Script 语言开发，并对 When JS 和 Knockout JS 等框架进行了有效的集成，能够在浏览器上创建三维或二维地球模型，提供了强大的地图展示功能。另外，Cesium 对 AJAX 所提供的功能进行了再封装，实现了异步请求服务器端海量地理空间数据的功能。Cesium 访问空间数据的方式符合 GIS 行业规范，支持公开和私有的数据资源。Cesium 支持 OGC 制定的 WMS、WFS 等网络服务规范，它通过远程服务的方式加载服务器端的地图数据，进而在浏览器中对地图数据进行可视化表达。其源码全部开放，研发者可根据自己的需求进一步修改。

Cesium 具备多种特性，其中部分特点较好地契合了地籍可视化的要求，例如，①无插件。Cesium 使用 WebGL 作为图形渲染引擎，只需要浏览器支持最新的 HTML5 标准即可运行。②支持地下对象加载。Cesium 可加载地下数据的绘制，允许将图形置于地表之下。③矢量要素可视化。Cesium 能够实现静态与动态两种矢量要素的可视化方式，是两种不同的实现方式，完美契合地籍信息的动态性。④支持自定义地形。Cesium 提供了多种影像的显示，同时支持自定义的地形的加载，用户可根据需要，依据一定的格式，加载某地区的地形数据，更好地实现可视化。⑤支持 GLTF 模型加载。Cesium 可加载 GLTF 的建筑模型数据。⑥支持海量数据加载。Cesium 提出了 3D Tiles 的思想来解决海量数据加载的难题，虽然目前还不成熟，但未来应该能较好地解决 Web 端的大数据加载问题。

7.2　系统的体系结构

当前的地籍工作不仅是提供给专业的地籍管理工作者使用，公众及其他领域多类型用户都希望能够通过地籍系统，辅助自身决策与规划，因此三维地籍可视化系统采取 B/S 模式，采取三层架构，分别为数据层、服务层、表现层（图 7-1）。B/S 系统的三层架构设计，降低了层与层之间的依赖，在对某一层进行升级时，并不会影响到其他层。而且提高了系统的安全性，只有通过服务层才能够访问数据，开发者能够在服务层做出诸多限定和控制，避免数据遭到入侵更改。

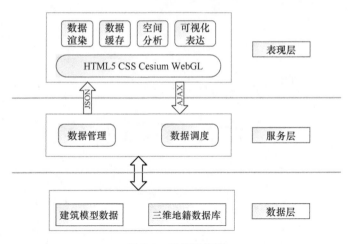

图 7-1　系统架构图

　　数据层是整个系统的基础，地籍数据采取何种数据结构存储至关重要。下文依据地籍数据特点及 B/S 系统需求，设计相应的地籍数据结构，采用 SQL Server 2008 数据库存储相关的空间、属性数据；建筑模型为 GLTF 文件，利用文件管理方式来管理建筑模型数据，根据服务层的请求，来返回相对应的数据。

　　服务层即系统的中间层，浏览器提交相应的请求，服务层根据需要，调度数据层数据，返回相应的数据；由于地籍数据大数据量的特点，服务器层如何对数据进行组织与调度是一个非常重要的问题。服务层是整个系统的核心，在数据层与表现层之间，相当于桥梁的作用。服务层与表现层之间的交互需要选择合适的数据格式以及交互技术。

　　表现层位于系统最外层，即用户可通过浏览器直接操作，提供用户相关操作功能，如查询、空间分析等。系统采用 Javascript 和 HMTL5 技术构建前端页面，渲染数据并存储缓存，可视化显示相关三维地籍对象，由于地籍对象的特殊性，下文将分析采取何种可视化手段来提高三维对象可视化效果，并探索简单的空间分析功能。同时可接受用户所输入的数据或操作指示，与服务器进行交互，请求或上传相关数据，表现层为用户提供一种交互式操作界面。

　　综上所述，系统的实现的基本思路是，设计三维地籍数据模型，以实现存储；并按照一定规则组织调度，解决大数据量加载问题；通过选择合适的交互格式和技术，完成浏览器与服务器的交互；运用多种可视化手段来实现三维地籍可视化；并探索三维空间分析功能。

7.3　三维地籍数据模型

　　三维地籍是一种未来趋势，但当前二维地籍的管理方式仍然是主流。因此在三维地籍系统设计过程中，需保证对二维地籍系统的兼容，其中最重要的一点就是对二维地籍数据库的兼容。因此在三维地籍数据模型设计中，保证了对传统二维地籍数据的支持。

　　传统的二维地籍数据模型包含了界址点、界址线和界址面，界址面由界址线构成，界址线由界址点构成（文小岳，2010）。如图 7-2 所示，点、线、面之间存在着明显的层级关系。宗地之间可能会共享界址线，界址线之间也会共用界址点。因此在数据存储时，会有拓扑表来记录面、边、点之间联系，以减少存储数据的冗余。

图 7-2　二维地籍示意图

三维产权体是三维地籍提出的新概念，是三维地籍理念的核心，其附加了相关的权利、义务属性的三维空间。三维产权体类似于二维地籍中宗地的概念，是三维地籍的管理核心单元。在前文中分析了三维地籍的可视化对象，从数据的几何维度上来说可分为点、线、面、体四种类型实体。点状实体只有位置，没有大小与方向，为 0 维对象，如界址点或公交站点、井盖等点状地物。地铁线路、管道线和电缆线等线状地物以及界址点生成的界址线，具有长度和方向信息。在三维地籍中，引入了界址面的概念，来确定三维产权空间。体宗地和建筑产权体则是三维地籍的管理对象，是由界址面构成。其相互之间的层次关系如图 7-3 所示。

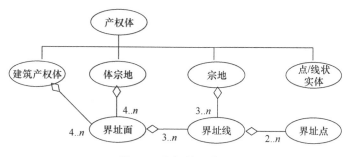

图 7-3　产权体层次图

在目前三维地籍数据库实践中，往往是单独建立三维数据库，并通过二维 ID 与传统的二维地籍数据相关联，通过二维地籍数据库提供相应的属性信息。

然而三维地籍数据库相比二维地籍，拓扑关系更加复杂，有更多的拓扑表来记录其点、线、面、体之间的构造关系。在描述拓扑表结构之前，先要明晰三维拓扑数据模型。简单来说，三维地籍的拓扑模型是一个拓扑层次组织模型，即体由面构成，面由边构成，边由点构成。国内外多位学者都对三维地籍数据模型进行了研究，提出了多种三维地籍数据模型。但在系统的实现过程中，由于 B/S 系统的特殊性，我们对数据结构进行了调整，做了集成处理。

本系统设计是基于 B/S 架构的，以体数据为例，若通过拓扑表，才能依次查询到相应的面、线、边、点数据，这个过程太过于烦琐也没有必要，同时会大大影响数据请求及绘制效率。因此系统对数据的存储方式进行了改造，分别存储了点、线、面、体四种实体数据，不存储拓扑表，直接将坐标按照预先设定的格式存储以字符串的方式存储，直接记录其空间坐标信息。比如三维数据表在主要存储三维特有的属性字段外，还存储了三维空间数据，存储的方式是把三维数据作为一个带格式的整长字符串以 CLOB 的格式存储，这种方式在读写数据库时，服务器端对数据库的读写交互只需要一次就可以完成，减少与数据库交互的次数能够大大提高服务器端程序的响应速度。

　　体的数据有两种存储方式，一种是 2.5 维数据，一种是真三维数据。目前的三维地籍可视化系统都是采用平面底图拔高来生成体数据，因为完全的三维建模方法数据量大，采集成本高，这种拔高的方式暂时可以满足三维地籍的可视化需求。但针对部分带洞建筑或垂直方向分布不均匀的建筑，再用拔高模型就无法表达了，因此系统还另外设计真三维数据模型结构来表示这种特殊的建筑。下面将分别介绍五种类型实体的数据结构（表 7-1 至表 7-5）。

表 7-1　点数据结构

名称	数据类型	主键	外键	可否为空	用途
POINT_ID	int	是	否	否	点 ID
ALLCOORD	nvarchar（max）	否	否	是	点坐标
USE	nvarchar（n）	否	否	是	用途
LOCATION	nvarchar（n）	否	否	是	所在位置
OWNER	nvarchar（n）	否	否	是	拥有人
DESCRIPTION	nvarchar（n）	否	否	是	描述信息
STATUS	int	否	否	是	状态

表 7-2　线数据结构

名称	数据类型	主键	外键	可否为空	用途
LINE_ID	int	是	否	否	线 ID
ALLCOORD	nvarchar（max）	否	否	是	线坐标
WIDTH	float	否	否	是	宽度
USE	nvarchar（n）	否	否	是	用途
LOCATION	nvarchar（n）	否	否	是	所在位置
OWNER	nvarchar（n）	否	否	是	拥有人
DESCRIPTION	nvarchar（n）	否	否	是	描述信息
STATUS	int	否	否	是	状态

表 7-3　面数据结构

名称	数据类型	主键	外键	可否为空	用途
2D_PARCEL_ID	int	是	是	否	宗地 ID
SHAPE	nvarchar（max）	否	否	是	宗地坐标
AREA	float	否	否	是	表面积
PERIMETER	float	否	否	是	周长
USE	nvarchar（n）	否	否	是	用途
LOCATION	nvarchar（n）	否	否	是	所在位置
OWNER	nvarchar（n）	否	否	是	拥有人
DESCRIPTION	nvarchar（n）	否	否	是	描述信息
STATUS	int	否	否	是	状态
NEIGHBOR_PARCEL	nvarchar（n）	否	否	是	相邻面 ID
RELATED_3D	nvarchar（n）	否	否	是	相关联的三维宗地数据 ID

表 7-4　2.5 维数据结构

名称	数据类型	主键	外键	可否为空	用途
25D_PARCEL_ID	int	是	否	否	三维 ID
RELATED_2D	int	否	是	否	相关联的二维宗地 ID
SHAPE	nvarchar（max）	否	否	是	底面坐标
HEIGHT	float	否	否	是	体的高度
ATTITUDE	float	否	否	是	下底面高程
PERIMETER	float	否	否	是	周长
AREA	float	否	否	是	表面积
USE	nvarchar（n）	否	否	是	用途
LOCATION	nvarchar（n）	否	否	是	所在位置
OWNER	nvarchar（n）	否	否	是	拥有人
DESCRIPTION	nvarchar（n）	否	否	是	描述信息
STATUS	int	否	否	是	状态

表 7-5　真三维数据结构

名称	数据类型	主键	外键	可否为空	用途
3D_PARCEL_ID	int	是	否	否	三维 ID
RELATED_2D	int	否	是	否	相关联的二维宗地 ID
SHAPE	nvarchar（max）	否	否	是	坐标
VOLUME	float	否	否	是	体积
AREA	float	否	否	是	表面积
USE	nvarchar（n）	否	否	是	用途
LOCATION	nvarchar（n）	否	否	是	所在位置
OWNER	nvarchar（n）	否	否	是	拥有人
DESCRIPTION	nvarchar（n）	否	否	是	描述信息
STATUS	int	否	否	是	状态

7.4　海量数据组织与调度

Web3D 技术飞速发展,多种浏览器端三维软件可实现三维场景数据的加载。用户通过浏览器能够进行许多简单的操作,如移动、缩放、查询等。而大部分系统功能实现或者数据存储仍然集中在网络服务器上。然而大部分 Web3D 技术在加载大规模城市数据模型时,仍然会出现卡顿、延迟等现象。其很大一部分原因就是三维城市模型的数据量巨大,通过网络传输时,由于网络环境的不同,加载的速度也会迥异,且在浏览器端进行渲染时,浏览器的内存势必难免支持如此大量的数据加载,浏览难免会出现问题。而在三维地籍可视化系统中,不仅包含了三维模型数据,还有大量的地籍数据,如果不能对数据进行有效的组织与调度,浏览器端明显无法完成对如此大规模数据的渲染与绘制(张帆等,2014)。因此,基于网络的三维地籍可视化系统,一个重要问题即是如何解决数据的加载问题。

借助于瓦片地图的加载思想。首先按照一定的格网大小，对底图数据进行划分，以左下角作为数据原点，行列号编号为（0，0），因为已知单个单元格的大小，对数据进行行列号编号。而对三维地籍数据而言，点有一定的特殊性，因为它只可能落于其中的某一个格网，因此其行列号的编号是唯一的。而与之相对应的线、面、体数据，这三种数据类型可能会跨越多个格网，因此在计算时，需要用不同于点的计算方式，其行列号是不唯一的。在数据库中，每个数据都会有相应的行列号，其中包括建筑模型数据，因为建筑模型的安置位置可视为点。

三维地籍系统会管理大量数据，如二三维宗地数据等，而一个普通的县城的宗地数量都会非常大，在前端浏览器对三维地籍数据进行浏览时，如果一次性全部加载，则很有可能造成浏览器的卡顿，影响运行效果。这明显不符合用户对可视化系统的期望。因此在加载过程中，采用类似于瓦片的加载策略。根据当前的屏幕范围，可以推算出其地理范围，则很容易可以计算出其行列号范围，求得的屏幕地理范围内的瓦片所代表的瓦片个数基本上会比屏幕范围本身要大，如图 7-4 所示。因为瓦片是地图表示的最小单位了，因此在计算瓦片的起始行列号时，使用 Math.floor 函数（返回小于等于的最大整数，向下取整），在求 X/Y 方向上瓦片的个数时，使用 Math.ceil（返回大于等于数字参数的最小整数，向上取整），这样即可求出实际需加载的屏幕范围所代表的瓦片值。

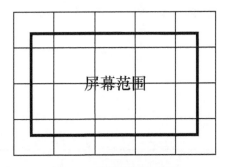

图 7-4　屏幕范围示意图

服务器只需要调度相应行列号范围的地籍数据即可，根据当前屏幕范围加载，而不是一次性加载完成，大大减轻了前端的数据加载负担，提高了数据加载效率，可很好地解决海量数据加载问题。在相机位置发生移动时，则需要重新计算。如图 7-5 所示。很明显，在相机位置移动后，数据仍然可能在屏幕范围内，因此需保留该部分数据，而对超过或待加载数据则需要另外处理。但三维的可视化环境与二维可视化不同，相机可以旋转，会造成地理范围远大于实际需加载的地理范围，如图 7-6 所示。对于此种情况，优先加载离相机位置较近的数据，对于距离过于遥远的数据，暂不加载。

除了瓦片加载策略外，系统还采用了其他方法来改善数据加载效果，如缓存数据。因为建筑模型数据量较大，单个建筑数据往往有数兆大小，通过网络实时传输，受制于网络传输速度，而影响数据的加载效果。

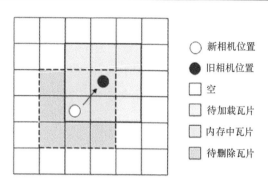

图 7-5　相机移动示意图

图 7-6　三维环境示意图

对于矢量数据，即宗地、建筑产权体数据等，可利用上述 HTML5 的缓存机制（郑艳，2014），按照一定的格式，利用 Web Storage API 进行缓存，它可以永久性地保存数据，在重新打开页面时，可直接从浏览器端读取，而不必请求服务器。而针对建筑模型数据，则可直接存储于客户端电脑上，这种方法属于以空间换时间，在用户允许的空间消耗下，有效减轻了服务器的压力，也提高浏览器端的加载效率，减少了用户的等待时间。并且由于缓存文件可以重复利用，还可以减少带宽，降低网络负荷。

当然数据缓存是有限制的。当缓存达到上限时，则需要有选择性地删除部分数据。系统在删除时，是简单地根据加载时间来判断的。在缓存中，越早被加载的数据则越先被删除，因为用户可能会浏览他最近经常浏览的地区。在未来的系统改进中，则可以采取更精确的算法，如 LRU（least-recently used）算法，即根据最近的数据加载次数来决定，加载次数少的则先被删除。

在数据加载方面，在浏览器端进行加载时，采取异步加载策略，并非服务器端将所需数据完全传输到前端浏览器之后，浏览器才开始加载。而是采取边下载边加载的策略，使得数据请求、服务器数据调度和三维数据渲染等操作可以并行实现，这样可以大大提高浏览器的加载效率，让用户可以迅速看到服务器端数据的反馈，减少用户的等待时间。为了避免请求数据时，加载不及时，系统采取预取策略。即根据当前的屏幕范围所确定的瓦片范围，选择较接近瓦片来作为加载对象，因为用户很有可能会接着浏览相邻的数据。当用户观察的移动范围较小时，可有效提高可视化效果，让用户感觉观察十分流畅，避免卡顿和等待。

7.5　浏览器端与服务器交互

在浏览器端与服务器的交互过程中，主要问题是服务器采用何种数据格式，及数据请求与传递手段和浏览器进行交互，下文将从数据格式和交互技术两个方面进行探讨。

7.5.1　数 据 格 式

下面介绍两种在服务器与浏览器交互中较常见的两种数据格式，即 XML 和 JSON。

XML 即可扩展标记语言，是一种十分常用的标记语言。XML 设计是用来传递与携带数据信息的。用户能够定义与使用符合自身需求的标签，对数据进行标记。将标签与内容分开。

JSON 是一种轻量级数据交换语言，以文字为基础，容易让人理解。JSON 有两种描述数据结构的方法。第一种是通过名称-值，名称与值之间使用 ":" 隔开，一般的形式是{name: value}，即可视为键值对的方式。第二种是对象，一个对象包含于大括号之间，可以包含多个键值对，根据用户自身的需求来确定。JSON 被广泛应用于 Web 应用开发中，一些非关系型数据库选择 JSON 作为存储格式，如 MongoDB、RavenDB 等。

XML 和 JSON 都有很强的可读性和可扩展性。不过 JavaScript 对 JSON 提供原生支持。但这并不代表其他脚本语言不能读写 JSON，基本所有前端语言都拥有 JSON 库，能够完成 JSON 读写操作。JSON 能够依据开发者的需求，简单地定义出复杂对象，在程序编写中，可根据需求来定义对象，而相对来说 XML 则较为固定，已经确定的结构，在运行过程中则不能改变。而且需要下载完整的 XML 文档才能对数据进行解析。相对 JSON 数据来说，其扩充性较差。而且 JSON 的解析效率也明显高于 XML。JSON 与 XML 相比，最大的不同在于 JSON 不是一个完整的标记语言，而 XML 是。这也是造成二者的诸多区别的重要原因。

以二维宗地为例，依据上文的宗地数据结构表，设计宗地的 JSON 格式：

```json
{
  "2D_Parcel_ID": 1082,
  "OWNER": "Nancy",
  "AREA": 200,
  "LENGTH": 60,
  "LOCATION": "克利夫兰路第三街820号",
  "NEIGHBOR _PARCEL": "1081；1083；1078；",
  "RELATED_3D": "301；302；303；",
  "SHAPE":"[-71.13370306,42.389747787,-71.133703059,42.389748118,
          -71.133640211,42.389736672,-71.133644767,42.389720479,
          -71.133625155,42.389717109,-71.133646957,42.389650696,
          -71.133666567,42.389654396,-71.133680652,42.389610781,
          -71.133771135,42.389626946,-71.133756148,42.389672212,
          -71.133729851,42.389667498,-71.13370306,42.389747787]"
}
```

7.5.2　交　互　技　术

AJAX 即异步的 JavaScript 与 XML 技术，是一种常用的交互技术，可用来创建交互性更好的网页应用。传统的浏览器与服务器进行交互，需要刷新整个页面来反应数据的变化，而往往变化的只是局部数据，如果进行整体刷新，重新请求数据的加载，势必会造成数据的浪费，影响数据加载的效率，会造成带宽的浪费。AJAX 技术则是局部刷新界面，用户完全可以操纵页面的同时，浏览器向服务器请求数据，并不会影响用户的任何操作。AJAX 向服务器发送的请求，取回的是必须的数据，大大减少了数据量，避免了在传递未改变数据，这会减轻服务器的压力。同时，服务器的反应也会加快，可以更加迅捷地回应用户的请求。当然在 AJAX 请求的过程中，页面并不会发生任何变化，需要给用户适当的提示，或者提供预读数据，使用户了解数据正在请求，避免用户等待厌烦或觉得请求没用成功而重复操作。使用 AJAX 技术并不需要安装任何插件，可用性十分高。一些经过包装 AJAX 库也简化了 AJAX 技术使用难度。AJAX 技术的数据传输格式为 JSON，这也是在浏览器与服务器交互的过程中，选择 JSON 格式数据进行传递的原因之一。

7.6　数据生产与处理

数据是三维地籍可视化系统的基础。在系统设计过程中，采用 GLTF 为建筑模型数据格式，并设计了三维地籍数据模型来存储地籍实体数据。

服务器端的数据生产模块主要是将各种数据进行预处理，使其为符合要求的地籍数据。三维建筑模型数据有多种格式，如 Collada、OBJ 和 IFC 等。这些格式之间都存在着相互转换的方法，系统以 Collada 格式文件为例，提供了 Collada 到 GLTF 的格式转换工具。在矢量地籍数据方面，常见的有 GeoJson 和 Shapefile 两种源数据。一方面浏览器端并不支持 Shapefile 类型的数据加载，另一方面源数据的空间坐标及属性等字段可能不符合系统的数据要求。因此系统提供相应的数据转换功能，可将这两种数据转换为符合三维地籍数据模型结构的数据。其中属性字段可直接使用，点、线、面的空间坐标按照原始格式存储即可。对于体数据而言，分为两种情况，第一种是 2.5 维数据，记录底面空间坐标，并以字段形式记录下底面高程和上底面高程即可；第二种是真三维数据，直接记录其各面片坐标。而二三维数据的联动则通过其 ID 来进行关联。

在完成了基本的数据生产之后，依据上文提及数据加载策略，还需要给数据赋予相应的行列号。系统依据实验区域面积和宗地数据数量，以经纬度分别为 0.001 创建格网，将实验区域划分为 96×53 格网，共 5088 块，以左下角为原点，行列号为（0, 0）。本书的线类型数据以地下管道为例，数据量较小，不需要进行分块处理，但其处理思路类似于其他数据。因此其余数据可抽象为点、面进行计算。点数据只会在某一个格网内，可依据其距离原点的距离及格网的大小，轻易计算出其所处的格网位置。对于面数据来说，它可能会跨越多个格网，因此在计算过程中取其中心点的方法并不稳妥。在实际计算过程中，求其外接矩形，并分别计算矩形的点坐标，得出其所处网格行列号。系统允许其具有多个行列号。

服务器端的数据调度模块主要依据浏览器端的请求，依据上文提及的数据组织与调度原则，依据瓦片行列号来加载数据，缓解浏览器端的数据压力，提高交互效果。浏览器端请求时，采用 AJAX 技术，使用上文提及 JSON 格式传递数据。

服务器端的数据管理模块主要是对地籍数据和建筑模型进行管理，包括 SQL Server 2008 和文件数据库，具备权限的管理者，能够进行数据管理，包括增删改等各种操作，均是在此处完成。

7.7　系统实现与效果展示

浏览器端基于 Cesium 可视化平台实现，服务器利用在 Eclipse 平台下开发完成，使用 SQL Server2008 数据库存储和管理地籍数据。如图 7-7 所示，实验区域为英国剑桥。下面将介绍与展示系统的主要功能。

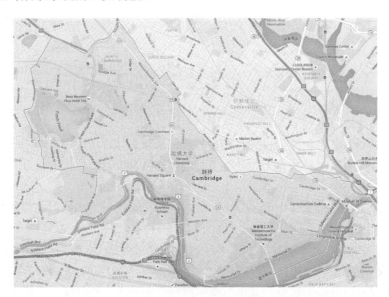

图 7-7　实验区域示意图

7.7.1　三维地籍可视化与数据加载

三维地籍可视化提供基本的地图浏览功能，包括放大、缩小、旋转视角等基本操作，且可切换底图数据，如 Google Map、OpenStreetMap、Bing Map 等。地籍数据存在于地理空间，必须以真实地形为背景，否则用户难以判读和理解。如图 7-8 所示，为浏览器端的系统主界面。

依据用户需求，可加载不同类型的地籍数据，在界面的右下角，可控制数据显示与否，类似于图层的概念，主要包括了二维宗地、GLTF 建筑模型、地下数据、真三维模型等。在所需要的图层前面勾选之后，就加载了相关的图层，反之则不加载。数据加载

图 7-8　主界面

依据前文所述加载策略，仅加载屏幕范围内的地籍数据。下面将依次展示地籍数据加载的显示效果。

二维宗地仍然是目前地籍管理系统中最为重要的数据，三维地籍系统定要兼容传统的二维管理方式，才能最大程度地发挥三维地籍的作用。图 7-9 为加载二维宗地数据的效果图。真实 GLTF 建筑模型则可以直观地表达建筑空间，让用户直观感受建筑外观及空间。图 7-10 为真实建筑模型的加载效果。2.5 维拔高是基于二维宗地的，根据高度信息来概略地显示出建筑产权体在三维的效果。单纯的拔高对国土规划阶段很有用处，但建筑是有细节的，可根据高度不同而分层显示，示例如图 7-11 所示，建筑有多层，每层可根据实际情况进行划分，可视为单独的三维产权体进行管理。地下数据以管道数据为例，城市中地下管道十分常见，也是三维地籍管理的一部分，图 7-12 即为地下管线的

图 7-9　二维宗地数据

图 7-10　建筑模型数据

图 7-11　建筑产权体

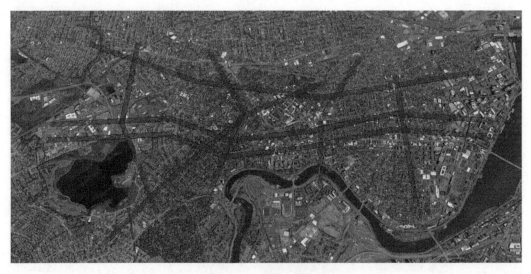

图 7-12　地下管道数据

加载效果，同时建筑数据也会有地下部分。三维地籍的一大特色就是真三维数据，并非所有的建筑都满足传统的二流形定义，在三维建筑数据构建中，经常会遇到不符合规则的数据，因此系统应该支持真三维模型的显示，才能更好地满足三维地籍需求。真三维数据如图 7-13 所示。第一种建筑是典型的双宅示例，其在垂直方向上分布不均匀。第二种建筑包含洞，并非传统意义上的二流形，但其仍然是一个现实生活中存在的建筑，在可视化中，必须要有方法可以显示。

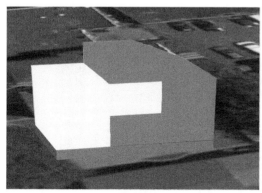

(a) 双宅建筑模型

(b) 图(a)的透明效果

(c) 包含洞的建筑模型

(d) 图(c)的透明效果

图 7-13　真三维数据

7.7.2　查询编辑

查询与编辑主要提供查询和编辑功能，实现了基本的查询功能，包括点选查询、条件查询等多种查询方式，编辑功能允许用户对选中的对象，进行透明度、颜色等属性的编辑。此模块是帮助用户快速定位并查询到自己所需要的信息，主要提供了如下查询方式，分别是坐标定位、条件查询。创建了地籍数据的几何对象和属性之后，查询操作是较易实现的。

坐标定位就是用户通过具体的坐标点来查询地块信息，点击定位查询，跳转到如图界面。在下图中的坐标定位中输入 X 和 Y 的坐标，就可以查询出这个点所在地图上的位置，如图 7-14 所示。

条件查询是用户用三维宗地号、三维用地方案号、三维选址意见书号，查询符合相关信息的三维地块，点击查询后，在条件查询处输入，如图 7-15 所示。

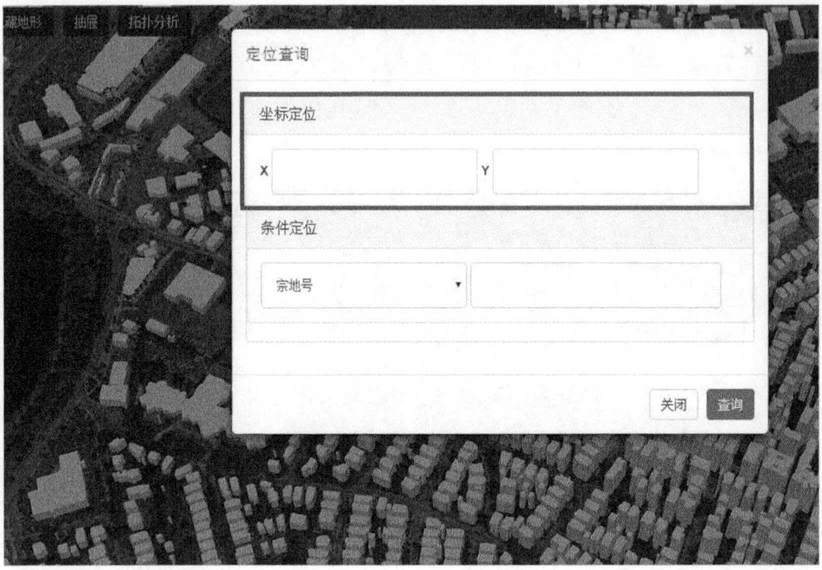

图 7-14　坐标定位

图 7-15　条件查询

点击查询按钮，就会查询出这块地的具体信息，其颜色也会切换，如图 7-16 所示。

点击查询就是利用可视化的图形界面，通过交互式工具（如鼠标）来点击查询当前视图中的地籍对象，会出现相应的选择图标及其相关属性，图 7-17 展现了宗地的点查询和相应属性。

编辑功能则是在选中地籍数据之后，对其颜色和透明度进行改变。该功能可以给用户更多的操作空间，让用户根据自己的喜好或周边的环境的改变，选择不同的颜色与透明度，从而可以呈现更好的可视化效果。

图 7-16　查询结果

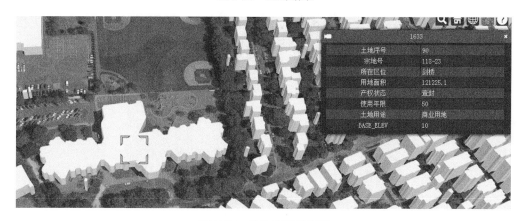

图 7-17　点选查询示意图

7.7.3　可视化手段

可视化手段是为了提供给用户更好的可视化效果，对于地下对象或密集三维空间的展示尝试多种可视化手段。地下建筑或管道等由于地表的覆盖，自然中我们无法从外部看到其特征，只能从内部来感受其空间，这对我们认知和理解地下空间的位置及其与上部设施的关系变得十分困难（王超领等，2009）。但是，通过可视化的方法，将其展现出来，则一览无余。地下空间是当前土地立体化发展的一个相当重要的着力点，不支持的地下显示的地籍管理系统并无实用价值。如图 7-11 所示，在默认情况下，并不会显示地下空间的建筑。当开启了地下模式之后，则会显示地下空间数据，并采用不同色彩与透明度来突出地下显示效果，如图 7-18 所示。

图 7-18 地下模式

图 7-18 为系统全景的展示效果，为了更好展示地下对象建筑细节，系统采取多种可视化手段提高地下对象的可视化效果，下面以单个建筑为示例，展示多种地下对象可视化手段的效果。图 7-19 展示了建筑原效果。

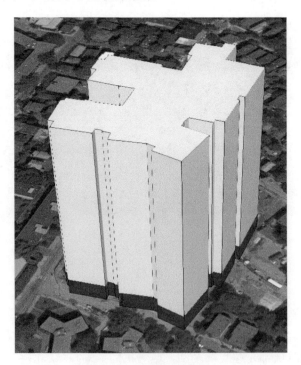

图 7-19 建筑原效果图

例如，采用挖洞的方式来显示数据，在挖洞展示中，能够呈现出原本被遮挡的建筑细节。针对具有地下特征的三维地籍目标对象，通过在地表挖除某一区域的地表影像，通过切割后的空洞更清楚地查看该区域地上和地下空间三维地籍的完整构造形态。图 7-20 从不同视角展示了挖洞效果。

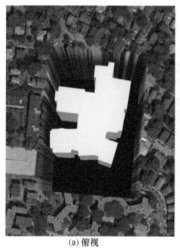

(a) 俯视　　　　　　　　　　　　　(b) 侧视

图 7-20　挖洞效果图

当然也可以进行隐藏地形操作。隐藏地形提供的是一种可以屏蔽地形只看矢量图层要素的功能，用户只要点击此按钮，地形就会被隐藏掉，如图 7-21 所示。图 7-21（a）图为完全隐藏地形，图 7-21（b）则是为了保留建筑附近的地形信息，留下一部分地形，为用户提供参考。

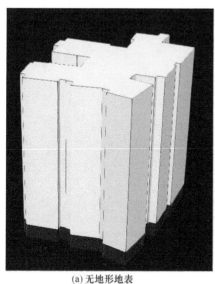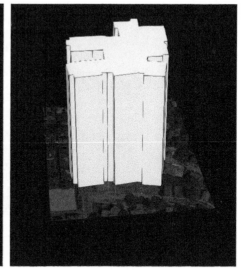

(a) 无地形地表　　　　　　　　　　(b) 有地形地表

图 7-21　隐藏地形效果

而三维地籍中，极为常见的则是密集空间内的多三维权利对象，即群集三维产权体，如图 7-22 所示。产权体之间存在着严重的相互遮挡问题，部分在内部的对象，根本无法观察。这显然不符合三维可视化的要求。如前文所述，能够采用线框与透明的方法来展示群集对象。如图 7-23 所示，除了目标对象之外，全部采用线框展示，能够清晰地展示目标对象，但丧失了其余的对象特征。图 7-23（a）则采用透明与线框相结合的方法来展示，相比之下，效果更佳。图 7-24 则展示了"抽屉"的可视化手段。图 7-25 则是应用了变形可视化手段，在维持群集的整体特征同时，突出展示目标对象。

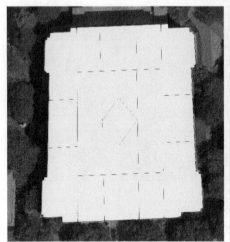

(a) 俯视群集三维产权体

(b) 侧视群集三维产权体

图 7-22　原建筑示意图

(a) 线框效果

(b) 线框加透明效果

图 7-23　群集三维产权体的线框与透明效果

7.7.4　三维空间分析

　　三维空间分析是对三维数据进行空间分析的一个探索性功能，由于目前浏览器端对拓扑支持较弱，空间分析一般是在后台完成。系统在数据库设计时，记录了宗地之间的相邻关系，因此通过当前宗地的 ID，进行查询即可获知其相邻宗地或关联的三维产权体。除此之外，在浏览器端实验了点缓冲区的构建，判断产权体或宗地是否存在于指定半径的缓冲区中，可用于如火灾扩散模拟之中。图 7-26 为原始图，图 7-27 为缓冲区结

图 7-24　抽屉效果

(a) 俯视

(b) 侧视

图 7-25　变形效果

果图。在缓冲区内的建筑，做变色处理。依据图 7-27 能够明显看出在缓冲区内的建筑，改变了颜色，用户可轻易判别建筑是否在缓冲区内。

图 7-26 原始图

图 7-27 缓冲区结果图

参 考 文 献

王超领, 岳东杰, 王瑞, 等. 2009. 城市地下空间三维地籍的建立研究.测绘科学, 34(6): 15-16, 58.

文小岳. 2010. 三维地籍模型理论与方法.长沙: 中南大学博士学位论文.

张帆, 薛丹, 李军, 等. 2014. 基于WebGL的城市三维场景可视化研究. 计算机科学与技术汇刊(中英文版), 3(2): 7.

郑艳. 2014. HTML5本地存储和离线缓存机制应用研究. 武汉: 武汉理工大学硕士学位论文.

第8章 三维地籍可视化

8.1 城市三维可视化

城市是地球表面人口、经济、技术、基础设施、信息最密集的地区，在发达国家中，80%左右的人口集中在城市，城市信息化已经成为当前社会发展的趋势。城市场景的三维可视化是以计算机图形学、多媒体以及地理信息系统为基础，融合3S、虚拟现实等技术，在一定的时空范围内对城市进行多分辨率、多尺度的建模与渲染的过程。对于城市信息化来讲，可视化是实现"数字城市"与人交互的窗口和工具，没有可视化技术，计算机中一堆数字是难以理解的。通过数据可视化技术，为分析和查询数据库中的数据展现了新的视野，有助于发现隐藏在其中的信息，为决策支持、宏观管理提供更加有力的依据。

城市三维可视化对于城市的管理建设有着重要的应用。例如，对于城市建筑的三维可视化能够支撑相关的三维城市分析包括量测分析（图 8-1）、开敞度分析（图 8-2）、天际

图 8-1 三维量测分析

(a)开敞度可视部分表面

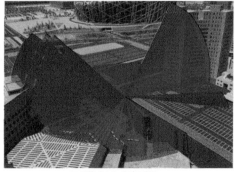

(b)开敞度不可视部分体

图 8-2 三维开敞度分析效果图

线分析（图 8-3）、城市通风等（图 8-4）。最重要的是可以对产权体进行可视化展示（图 8-5），能准确反映地籍权属单元的空间范围，明晰复杂三维地籍实体的权属界限，避免纠纷的产生，保障三维地籍空间中复杂土地利用方式下不同权利主体的合法权益。

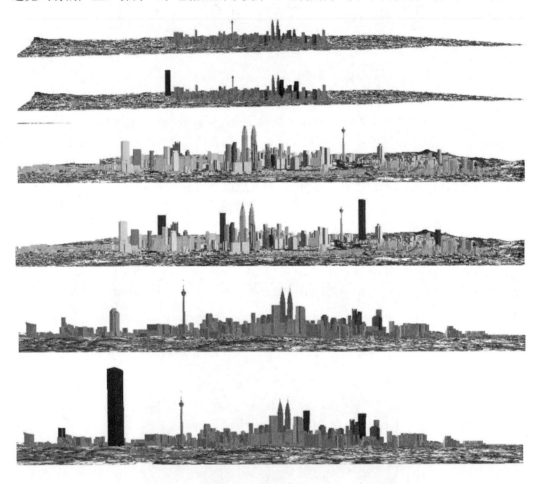

图 8-3　天际线分析结果

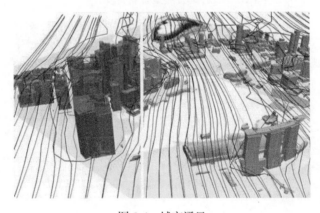

图 8-4　城市通风

图 8-5　三维产权可视化

　　而在地下空间部分，由于城市地下空间的隐蔽性和不断建设中的城市地下构筑物等使得地下空间错综复杂。对于地下空间的三维可视化可以有效应用到地下管线管理、空间开发与建设（图 8-6）。

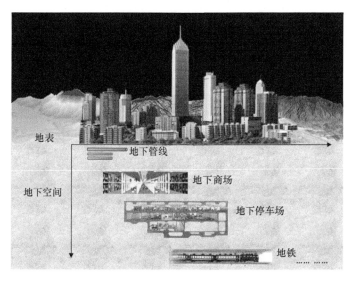

图 8-6　地下空间

8.2　群集可视化现状分析

8.2.1　相关概念介绍

1. 群集对象

群集对象的案例是生活中广泛存在，只是观察的角度和尺度有所差异大到浩瀚庞大的星系结构，小到由无数的纤维分子集聚而成的棉花和细菌繁殖而成的菌落，还有现实日常生活中的建筑房产群、轮船上整齐叠放的集装箱和库房存放的商品等等都具有明显的三维性和群集特征。群集三维体对象中的实体对象相互邻接或相离而不相交，实体对象可以是球形的原子、组成 DNA 的脱氧核苷酸分子、纤维分子、集装箱、三维产权体等。图 8-7 中蛋白质间的邻接组成了分子结构，原子间的邻接是通过键的作用，现实中为了教学和展示的便易，用线段表达原子间的作用，实际上并不存在真正的间距和空隙。人们在生活中常见的三维群集对象包括综合住宅楼、地上地下的分层产权体等，如图 8-8（a）和图 8-8（b）。群集对象的可视化就是要符合人类感知地直观地展示该房间的位置和它与其他房间的空间关系。面对群集对象时，视线无法观察到其内部对象，需要借助可视化工具来实现这一目标。

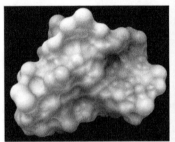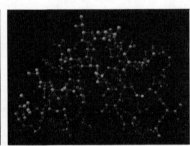

(a)蛋白质分子　　　　　　　　(b)原子组　　　　　　　　(c)原子组抽象模型

图 8-7　分子结构示意图

(a)综合住宅楼　　　　　　　　　　　(b)地上地下产权体空间

图 8-8　群集对象实例

　　群集三维对象与人们认识的密集对象有所不同。群集对象是紧密邻接的，而密集对象通常指分布密度较大，或者可视化时存在压盖、遮挡，难以有效的展示；同时对群集内部对象某个或一系列焦点对象的突出和强调也是面临的难点。对群集对象的可视化，要求做到：

（1）保证群集的可见性，包括群集各对象的可见性、群集的分布状态，维持用户的认知状态；群集的展示位为焦点的突出做好参考和指引。

（2）保证群集中焦点对象的可见性和突出性；群集中的焦点对象，不管它们在哪个位置或具有什么形状，应突出并可见。

（3）保证群集中各对象的空间关系的等价性。

2. 产权体

随着城镇化和工业化的不断推进，城市的土地资源日益稀缺，土地立体化利用成为许多国家和城市管理者的同时，我国在 2007 年颁布实施的《中华人民共和国物权法》中第 136 条规定，建设用地使用权可以在土地的地表、地上和地下分别设立。规定让土地立体化利用中的分层建设、产权管理确立了法律依据，满足当今城市建设的方向和社会需求，现实生活中的商场店铺、房产单元、地铁建设中均是土地立体化利用，垂直方向上利用多元化的典型代表，即传统的同一宗土地在分层开发和利用中可能形成地下、地表、地上多个相互独立的产权体。显然，传统的基于二维多边形的地籍模型是无法描述这种更为精细化的三维地籍产权体的，建立三维地籍模型，描述三维地籍产权体并兼容二维地籍宗地，统一管理和登记不同维度的土地权属是一个迫切需要解决的问题。而三维地籍中的基础单元是产权体，产权体具有明确的空间界限，在含义上与二维地籍信息系统中宗地的界址点和界址线类似，在几何形态上是封闭的三维空间实体，例如长方体、圆柱体形式的几何空间；产权体同时涉及法律层面上的空间权利归属和利用类型。

3. 变形可视化

目前基于计算机信息系统普遍遇到的问题是，如何在固定大小的窗口中有效展示信息数据，例如城市地铁图的设计、数据报表的显示、精细地图的大比例尺尺度展示等等。针对这一信息可视化问题，学者和工程师提出了不同的解决方案，使用数据翻页显示报表，将精细地图按照不同的尺度进行不同程度的地图综合，地铁图的设计中不必强制遵循站点间的方位方向，将站点间的实际路线（曲线）投影为线段的方式。将大容量、大规模的数据在有限的窗口进行展示，有许多不同的解决方案，并且这些方案可以分为面向变形和面向非变形的两种类型，另外数据可以分为图像类型和非图像类型，其中图像类型中隐含空间关系。非变形技术方案主要针对面向的是文本数据，最常见的应用是在单次时间中展示部分数据，如鼠标滚动网页和报表翻页，将整个信息空间划为可显示的空间，并提供分层访问的机制；非变形技术方案是利用数据中的特定结构，如树、图数据结构，以特殊的方式进行数据的展示；非变形技术方案在面向小数据量文本展示时效果很好，但是在面向大规模数据时，单次展示的部分数据不能提供上下文的浏览环境，上下文是表示展示的部分数据在全局数据链中的位置，与上下"页面"间的联系。针对这一问题，变形可视化技术方案允许用户在一部分窗口上详细浏览局部数据，并提供全局数据的视图以提供总体的上下文，让用户在浏览体验时掌握导航的方向，不至于迷失。

变形可视化采用非线性放大技术，数据在展示时有歪曲，反映地理空间中就是空间的扭曲和对象的变形，包括单焦点图（bifocal display）、透视墙（perspective wall）（Mackinlay et al., 1991）、鱼眼图或透镜图（fisheye view）（Furnas 1986）和多焦点鱼眼图（polyfocal display）（Spence，2001）等，如图 8-9 所示。Leung 和 Apperley（1994）同时把变形分为笛卡儿坐标空间和极坐标空间，在笛卡儿坐标空间中每个点的变形是基于它和聚焦中心的坐标比例；极坐标空间中变形是基于矢量距离。变形也可以分为连续的和非连续的，单焦点图和透视墙是非连续的变形，而鱼眼图是连续的变形。平面中的变形、放大镜或鱼眼图可以某个平面区域增强，但通常丢失了背景，因为它不能同时展现其他内容。

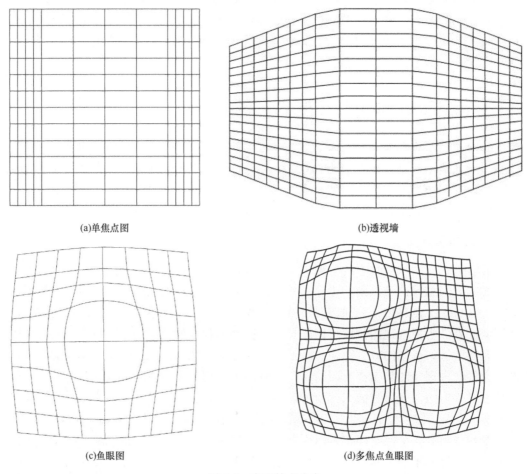

(a)单焦点图　　　　　　　　　　　　　　　　(b)透视墙

(c)鱼眼图　　　　　　　　　　　　　　　　(d)多焦点鱼眼图

图 8-9　变形技术分类

4. Focus+Context

当用户在大规模密集地理环境的可视化探索时，其认知心理倾向于保持信息空间的全局视图随时可见，同时对局部感兴趣的详细信息进行探索。在信息可视化领域中，依据这一认知规律所发展出的交互技术主要包括 Overview + Detail 和 Focus + Context 两类。Overview + Detail 技术将信息空间划分为两个视图，分别提供用于信息空间全局导航的整体视图以及局部的详细信息视图，并广泛地在地理场景的鹰眼和放大图中得到广泛应用，其主要问题是用户的注意力需要在两个视图之间进行切换，导致连续性被中断以及用户思维记忆的频繁转换。

Focus + Context 技术起源于广义鱼眼视图（generalized fisheye view），它将用户关注的焦点对象（focus）与整体上下文环境（context）同时显示在一个视图内，通过关注度函数（degree of interest function）对视图中的对象进行选择性变形，突出焦点对象，而将周围环境上下文中的对象逐渐缩小，并得到进一步的发展，包括文档镜头和透视墙。其认知心理学基础是人在探索局部信息的同时，往往需要保持整体信息空间的可见性。若信息空间被划分为两个显示区域（Overview + Detail 模式），人在探索信息时需要不断切换注意力和工作记忆，导致认知行为的低效。变形理论的初衷是在放大、突出感兴趣区域的信息，同时保留感兴趣区域在整体中的上下文信息，并且在变形时要尽量维护整体中的邻接性、正交性和拓扑关系，Focus + Context 和变形可视化技术的应用领域非常广泛，如可视程序调试界面设计，大数据量情况下的显示、编辑和处理，图的可视化显示等。

固定大小的显示窗口展示大规模数据时，若将全局数据按照固定比例进行缩小，窗口中的数据内容则是一致性的失真，用户在浏览时不能准确认知感兴趣区域的数据。因此产生变形可视化的技术方案，同时兼顾用户感兴趣的区域和上下文环境，在本书中用户感兴趣的区域称为 Focus（焦点），上下文环境称为 Context（全局环境），在变形可视化中，焦点的数据内容得到扩张或较小程度的缩小，而全局环境的数据内容则是较大程度缩小，缩放程度的因素在于焦点在全局环境中的位置和缩放因子的设置。焦点提供了用户感兴趣的数据，在窗口中焦点的单元数据量会占据较大的窗口范围，全局环境是必要的环境信息，为变形可视化展示提供连续化和空间感的体验。本书中全局环境的研究主体是群集三维对象，而且是研究现实生活中建筑内部房产单元或地下空间单元，本书中焦点的研究对象是用户感兴趣的三维对象。Focus 就是焦点对象，特指聚焦的三维体，可以是一个也可以是多个。群集三维对象由于聚集和紧密邻接的原因，对于非外围的三维对象在可视化时存在视觉阻挡。焦点对象应采用凸显技术，从色彩、纹理、大小等方面予以突出显示其与其他群集中的对象的不同，能够让用户第一时间识别焦点。Context就是群集自身，可视化时能实时、从不同的视角展示群集，包括群集对象的分布和排布、群集对象之间的空间关系等，群集的集合特征、完整性、一致性等是可视化时要维护的。本书要使得焦点在平常"难以从外部可见"的对象变得"可见"或"易见"，同时要做到保证群集的整体空间分布特征；提供一些视觉线索来表达正确区域的空间关系；突出焦点对象。

8.2.2　现有可视化方法介绍

1. 增强现实

增强现实技术是通过计算机技术将数字虚拟信息和真实环境叠加到一个场景的实

时现实技术。Milgram 和 Kishino（1994）给出了一个从现实环境到虚拟环境的连续体概念，增强现实技术将两者连接在一起，以便于将虚拟信息和物理环境对应起来，陈蕾英（2013）提出了一种基于语义的用户关注度计算方法对用户关注区域进行信息增强。一方面，增强现实通过在真实场景画面上呈现一般人眼视觉无法直接察觉到的信息，增强了用户对真实环境的感知。通过增强现实的技术可以将平面图形图像营造为立体的虚拟世界，用户可以在其中进行对象的追踪，体验沉浸式的飞行感受，尤其是在城市三维环境中，道路、建筑限制了人们的视线范围，如图 8-10 所示，将地下管道与现实沉浸式融合，增强整体性显示，这种技术将发挥更大作用，但是增强现实技术也存在错误传递物体间的遮挡关系和深度信息。增强现实中显示被遮挡的虚拟物体时，深度方向上的位置感知变得不明确。尤其是当遮挡物较多，存在群集时场景信息变得不可见，影响用户对真实环境的感知，增强现实技术对数据的要求较高，实施的过程中涉及的流程较多，而且对硬件有很高的要求。

图 8-10　管道与现实叠加的增强现实可视化

2. 透明度

随着电子地图的发展，透明度作为图像展示中视觉变量受到地图专家和学者的关注，透明度是用来表达深度信息最常用、最直观和最简易的方法，适合与面状符号一起表达叠置的等级感。在计算机图像显示中，地图符号的透明度越高，则符号本身的表达越浅淡，对地图覆盖区域的影响则越小。在群集三维对象中使用全局透明度是最简便的解决方案，通过确定一种绘图风格和透明度设置，使用户能够准确地解释三层遮挡物体，能够给人以虚实不同的视觉感受，它在大部分情况下都能显示出遮挡区域，但是不能有效展示出正确的遮挡次序，并且在遮挡层次增加时聚焦局部易产生视觉混淆（图 8-11）。

3. 剖切面

剖切面是展示被遮挡信息的一个简洁而有效的手段，在工程图学、建筑制图和科学插画等领域中被广泛使用。剖面图将群集对象在某处切断，以观察群集对象。但是对群集对象，剖视图的缺点也是明显的。首先，被切割的场景信息丢失会影响用户对真实环

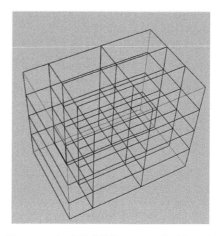

图 8-11　全透明或线框展示三维群集对象

境的理解；其次，大的切割区域因无法提供足够的上下文而导致物体的隐藏空间关系丢失，因此可视化区域有限；最后，由于闭合的切割几何容易遮挡深处的隐藏物体，尤其是物体远离视点或视线贴近水平面时（图 8-12）。也就是说，只能展现群集对象在某个平面上的结构，特别是邻接关系；对象的整体性缺失，无法展现其他方向的深度、空间位置和关系。

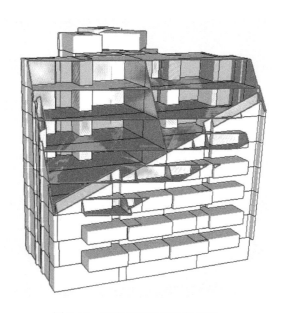

图 8-12　三维房产群集的剖切图

4. 激光三维点云

随着地理空间数据和产业的不断发展和完善，地理数据工作者需要一种能够快速采样、建模、分析自动化的产品类型，而三维激光点云通过摄像机扫描各类地物特征和纹理建立详尽的三维模型，目前激光点云扫描结果的准确度和精确度不断提高，并有科研工作者通过对室内三维点云数据进行抽象和简化，反演室内空间的几何模型纹理结构。

三维激光扫描作为一门新兴的测绘技术，受到越来越多专家和学者的关注，为人们在面临测绘工作时提供了解决问题的新的途径。现有的三维可视化技术局限在地理空间对象表面的表达，或者是利用激光三维点云构建实体的细节轮廓，这种方法虽然能够精细数字化三维实体的结构，而且在内部漫游时提供精细的视图动画，但是扫描耗时长，实体结构关联规则的搭建，以及后续人工的校验。三维激光点云技术能通过摄像机扫描获得群集三维对象的外围或内部空间的点云数据，在视觉呈现上不易辨别楼层或单元的差异性，而且离散的空间点在漫游过程中容易迷失方向，因此需要针对点云数据构建三维对象的空间几何数据模型，构建的数据模型需保持三维对象间的拓扑规则和保持模型的准确度，目前还没有完善的映射算法能够准确构建空间几何数据模型，而且部分的空间仍然需要人工校验。

5. 体素

体素（voxel）是一个体积像素，用来表示三维空间中规则格网的值，类似于二维空间中用来表示二维图像数据的像素，这是维基百科上对体素的定义。体素在现实运用中一般是以规则正方体的形式出现，体素可以采用不同的单元来构建复杂的三维模型，传统的三维模型构建方式在面对复杂的三维模型，如孔洞、拱桥、突起等三维对象时效率不高，而体素可以轻松地构建复杂模型。体素构建的模型能够很容易计算模型的体积、表面积，以及和周围模型的拓扑关系；但是构建的模型精度取决于基本体素的精度，以体素方式构建的群集三维对象占用的内存高，数据的读取和载入效率不高。体素可视化是通过体积化单元模型来模拟表达建筑物模型，能够精细化渲染模型的纹理信息，产权体是由几何要素构成的封闭空间，而不是实质的填充。在体素可视化中，用户可以通过设置部分模型中体素的隐藏或透明来观察焦点对象，这种观察方式保留了焦点的上下文环境，但是在交互上较为烦琐，用户需要不断尝试设置体素的可视化才能找到焦点对象，而且在透明化处理下仍然存在视线的阻挡，在复杂精细模型中体素密度很大时会出现线框的深度叠置，不易观察。

8.3　群集变形可视化原理和分析

8.3.1　变形可视化原理分析

随着信息时代和移动互联网的到来，人们可以从互联网上轻松获取、存储、处理高信息量的数据，但是屏幕的尺寸以及人视觉视野的限制会天然地限制数据的可视化范围；一般地，在高信息量的场景中，人们会对自身所关注的信息产生较高兴趣，进而在大脑中进行信息存储管理，相对而言，对场景中背景信息的关注度会随着距离兴趣点的远近逐渐缩小，在高信息量的场景中，常常会出现信息的阻塞，使得关注点的信息不易被观察到，因此有学者引入了焦点和背景（focus + context）的可视化方案，将场景中用户关注的信息归纳为焦点，相对的剩余信息为背景；背景提供了焦点信息所存在的沉浸环境，同时保持与焦点一定的空间关系，是可视化所不可或缺的部分；方案通过突出显示场景中的焦点，弱化场景中的背景，并同时保留焦点与背景的相关关系，取得了一系列的研究成果。变形可视化在 Focus ＋ Context 可视化方案中通过在场景中运用变形函数，扩充焦点的信息量或者舒缓焦点的信息密度，在保证最大程度维持焦点与背景的空间关系时压缩背景的展示空间，本书通过介绍变形可视化在不同维度上的可视化效果，并分析其在场景中的展示的优缺点，并探讨变形可视化在群集产权体可视化上的可行性方案。

1. 一维变形可视化

尽管变形或者是变形的概念已经贯彻到地图投影的运用中有数个世纪，但是基于变形的技术方案在计算机图形数据表示中的应用历史相对较短，其中伦敦地铁图的设计推动了变形的概念在后续的地铁系统和拓扑网络中绘图进步，变形的本质是以缩小放大不同的倍率同时呈现局部焦点和全局背景，允许动态交互焦点的位置而且不会严重影响全局的空间关系，变形可视化中通过变形函数建立原始视图与投影视图的函数映射，变形函数在一定程度上会放大焦点展示局部的细节信息，同时缩小背景展示上下文结构。图 8-13 中是变形可视化在一维信息条上的示意图，feature 表示原始图形信息条，image plane 是原始图形经过函数映射变换后的投影信息条，F 表示变形函数，其中红色表示图形信息条的焦点区域（focus），蓝色表示背景区域（context）。从图中可以看出，一维连续的信息条中焦点长度扩张，而背景的长度相应的压缩，全局信息条的长度保持恒定，如图 8-14 所示。

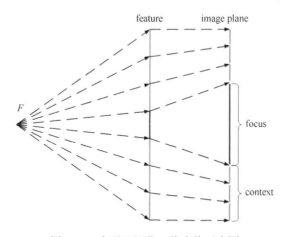

图 8-13　变形可视化一维变换示意图

将原始信息条和投影条规范化，通过数学函数分别建立信息条到区间[–1，1]的映射，以笛卡儿坐标系的形式进行绘制，横坐标为规范后的原始信息条，纵坐标为规范后的投影信息条，如图 8-15（a）所示，背景区域的单位长度在变形函数变换时产生压缩，整体长度减少，因此斜率小于 1，焦点区域的单位长度在变换后增加，在图 8-15（a）中斜率高于背景区域。按照图 8-15（a）中焦点和背景的缩放因子进行比较，绘制得到图 8-15（b）。

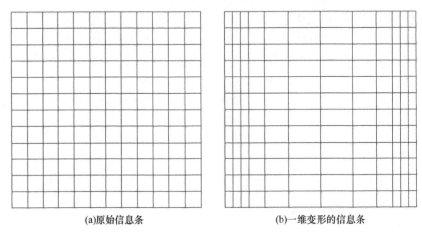

(a)原始信息条   (b)一维变形的信息条

图 8-14　一维信息条的变形可视化

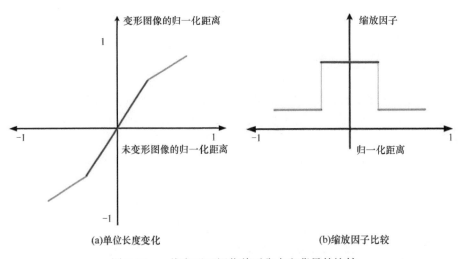

(a)单位长度变化   (b)缩放因子比较

图 8-15　一维变形可视化前后焦点和背景的比较

　　一维变形可视化的基本含义可以通过下图中变形函数的分析图说明，图 8-15（a）是信息条在变形前后的距离变化映射图，横轴表示信息条原始的长度状态，竖轴表示变形后的长度状态；焦点部分的斜率比背景要大，且焦点斜率>1.0>背景斜率。变形函数的变化曲率由两组参数决定：一是焦点的放大倍数；二是放大倍数与焦点的距离的变化率。图 8-15（b）是信息条上焦点和背景缩放倍率的示意图，最高点是焦点的缩放倍数。

2. 二维变形可视化

　　在二维应用环境下，变形可视化通常是通过变形函数的数学函数应用于原始图像，变形函数定义原始图像如何映射到变形图像的方式，在二维变形实时系统中，用户可以移动焦点区域进行交互来详细观察焦点的相邻区域，然后系统将变形函数应用于重新定位图像中的每个实体，并用焦点区域及其内容相应的移动更新显示，背景内容也同时更新。系统在变形可视化方案实时更新显示的相应时间取决于三个因素，即变形函数中数学变换的复杂性、焦点区域的信息数量、用于实现系统的计算能力和适用性。下文将以正方形网格来阐述变形可视化在二维中的应用，以规则正方形能更好地理解变形函数作用的变化内容和不同变形函数间的差异和相似之处。为了简化变形函数间的比较，起始图像的网格标准化为相同尺寸的显示范围，同时以规则的格网作为数据样本，能够较好反映单元长度和拓扑关系的变化。

图 8-16 中展示了变形可视化在二维图像上的作用，是变形函数在维度上一个扩展。按照变形图像上不同区域的扩展方式，可以分为 9 个区域，其中焦点区域在 X 和 Y 方法上扩大，正交于焦点区域的区块在单方向上缩小，另一方向上保持不变，而其他区域分别在 X 和 Y 方向上进行不同程度上的缩小。

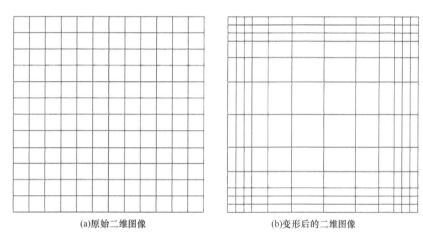

(a)原始二维图像　　　　　　　　　　　(b)变形后的二维图像

图 8-16　变形可视化二维变换示意图

图 8-17 中是变形可视化在二维环境下简单的一个实例，变形函数的数据变换也是线性的，相对简单但容易理解。其中鱼眼图和透视墙的变形技术方法在实际中应用广泛，变形函数不再是线性的，鱼眼图通过强化焦点信息的展示，压缩背景信息的信息量，使得用户可以集中注意力在表现力强劲的屏幕区域上，是作为分层结构的信息呈现策略，

X和Y方向缩小	Y方向缩小	X和Y方向缩小
X方向缩小	关注区 放大	X方向缩小
X和Y方向缩小	Y方向缩小	X和Y方向缩小

图 8-17　变形可视化中二维平面区域

变形函数的设计根据相关性为分层结构中的每个信息元素分配评价指标，考虑信息元素与结构中焦点的距离进行比较，来确定要呈现或抑制哪些信息，因此会更详细地呈现相关性强的信息。透视墙是在突出焦点和抑制背景的同时保证信息的平滑过渡，背景区域的变形视图是两个侧面板，与用户观看的距离成正比地缩小，为了说明其在一维和二维中对正方形网格的运用，如图 8-18 所示，透视墙的主要特征是在背景区域，侧面板的缩小倍率离焦点越远，缩小越快，在侧面板和中间面板的相交处的缩放倍率存在不连续性。透视墙生成的视图取决于多个因素，包括墙的长度、视口宽度、视角角度、中间面板大小等。若增加视角角度，而其他变形参数保持不变时，两个侧面板向后倾斜的幅度增加，而用户不得不远离墙壁进行观察，值得注意的是，观察者的位置决定了侧面板在平面上的投影，随着视角角度的不断增加，观察者将位于无限远的位置，此时背景区域的缩小比例还是保持不变。透视墙的变形可视化方法增添了三维的观察体验，而这种效果的产生是以浪费屏幕的角度区域为代价实现的，这与变形可视化中最大化利用显示区域的初衷相反。

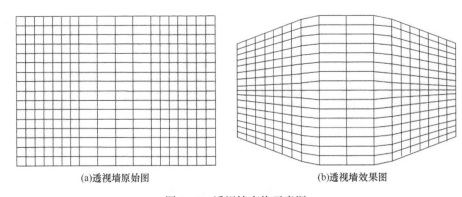

(a)透视墙原始图   (b)透视墙效果图

图 8-18　透视墙变换示意图

Sarkar 和 Brown（1992）扩展了 Furnas 的鱼眼图变形变换，并用数学函数解释变换过程，提出了两种实现坐标系的实现方式，一种基于笛卡儿坐标变换系统，另一种基于极坐标系统。由于极性变换的性质，理论上直线和矩形通常会分别变成曲线和曲线矩形。如图 8-19 所示，图 8-19（a）是鱼眼图在一维维度的示意图，图 8-19（b）是笛卡儿坐标系的二维维度示意图，图 8-19（c）是极坐标坐标系的二维维度示意图，鱼眼视图产生的圆形边界在矩形屏幕上表达时看起来不自然，图 8-19（d）是将圆形边界重新映射在矩形空间上。

图 8-18 和图 8-19 展示的均是单焦点的变形可视化情况，而多焦点的形式在二维图像中同样适用，其中图像会出现多个峰值，每个峰值都会对整个图像产生一定量的"脉冲"。理论上，变形函数中"峰"的数量没有限制，唯一的限制是所涉及的计算时间以及由此产生的变形图像的可理解性，图 8-20 中显示了具有多个焦点的变形图像，将相同的参数应用于每个焦点，可以看出距离焦点较近的区域，或者位于多个焦点的中心时变形的程度越重，多焦点的突出显示会使得变形图像的形状发生较大改变，另外变形函数中的"谷"（压缩区域）会用于补偿焦点区域的侵占内容。

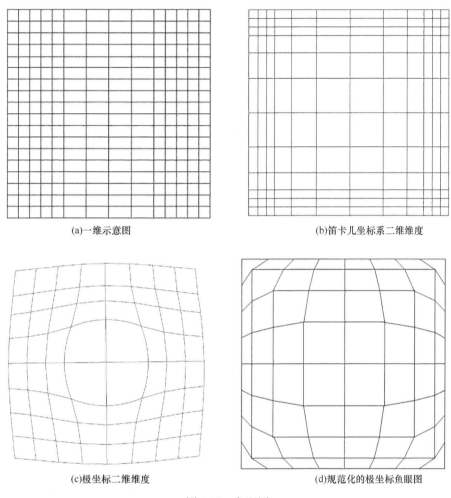

(a)一维示意图　　　　　　　　　　　　(b)笛卡儿坐标系二维维度

(c)极坐标二维维度　　　　　　　　　　(d)规范化的极坐标鱼眼图

图 8-19　鱼眼图

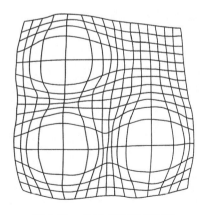

图 8-20　多焦点变形示意图

图 8-21（a）（b）表示变形函数作用于二维连续图像前后的示意图，二维场景能够运用于图像、屏幕、镜头、透视墙等多种表达方式，其中鱼眼镜头是变形可视化理论应

用于实际的示例。图 8-21（b）中保持了一维信息条的变换特征，将维度扩展到水平与垂直两个方向。变形可视化还能扩展应用于非连续的信息场景，非连续的场景中实体相互独立，彼此之间无实质的关联，但是存在于场景中占据一定的空间范围，仍不能忽视其空间关系。图 8-21（c）（d）是二维非连续的信息场景变换前后的效果图，蓝色方块实体表示焦点，白色方块实体表示背景。焦点在变形可视化之后与原本邻接的背景产生了间隙，间隙会减少场景的信息密度，变形可视化通过对全局实体对象的位移变换突出焦点区域，使得原本相邻的实体产生间隙，改变了原始的拓扑结构，但是变形函数仍保持实体之间的正交关系，使得焦点区域便于观察，减少信息密度。

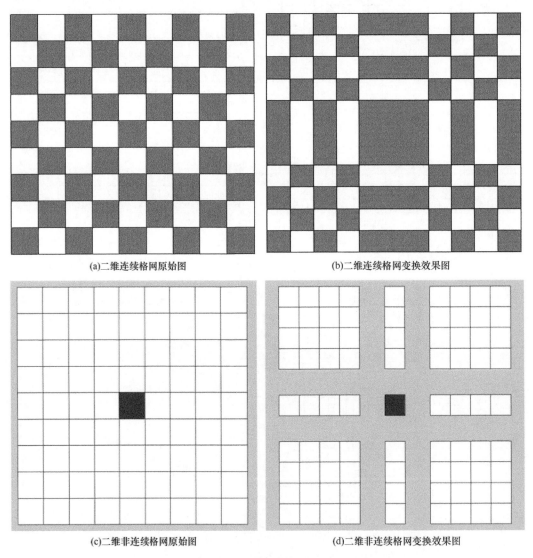

(a)二维连续格网原始图   (b)二维连续格网变换效果图

(c)二维非连续格网原始图   (d)二维非连续格网变换效果图

图 8-21   二维变形可视化表达

3. 三维变形可视化

三维信息呈现的使用越来越广泛，有效查看工具的需求也相应增长，对交互式可视化来说是一个挑战，三维场景中表达的信息量比二维场景要高一个维度，能更加丰富地表示实体对象的细节信息，贴近实际的生活场景，同样对象之间的几何结构和拓扑关系也更加真实。在二维环境中用户很大程度上能看到焦点区域，而在三维环境中，若焦点对象被背景对象所环绕，人眼视线要穿过重重"障碍"才能抵达焦点对象，当通过漫游的方式来到焦点对象的面前，难以选择一个好的观察点来详尽查看某一侧面或方位的细节信息。在压盖、遮挡和复杂性之间寻求平衡是在群集三维对象视觉理解中一个主旨，基本思路是运用焦点和背景的可视化方法，减少焦点对象周围的遮挡和杂乱，同时在群集对象中压缩背景对象的显示，可以在有限的显示窗口上显示焦点对象的详细信息。现实中针对连续三维流场的视觉变形中，通过将流场的体积空间分块并针对块元素变形来引领流线重新定位来构建新的流场，网格变形来压缩周围对象空间，使得体积边界和块边缘的约束函数最小化来突出焦点，这种变形方法多用于医学应用和科学模拟；还有一种可视化工具是三维放大镜，通过使用三维维度上的变形函数，放大焦点对象空间上的区域，并保证焦点和背景对象之间过渡区域的平滑且连续变形，根据用户指定放大镜的形状和位置，放大与感兴趣对象相对应的区域。

本书中群集对象面向的是三维产权体，群集中三维产权体是离散的邻接拓扑关系，产权体各自保持独立，不具备连续性。通过二维变形可视化在三维场景中的扩展实验，变形函数以全局群集对象为参考样本，根据背景与焦点之间相对的位置关系进行有规律的位移变换，生成效果图，如图 8-22（b）所示，焦点处的信息密度极大地减小，视线受到的阻碍小，还有周围背景对象的衬托，在用户漫游体验时不会产生孤立感和割裂感，并且可以以较少的交互方式就能观察得到焦点的细节特征，并以颜色直观地区分焦点与背景；图 8-22（c）中依照原始群集对象中实体对象之间的邻接关系，以线段的连接表示彼此之间的邻接关系；图 8-22（d）是在三维场景中群集对象另一个视角的视图。

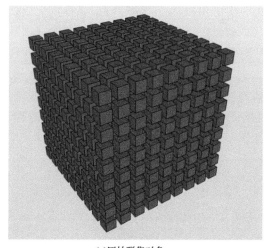

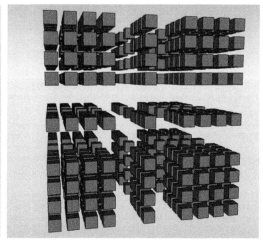

(a)原始群集对象　　　　　　　　　　　　(b)变形可视化变换结构图

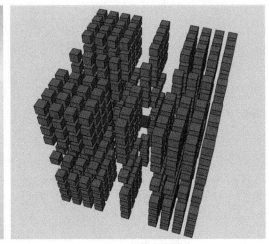

　　　　　　　(c)线段表示邻接关系　　　　　　　　　　　　　　(d)另一个视角的视图

图 8-22　三维变形可视化表达

8.3.2　变形可视化方法介绍

　　上文讲述了变形可视化方法的原理在多个维度上的表现，主要是对群集对象采用变形或扭曲的变形函数来创建焦点和上下文视图，使得在有限显示范围内能够突出焦点的细节特征，同时保留焦点的上下文信息；当前的变形可视化方法大多是应用于二维图像的扭曲变形，但是三维环境和二维环境差异较大，在三维中用户视线可能无法接近或接触到内部的焦点对象，即使是使用各种的浏览查看工具。本书中以群集三维产权体为研究对象，产权体之间存在邻接拓扑关系，但是拥有各自的几何形态和空间范围，群集产权体间存在视觉阻碍；当采用调整视角（旋转）依然会存在视觉上的阻挡，或者距离焦点对象太近无法形成整体的观察体验，调整观察位置（导航）依然会存在上述的问题；当用非变形方法来查看群集对象的内部细节时，剖切面和对象移除能够提供视觉上的访问，但也同时丢失上下文信息；使用透明度方法需要在焦点可见性和语义理解的遮挡次序上寻求平衡，而且也存在视觉上的阻挡。针对群集三维对象的变形可视化，本书研究和探索相关的变形函数，从单焦点到多焦点、从正交性到邻接性、从平移到缩放不同的角度创新变形函数的表达形式，比较变形函数间在特征表达上的差异，寻求更好的可视化方法运用于群集产权体的展示，本书中研究的变形函数可以分为整体变形、高斯变形、临近正交变形和正交变形，为了方便比较和计算变形函数间的特征差异，实验数据采用规则的正方形和正方体数据。

1. 整体变形

　　整体变形在设计时是以背景对象中与焦点对象的距离在整体群集对象中最长距离的比值，来计算背景对象的缩小幅度和平移向量的长度，其中平移向量的方向是根据背景对象与焦点对象中心生成的反向向量进行累加。具体计算公式如下：

$$\text{scale\_ratio} = \frac{\sum_{i=1}^{N}\left(1 - \dfrac{\text{length}_i}{\text{max length}}\right)}{N} \tag{8-1}$$

$$\text{vector\_move} = \sum_{i=1}^{N}\left(1 - \frac{\text{length}_i}{\text{max length}}\right) \times v_i \tag{8-2}$$

式中，scale_ratio 为背景对象的缩放倍率；vector_move 为背景对象的移动向量；length_i 为背景对象到第 i 个焦点对象的距离；v_i 为背景对象到第 i 个焦点对象中心的反向向量；N 为目标对象的总数；max length 为群集对象中最长距离值，最长距离是群集对象两两间距离的最大值。

整体变形可以选择多个焦点对象，从公式中可知，整体变形中距离焦点对象越近的对象缩小幅度越大，平移向量的长度越大，背景对象以远离焦点对象的方向进行平移，焦点处的信息密度能得到缓解。以二维平面数据为例，蓝色对象为焦点对象，整体变形后的群集对象如图 8-23 所示。

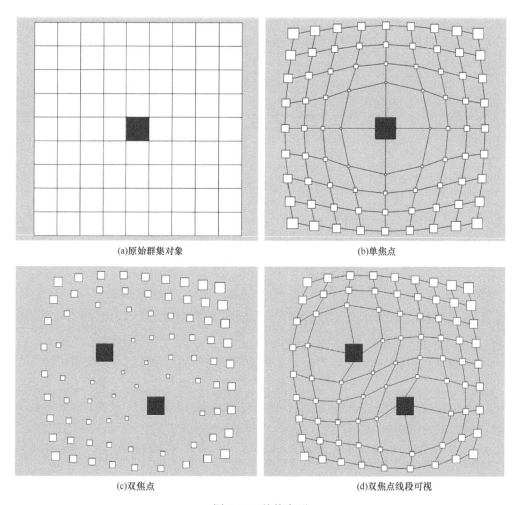

(a)原始群集对象　　　　　　　　　　　　(b)单焦点

(c)双焦点　　　　　　　　　　　　(d)双焦点线段可视

图 8-23　整体变形

整体变形后的焦点对象的大小和位置保持固定，只是背景对象围绕焦点对象进行缩小和平移，群集对象的正交性和邻接性受到一定程度的损害，而且离焦点对象越近的对象扭曲变形的程度越严重，以焦点为中心向外辐射的方向上，背景对象的变形幅度能够平滑地过渡，而且边缘区域的正交性保持得较好。图中的线段用以表示对象间原本的邻接关系，图 8-23（a）中对象间相互邻接和正交，整体变形后群集对象彼此分离，在图 8-23（b）中还能辨认出对象原本的邻接关系，图 8-23（c）中靠近焦点对象的背景对象的正交性受损严重，原本的方位和距离信息在观察时变得模糊，不易辨认出对象间的拓扑关系，图 8-23（d）中通过线段的连接表示拓扑关系，帮助用户理解变形后的群集对象。

2. 高斯变形

高斯变形是以保持群集对象的邻接关系和形态为出发点进行设计，若保持群集对象的邻接关系，需要背景对象按照与焦点对象的各维度的距离大小进行相应移动，也就是平移之后的背景群集依然保持与原本邻接的对象存在容易辨认的邻接关系，保持同样的相对位置关系。高斯变形也是属于变形可视化方法，因此在保持邻接关系时还承担着突出焦点对象，能够缓解三维观察中视线阻挡的问题。高斯变形的计算公式如下：

$$\text{temp} = \text{move\_length} \times e^{-\frac{\sqrt{0.2}}{\text{length}}} \tag{8-3}$$

$$T_x = \text{temp} \times \frac{x_b - x_a}{\sqrt{\left(x_a - x_b\right)^2 + \left(y_a - y_b\right)^2 + \left(z_a - z_b\right)^2}} \tag{8-4}$$

$$T_y = \text{temp} \times \frac{y_b - y_a}{\sqrt{\left(x_a - x_b\right)^2 + \left(y_a - y_b\right)^2 + \left(z_a - z_b\right)^2}} \tag{8-5}$$

$$T_z = \text{temp} \times \frac{z_b - z_a}{\sqrt{\left(x_a - x_b\right)^2 + \left(y_a - y_b\right)^2 + \left(z_a - z_b\right)^2}} \tag{8-6}$$

式中，T_x, T_y, T_z 分别为背景对象在 X, Y, Z 的偏移分量；(T_x, T_y, T_z) 向量为背景对象的平移向量，以远离焦点对象方向进行平移；(x_a, y_a, z_a) 为背景对象的中心点坐标；(x_b, y_b, z_b) 为焦点对象的中心点坐标；length 为背景对象到目标对象的距离；move_length 为观察者输入的移动距离参数。图 8-24 则是高斯变形的前后图。

由图 8-24 可知焦点对象和背景对象的大小和形状保持固定，只是以位移的方式来突出焦点对象，从公式和图中可知高斯变形中距离焦点越远的对象，移动的距离越小，背景对象的平移距离平滑地过渡，而且整体的平移幅度可以由用户设置，高斯函数中以焦点与背景对象的距离为参数，在设计时也考虑到因距离无穷大或无穷小造成的显示障碍，应采用指数函数控制背景对象的平移幅度，保证平移距离的平滑过渡，不至于偏离显示窗口。

高斯变形只支持单焦点对象的变形可视化，正交性变化与单焦点的整体变形存在相似性，与焦点对象正交的背景对象保持完整的正交关系，越远离焦点的背景对象正交性

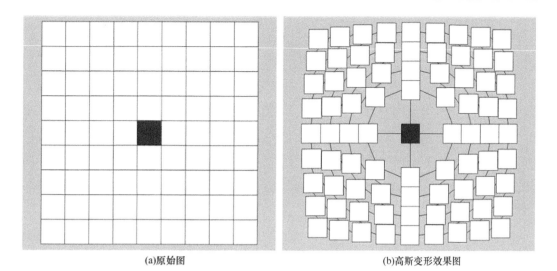

(a)原始图   (b)高斯变形效果图

图 8-24 高斯变形前后示意图

保持得越好；高斯变形很好保持群集对象的邻接关系，除了在靠近焦点对象的部分背景对象，用户能清晰辨认出原始的邻接关系。

3. 临近正交变形

临近正交变形是以兼顾群集对象的正交性和邻接性为出发点进行设计，上述的整体变形和高斯变形方法在突出焦点对象上能满足群集对象的显示需求，但是群集对象的拓扑关系会一定程度受损，特别是在整体变形的多焦点对象变形可视化中会造成拓扑认知上的困难，高斯变形能较好保证群集对象变形后的邻接关系，但是在正交关系上没有很好的维持，因此本书提出在突出焦点对象显示的前提下，综合邻接性和正交性的特征设计变形函数，也就是临近正交变形函数，具体计算公式如下：

$$T_x = \begin{cases} 0, \text{if } m = \infty \\ 0, \text{if } x_a = x_b, y_a = y_b \\ -\min\left(t_y, \dfrac{t_y}{m}\right), \text{if } x_a > x_b, m! = \infty \\ \min\left(t_y, \dfrac{t_y}{m}\right), \text{if } x_a < x_b, m! = \infty \end{cases} \tag{8-7}$$

$$T_y = \begin{cases} 0, \text{if } m = 0 \\ 0, \text{if } x_a = x_b, y_a = y_b \\ -\min\left(t_x, |m| * t_x\right), \text{if } y_a > y_b, m! = 0 \\ \min\left(t_x, |m| * t_x\right), \text{if } y_a < y_b, m! = 0 \end{cases} \tag{8-8}$$

$$T_z = \begin{cases} 0, if\ z_a = z_b \\ t_z, if\ z_a > z_b \\ -t_z, if\ z_a < z_b \end{cases} \qquad (8\text{-}9)$$

式中，T_x、T_y、T_z 分别为背景对象在 X、Y、Z 的偏移分量；(T_x,T_y,T_z) 向量为背景对象的平移向量，以远离焦点对象方向进行平移，(x_a,y_a,z_a) 为背景对象的中心点坐标；(x_b,y_b,z_b) 为焦点对象的中心点坐标；t_x、t_y、t_z 分别为用户输入在 X、Y、Z 轴的变形距离，一般情况下保持一致；m 为背景对象中心与焦点对象中心点线段在 XY 面上的斜率，具体计算公式为

$$m = \frac{y_b - y_a}{x_b - x_a} \qquad (8\text{-}10)$$

图 8-25 是临近正交变形的前后图，从图中可以看出，背景对象以焦点对象为中心，以不同边长的正方形进行围绕，在水平或垂直方向上，背景对象呈现一种顶部平坦的突起，在原始群集对象中也存在环绕型的正交关系；临近正交变形中靠近焦点对象的背景对象，能够保留在水平和垂直方向上一定的正交性，在往边缘延伸的方向上，正交性会减弱，但顾及边缘处的邻接关系，在焦点对象位置强调与周围对象的正交关系，易于识别原本的拓扑关系，且平移的幅度较大，在远离焦点对象的位置强调对象间的邻接关系，压缩对象的显示空间。

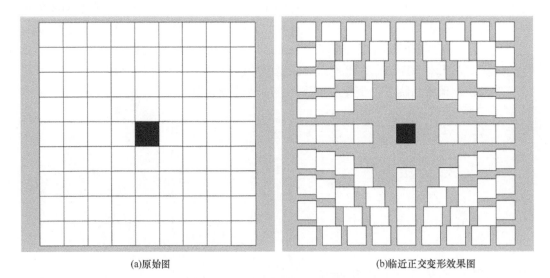

(a)原始图 (b)临近正交变形效果图

图 8-25　临近正交变形前后示意图

临近正交变形在正交性和邻接性显示上寻求一种平衡，在突出焦点对象和弱化背景对象显示的前提下力争保持原本的拓扑关系，临近正交变形只支持单焦点的变形可视化，且只通过平移的方式进行展现，群集对象中对象的形态没有发生变化。

4. 正交变形

正交变形是以保持群集对象的完整正交性为出发点进行设计的，上述的变形方法在拓扑关系维持上做了不同的尝试，高斯变形从邻接性的维持角度进行设计，临近正交变形寻求兼顾正交性和邻接性的变形函数，只是维持了靠近焦点对象处的正交性，在边缘处的正交性较弱，因此提出针对群集对象全局的正交性设计变形函数，具体的计算公式如下：

$$T_x = \begin{cases} 0 \ \text{if} \ x_b = x_a \\ -t_x \ \text{if} \ x_b > x_a \\ t_x \ \text{if} \ x_b < x_a \end{cases} \tag{8-11}$$

$$T_y = \begin{cases} 0 \ \text{if} \ y_b = y_a \\ -t_y \ \text{if} \ y_b > y_a \\ t_y \ \text{if} \ y_b < y_a \end{cases} \tag{8-12}$$

$$T_z = \begin{cases} 0 \ \text{if} \ y_b = y_a \\ -t_z \ \text{if} \ y_b > y_a \\ t_z \ \text{if} \ y_b < y_a \end{cases} \tag{8-13}$$

式中，T_x、T_y、T_z 分别为背景对象在 X、Y、Z 的偏移分量；$\left(T_x, T_y, T_z\right)$ 向量为背景对象的平移向量，也是以远离焦点对象方向进行平移；$\left(x_a, y_a, z_a\right)$ 为背景对象的中心点坐标；$\left(x_b, y_b, z_b\right)$ 为焦点对象的中心点坐标；t_x、t_y、t_z 分别为用户输入在 X、Y、Z 轴的变形距离，一般情况下保持一致，正交变形的前后如图 8-26 所示。

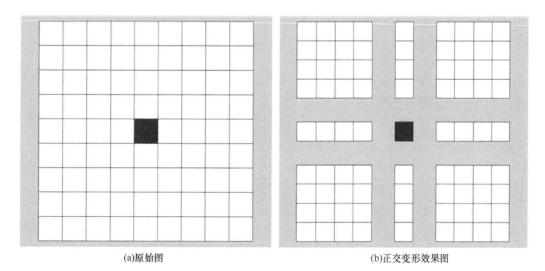

(a)原始图　　　　　　　　　　　　　　(b)正交变形效果图

图 8-26　正交变形前后示意图

从图 8-26 可以看出正交变形后的群集对象被划分为九个区域，正交于焦点对象的背景对象只是单方向地移动，其余背景对象按照笛卡儿坐标系中的象限划分进行双方向的平移，每一象限中背景对象的平移向量一致；焦点对象和背景对象均能保持水平和垂直方向上的正交，背景对象均以远离焦点位置的方向平移，焦点处形成水平和垂直方向上的通透，从外部观察时视线能容易到达焦点对象。

8.3.3　邻接性和正交性核算

产权体拥有各自的几何形态和空间范围，而且相互邻接并存在一定的正交关系，当用户从外部观察群集对象的内部对象时，往往会存在视觉上的阻挡，变形函数虽然是从不同的角度扩展群集对象的可视化，但均是采用平移或缩放的仿射变换扩充焦点对象处的空闲空间，减少信息拥挤，让视线能够有机会抵达焦点对象；平移或缩放变换破坏了群集对象间原本的相对位置关系，使得邻接的对象产生了分离，变形可视化后群集对象的邻接性和正交性受到一定的损害，三维变形函数中均对群集对象的拓扑关系产生了影响，但是受损的程度不一致，如正交变形中对群集对象的正交性保持得较好，在邻接性上维护得较差，本书根据拓扑关系特征，提出群集对象邻接性和正交性关系的具体计算方法，量化拓扑关系受损程度的数值。

1. 邻接性

三维产权体是在空间中由封闭的面合围而成的空间实体，产权体具有封闭、无交叉、无重叠等几何特征属性，群集三维产权体之间相互邻接，通过封闭的面要素建立邻接关系。变形可视化后的群集产权体呈现离散化状态，原本的邻接关系可能会变得分离；用户在没有辅助拓扑关系表达显示的场景下浏览变形后的群集对象时，对分离状态下的群集对象认识到原本的拓扑关系存在难度，这是三维变形可视化自身不可避免产生的副作用，也与变形函数的设计存在关联。用户在浏览变形后群集对象时，能认识到原本邻接关系的难易程度，称为邻接指数，在二维环境或是在三维环境下用户的认知习惯中，当周围对象与自身位置的距离保持在稳定的变化区间中，周围对象与焦点对象更可能存在空间上的某种关联。二维环境原本的群集对象是由规则的正方形组成，三维环境中则是由正方体组成，为方便讲述和理解，本书以规则正方形作为群集基本对象进行分析，每一个对象在群集二维空间中最多会有 8 个相邻的背景对象，下图是变形可视化后群集对象的部分内容：

图 8-27（a）中周围对象环绕在中心对象的附近，且周围对象距离中心对象的距离波动幅度小，更容易识别中心对象与周围对象的"邻接"关系；图 8-27（b）中左上角对象与中心对象距离较近，而右下角对象偏离了中心对象。因此邻接指数的计算根据对象与周围对象的距离波动幅度进行评价，群集基本对象是正方形，在计算过程中将基本对象抽象为正方形的中心点，中心对象与水平垂直方向的对象和对角线上的对象的距离存在差异，抽象后计算方法忽略了基本对象的空间范围，一般情况下水平方向和对角线方向上的忽略长度不一致，导致对角线方向上距离与水平或垂直方向上的距离呈现两种

分布状态，即使是原始邻接的群集对象。因此在距离统计上划分为两种类型，一是水平垂直的对象，二是对角线上的距离；两者的平均距离越接近，邻接性的效果越好，因此邻接指数的计算公式如下：

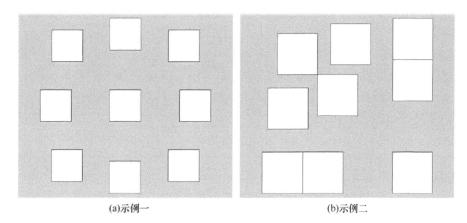

(a)示例一　　　　　　　　　　　　(b)示例二

图 8-27　群集对象邻接性的示例图

$$\text{Orth} = \frac{\sum a_i}{n_a} \tag{8-14}$$

$$\text{Diag} = \frac{\sum b_i}{n_b} \tag{8-15}$$

$$\text{LINEAR} = \frac{\sum (\text{Orth} - a_i)^2}{n_a} + \frac{\sum (\text{Diag} - b_i)^2}{n_b} + |\,\text{Orth} - \text{Diag}\,| \tag{8-16}$$

式中，Orth 为水平和垂直方向上的距离平均值；a_i 为其中的距离参数；n_a 为邻域上水平垂直距离的总数；Diag 为对角线方向上的距离平均值；b_i 为其中的距离参数；n_b 为邻域上对角线距离的总数，上述公式是对象变形后邻接指标的计算方法，邻接指标数值越小，邻接性越好。以高斯变形为例，统计计算变形可视化后每个对象的邻接指标，制成统计表（表 8-1），表中横向和竖向是对象的位置编号，其中（5，5）是焦点对象。

表 8-1　高斯变形中对象的邻接指标

指标	(1)	(2)	(3)	(4)	(5)	(6)	(7)	(8)	(9)
(1)	1.1	2.02	2.14	2.34	2.46	2.34	2.14	2.02	1.1
(2)	2.02	2.45	2.66	2.95	3.31	2.95	2.66	2.45	2.02
(3)	2.14	2.66	3.13	3.73	5.82	3.73	3.13	2.66	2.14
(4)	2.34	2.95	3.73	7.42	14.03	7.42	3.73	2.95	2.34
(5)	2.46	3.31	5.82	14.03	1.66	14.03	5.82	3.31	2.46
(6)	2.34	2.95	3.73	7.42	14.03	7.42	3.73	2.95	2.34
(7)	2.14	2.66	3.13	3.73	5.82	3.73	3.13	2.66	2.14
(8)	2.02	2.45	2.66	2.95	3.31	2.95	2.66	2.45	2.02
(9)	1.1	2.02	2.14	2.34	2.46	2.34	2.14	2.02	1.1

表 8-1 中可知，焦点对象的邻接性保持的较好，与焦点相邻的背景对象邻接指标突然跃增，以远离焦点对象的方向进行衰减，高斯变形中维持了焦点对象的邻接性，而且趋近于边缘的背景对象邻接性较好。表中是以规则的群集对象为实例进行邻接性统计，变形可视化后的群集对象基于焦点对象对称，因此统计表中邻接指标也是在焦点对象处呈对称关系。

群集对象整体的邻接性可以通过统计每一个对象的邻接指标，求取平均值进行表示。本书采用相同的群集对象数据为实验样本，用户控制输入的变形幅度为固定值，评价三维变形函数在维持邻接性方面上的作用，统计焦点对象的邻接指标和变形后群集对象整体的邻接性，制成统计表 8-2。

表 8-2　变形函数邻接性

指标	焦点邻接性	整体邻接性
原始对象	1.66	1.66
整体变形	1.47	3.37
高斯变形	1.66	3.55
临近正交变形	3.73	4.42
正交变形	3.73	6.47

原始对象是群集对象变形前的数据状态，水平垂直和对角线上的距离统计由于基础对象的形态而存在差异，原始对象中焦点对象和背景对象的邻接指标保持一致，表 8-2 中整体变形的焦点邻接性保持得最好，因为整体变形存在对背景对象形态的缩小，水平垂直和对角线上距离统计的差异缩小，因而邻接指标最小；临近正交变形和正交变形中焦点的邻接对象变换的状态相同，均是以正交的状态围绕在焦点对象附近，而高斯对象中对角线对象距离焦点更接近水平垂直对象；变形可视化后群集对象整体对象的邻接性均劣于焦点对象，其中整体变形和高斯变形的整体邻接性更优，正交变形中九个分布区域的变形状态导致整体邻接性较差。

2. 正交性

正交性是几何中的术语，在平面空间中如果两条直线相交成直角，则两条直线就是正交的，在三维空间中对象之间也存在正交关系。群集三维房产中，一般情况下上下相邻层数的房屋单元是垂直建设的，相应的产权体之间存在正交关系，同一楼层中房屋单元垂直立面相邻，也存在一定的正交关系。垂直关系是空间关系中较为特殊的情况，用户在浏览观察群集对象时更容易识别出正交关系，进而联系上下文推测或推导对象之间原本的空间关系。本书中是以规则正方形数据为实验数据，在变形前群集对象中的对象在水平和垂直方向上均保持完整的正交关系，但是在群集对象的三维变形可视化中，变形函数对群集对象的正交性造成一定的损害，在此提出群集对象正交性的计算方法，量化变形函数在正交性关系的影响程度。

图 8-28 是变形后群集对象中局部对象内容，从图中可以看出，图 8-28（a）中对象虽然进行了平移，但在整体和局部上依然保持了完整的正交关系，图 8-28（b）（c）中

对象整体上偏离了竖向的正交关系，在中心对象位置上沿着水平方向突起，形成一个峰值，图 8-28（b）中对象突起的幅度较大，偏离正交的幅度大，图 8-28（c）中对象突起的幅度较为平缓，对群集对象的正交性影响较小。因此正交指标的计算根据某一方向上对象整体分布位置的偏离幅度，偏离的幅度越小，正交性越好。实验环境中群集的基本对象是正方形，在计算中可以基本对象抽象为正方形的中心点，进行简化计算，因此正交指标的计算公式如下：

$$\text{Orth}_{\text{avg}} = \frac{\sum a_i}{n_a} \tag{8-17}$$

$$\text{ORTH} = \frac{\sum \left(a_i - \text{Orth}_{\text{avg}} \right)^2}{n_a} \tag{8-18}$$

式中，a_i 为对象中在某一方向上的坐标，由于群集对象变形可视化后在水平和垂直方向上偏离幅度一致，可以选任意方向进行计算，本章选择垂直方向，统计水平方向坐标变化幅度；n_a 为垂直条目上对象的总数；Orth_{avg} 为垂直条目上对象的水平坐标的平均数；ORTH 为条目上水平坐标的偏离幅度，也就是垂直条目的正交指标，正交指标数值越小，正交性越好。以高斯变形为例，统计计算变形可视化后每个垂直条目的正交指标，制成统计表如表 8-3 所示，表中横向标题表示条目的位置编号，其中（5）号垂直条目中包含焦点对象。

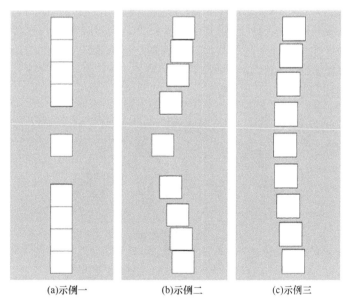

(a)示例一　　　　　　(b)示例二　　　　　　(c)示例三

图 8-28　群集对象正交性的示例图

表 8-3　高斯变形垂直条目的正交指标

（1）	（2）	（3）	（4）	（5）	（6）	（7）	（8）	（9）
0.18	0.24	0.32	0.41	0.00	0.41	0.32	0.24	0.18

8.4　群集三维对象空间分析和实例

8.4.1　视线可达性研究

　　群集三维对象中用户难以观察到内部三维对象的几何特征和属性信息，由于群集对象中实体对象的阻挡，用户的视线难以抵达焦点对象上，常规的可视化方法能够获取焦点对象一定的特征，但会在观察时容易丢失群集对象的背景信息，仍存在视线上的阻碍，或者是对焦点对象的几何特征造成了破坏，本书提出 Focus + Context 背景下的变形可视化方法，通过设计三维变形函数和群集对象的仿射变换，使得用户能够在保留焦点对象的背景信息条件下，容易观察焦点对象的细节特征。本书中主要探索研究了四种三维变形函数，变形函数从群集对象的拓扑特征维持角度上进行设计，在正交性和邻接性保持上均有各自的特点和作用，在群集对象中焦点对象的视线可达范围研究上目前没有明确的评价体系。本书提出无量纲的焦点对象可视范围计算方法，模拟人眼的观察点和目标点坐标，观察点是人眼在三维空间中的位置，也就是相机的空间坐标，目标点是人眼视线观察的位置点，从观察点出发抵达目标点形成视线路径的线段近似模拟，若视线未穿越群集对象中任何一个三维对象，则表示视线路径上没有对象阻挡，观察点到目标点的视线真是可视的。

　　三维空间中群集对象存在有限的空间范围，群集对象中三维对象的个数是有限的，因此无论如何总是存在包围球能容纳群集对象全部的三维对象，包围球的球心定位在群集对象的中心位置，在视线可达性研究中球心位置是群集对象空间中对象间距离最长线段的中点，包围球的直径高于最长线段，让观察点能够未接触群集对象。视点布控在包围球上，视点可视范围与包围球的半径不存在相关关系。其中包围球与群集对象的位置示意如图 8-29 所示。

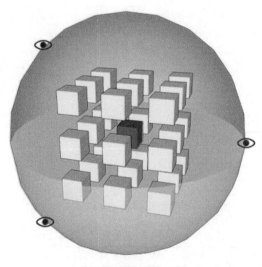

图 8-29　包围球与群集对象的位置示意图

图 8-29 中群集对象是由三维立方体组成，其中蓝色对象为焦点对象，包围球为图中灰色球面，视点是随机分布在球面上。

人眼从观察点朝焦点对象望去，可能会存在视觉遮挡，也同样可能观察到焦点对象的部分空间内容，并将可视空间内容投影到屏幕空间上，屏幕空间上的二维图形是经过投影变换的，真实屏幕图形面积并不能代表三维空间可视范围大小，而且随着观察角度转变，二维图形的面积变化幅度过快，不能稳定表示视点周围位置的可视范围。三维对象在空间中是由点、线、面基本几何要素组成，视点对焦点对象的可视范围可以间接计算视点到焦点对象边点的可视，可以统计视点到焦点对象边点的可视性。视点到对象边点的路径上若没有视线阻挡，则表示视点对边点附近空间范围可视，若视点在三维对象可视的边点数量越多，则表视点在该三维对象上可视范围足，变形可视化的效果更好。当在包围球的球面上分布足量的视点时，统计每一个视点的可视边点数量，进而计算视点的平均可视范围，评价变形函数变换后群集对象中焦点对象的视线可达性。正交变形后群集对象为实验数据，蓝色对象为焦点对象，以一定量的视点进行视线可达性测试，测试结果如图 8-30 所示。

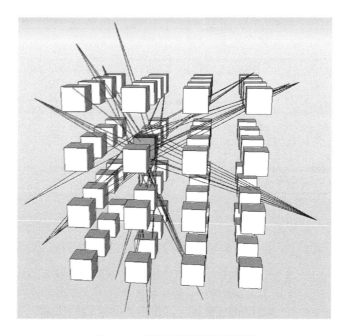

图 8-30　视线可达性测试结果图

图 8-30 中三维对象均有八个边点，视点随机均匀分布在球面任意位置，单个视点延伸出八条视线，视线的目标点分别指向对象的边点，图中只绘制了在群集对象中存在阻挡的视线，因此有的视点在图中存在八条视线，而有的视点只延伸出两条，在同一焦点对象观察中，被阻挡的视线越少，用户能够观察到对象的视域范围越广。

以邻接的三维群集对象作为原始实验数据，选取同一焦点对象进行不同变形函数的变形可视化实现，然后评价群集状态下焦点对象的视线可达性，其中单次变形函数变换后视线可达性评价下选择 100 个随机均匀分布的视点，视点分布在群集对象空间的包围球上。以高斯变形为例，视线可达性评价结果以 XML 文件形式存储，具体格式如下：

```xml
<?xml version="1.0" encoding="utf-8" ?>
<SerializationManager>
<EyeOperator _approachCount='4' _coordinate='(7.06m, -1.99m, -2.10m)'/>
<EyeOperator _approachCount='2' _coordinate='(-3.25m, 6.74m, -0.62m)'/>
<EyeOperator _approachCount='6' _coordinate='(2.22m, 12.98m, -4.34m)'/>
<......>
<EyeOperator _approachCount='0' _coordinate='(-0.79m, 12.90m, -2.39m)'/>
<EyeOperator _approachCount='1' _coordinate='(17.67m, 13.43m, 2.26m)'/>
</SerializationManager>
```

单个视点的评价结果存储在 EyeOperator 标签中，可视边点的统计存储在属性 _approachCount 中，视点的空间位置存储在属性 _coordinate 中，视点的平均可视边点数量为 3.43。分别以测试其他三维变形函数，焦点对象的视线可视性结果如表 8-4 所示。

表 8-4　变形函数的视线可视性

指标	可视边点总数	可视边点平均值
整体变形	628	6.28
高斯变形	343	3.43
临近正交变形	402	4.02
正交变形	461	4.61

以正方体为焦点对象时，单次视点最多能观察到可视边点的数量是 7 个，无论如何总存在一个或多个边点位于视点的另一侧，焦点对象自身形成视线遮挡。上表中可以看出，整体变形后焦点对象的可视范围更好，视线更容易抵达焦点对象上，而高斯变形中可视边点的总数偏少，高斯变形中虽然焦点的周围对象朝远离焦点的方向平移，但周围对象仍立体式围绕在焦点对象附近；而整体变形中存在对背景对象的缩小，而且焦点的周围对象缩小的幅度更大，这样整体缩小后的周围对象围绕在焦点对象附近，视线受到的阻挡更少；在临近正交变形和正交变形函数中焦点对象的空闲空间比高斯变形充裕，因此可视效果更好，而且正交变形中焦点对象的垂直方向上存在三个维度的扩展，焦点对象与外部空间形成良好的可视视域范围，可视边点的平均值比临近正交变形函数在整体上更优。

8.4.2　空间密度采样和反演

上文中对变形可视化后群集对象的焦点对象进行了视线可达性的研究，并分析比较变形函数在焦点对象可视范围上的差异，在视线可达性中主要是研究群集对象空间的外部视点对内部对象的可视性，在视线上有无阻挡，不能反映出群集三维对象变形后整体的空间分布，例如焦点对象和背景对象在群集中的空间特征，二维平面环境下，用户能容易从全局角度观察群集对象的特征，以及变形后群集对象的分布是否满足 Focus +

Context 的概念设计，三维空间中，由于三维对象的空间封闭特征和用户在观察时往往存在视觉遮挡，三维变形可视化能够缓解群集对象中的视觉遮挡，但视线阻挡依然存在，用户难以获取群集对象整体的分布特征，以及焦点对象和背景对象的分布特征差异。在变形函数作用环境下，背景对象朝远离焦点的方向平移或缩放，延伸到三维空间环境下，焦点对象周围空间中空闲空间理应比背景对象要大，这里空闲空间指的是空间中没有被实体占据的空间范围。

以三维包围盒空间采样计算空间点的空闲空间大小，空间点是包围盒的中心点，实验过程中包围盒选择规则立方体进行采样，当包围盒移动到群集对象内部空间时，包围盒内部空间可能覆盖了多个三维群集对象，包围盒空间范围减去包围盒中实体覆盖的空间即是空闲空间的体积大小，空闲空间体积大小始终不超过包围盒体积大小。其中包围盒和群集对象的位置关系示意如图 8-31 所示。

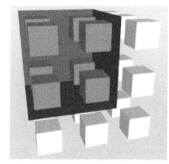 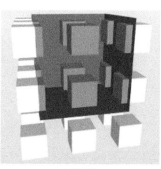 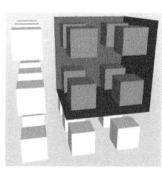

(a)包围盒位置一 　　　　　　　　　 (b)包围盒位置二 　　　　　　　　　 (c)包围盒位置三

图 8-31 包围盒和群集对象的位置关系示意图

图 8-31 中白色三维对象组成群集对象，包围盒为规则蓝色立方体。图 8-31 中群集对象中三维对象位置保持固定，包围盒向右方移动，依次从群集对象空间中采样，计算统计包围盒中空闲空间的体积大小。由于群集三维对象空间是有限的空间，那么一定存在平行于三维坐标轴的长方体空间容纳群集三维对象，那么包围盒在最小外接长方体空间中按照不同维度、不同方向采样即可，其中包围盒的采样流程图如图 8-32 所示。

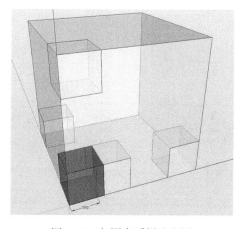

图 8-32 包围盒采样流程图

图 8-32 中大包围盒是群集对象最小外接长方体空间，蓝色立方体是起始采样的包围盒，初始状态下包围盒朝 X 轴方向平移，移动的步长 step 由用户指定，用户也能指定包围盒的基本大小，然后包围盒朝 Y 轴方向平移，依次遍历可以获得包围盒在一个高度图层上的采样点空闲空间分布状态，再朝 Z 轴方向平移，获取多个高度图层上的采样点信息，形成整个群集对象的空间密度采样点信息。以高斯变形为例，包围盒边长为 6，移动步长为 1，一个高度图层中采样点总数是 1156 个，群集对象空间中采样点总数是 39304 个，采样点信息以 XML 文件形式存储，具体格式如下：

```xml
<?xml version="1.0" encoding="utf-8" ?>
<SerializationDenisity>
<StepOperator _coordinate='(-3.0m,-3.0m,-3.0m)'
_remainVolume='174.29.'/>
<StepOperator _coordinate='(-3.0m,-3.0m,-2.0m)'
_remainVolume='167.90'/>
<StepOperator _coordinate='(-3.0m,-3.0m,-1.0m)'
_remainVolume='167.90'/>
<        >
<StepOperator _coordinate='(30.0m,30.0m,29.0m)'
_remainVolume='152.0'/>
<StepOperator _coordinate='(30.0m,30.0m,30.0m)'
_remainVolume='152.0'/>
</SerializationDenisity>
```

单个包围盒采样计算的结果存储在 StepOperator 标签中，包围盒中心点的空间坐标保存在属性_coordinate 中，包围盒空闲空间体积保存在属性_remainVolume 中，空闲空间的值是在同一包围盒同样的群集空间中计算，不存在参数的量纲不统一问题。群集对象空间中进行了连续的采样计算，每个采样点中的空闲空间表示当前位置的空间密度大小，将空间密度采样点信息格式化后导入到 ArcScene 软件环境中并制图配色，效果图如图 8-33 所示。

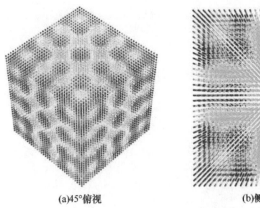
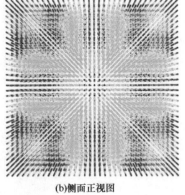

(a)45°俯视　　　　　　　　　　(b)侧面正视图

图 8-33　ArcScene 中采样点空间密度图

图 8-33（a）中群集对象空间的采样点近似构成了一个"魔方"，是由于采样点密集而且实验过程中焦点对象处于群集对象的中心，图 8-33（b）中是三维采样点在俯视视角的显示效果。上图中红色越深表示空闲空间范围越小，相应的颜色偏绿的采样点表示空闲空间范围较大，从图 8-33（a）中可以看出采样点在三个不同侧面的展示效果相接近，整体上红绿镶嵌组成井字型的构图，其中一个侧面的详细内容反映在图 8-33（b）中。图 8-33（b）中由于焦点对象自身占据一定的空间范围，因此在中心处空闲空间的范围在图中不够明显，而焦点对象周围由绿色采样点包围，表示焦点处附近的空闲空间富足，图 8-33（b）中四周整体偏红，表示边缘背景对象处空闲空间较小，区域上整体压缩导致边缘信息密度较大，而焦点对象垂直方向上形成井字型通透，空闲空间较大，让用户的视线容易到达焦点对象。

图 8-33 是从整体上查看群集对象空间中采样点信息的大致情况，空间中采样点分布密集且同一深度、维度上采样点的信息不一致，难以从细节方面探索采样点信息的分布规律。本章提取在焦点对象处高度的采样点，并使用样条插值函数进行空间密度的反演，样条插值函数能够最小化采样点整体表面曲率的数学函数，使得平面采样点数据整体平滑过渡，计算群集空间中未知位置点的空间密度。采样点数据和样条插值后显示图如图 8-34 所示。

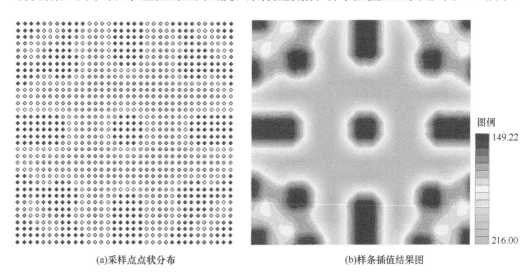

图例

149.22

216.00

（a）采样点点状分布　　　　　　　　　（b）样条插值结果图

图 8-34　高斯变形焦点对象高度采样点

图 8-34（a）可以看出平面采样点以规则网格分布，且相邻采样点之间保持相同的步长，图 8-34（b）是样条插值函数运算后的结果图，图中绿色表示采样点空闲空间范围大，密度较小，而红色表示空闲空间范围小，密度较大；焦点对象处高度的空间密度反演与整体群集对象采样点分布状态类似，图中中心位置由于焦点对象自身占据一定的空间范围，导致密度偏高，而其周围采样点的空闲空间富足，表示焦点对象周围密度较小，符合实际变形可视化后的三维对象的空间分布，反演的渲染图在中心位置处对称，同时验证变形函数的正确性。本书同样选择正交变形后的群集对象进行空间密度采样和反演实验，以同样大小的包围盒和移动步长进行采样，群集空间采样结束后筛选焦点对象高度处的采样点信息，其中采样点数据和样条插值后显示如图 8-35 所示。

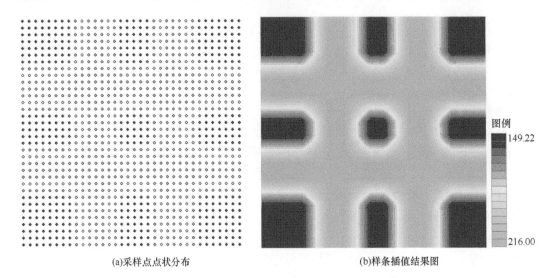

(a)采样点点状分布   (b)样条插值结果图

图例
149.22

216.00

图 8-35　正交变形焦点对象高度采样点

从图 8-35 中可知，正交变形后群集对象空间在四周边缘的空间密度很高，焦点对象水平和垂直方向上与群集外部空间连接区域空间密度也很高，群集三维对象更加集中，焦点对象位置的空间密度与高斯变形一致，但是在正交变形中焦点对象四周形成外部空间的通透，图中焦点对象附件空间形成规范的井字形图案，绿色通道上空间密度小，用户的视线更容易到达焦点对象，可视性更好。

8.4.3　应用实例展示

现实生活中有许多群集三维对象的实例，例如，小区中密集的住宅楼房，其中每个房屋单元分属不同的产权体，产权体在空间中占据一定的三维空间，以相互邻接的方式构建了整体的房屋楼栋；街道边高耸入云的摩天大楼，摩天大楼中每一楼层代表不同的功能中心，楼层中不同区域按照功能划分为不同的几何空间和权属责任人，众多的楼层区域组成城市的商业中心、娱乐中心等，城市地铁建设中地上、地表和地下空间分层利用，综合开发的概念符合现代城市发展的潮流，也面临着产权空间的密集和可视化需求。群集三维对象中用户难以观察到群集空间内部的对象，往往存在实体三维对象在视线路径上的遮挡，常规的可视化方法难以同时保证焦点对象的可视和背景对象的上下文信息，因此本书提出了变形可视化方法，介绍群集对象变形可视化在不同维度上的原理表现和三维变形函数功能，以及相关的空间分析，在实验过程中是以规则的正方形和立方体作为基本数据来源，利于阐述变形前后群集中三维对象的空间分布状态变化和空间拓扑关系的维持情况，但现实生活中三维对象的结构更加复杂，群集对象中邻接关系更加多样，而且三维对象之间并不是完整的正交关系，为表明变形可视化方法的普适性和实用性，本书以群集三维房产为例介绍变形可视化方法在实际生活中的应用，群集三维房产在生活中常见，并且产权体在三维地籍系统中也面临着可视化的需求。

群集三维房产数据的应用实例是深圳市南山区登良路公园道大厦商务公寓 A 栋，公寓平面图如图 8-36 所示。

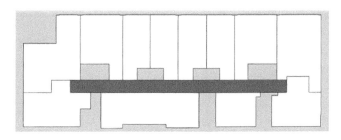

图 8-36　公寓平面图

图 8-36 中蓝色平面表示大厦的走廊范围，白色平面表示大厦的公寓房间，公寓房间和走廊范围均属于不同产权空间或使用权，分属不同的产权体界限，其中公园道大厦的群集空间示意图如图 8-37 所示。

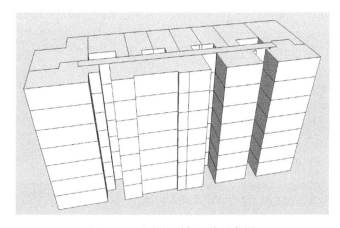

图 8-37　公寓的群集三维对象图

在群集三维空间中公寓房间代表的产权体相互邻接，自然而然造成视线上的相互阻挡，当用户从外部空间观察时，难以查看内部公寓房间和走廊空间的几何结构和细节特征。当使用旋转和漫游等三维查看工具时，难以直接定位到感兴趣的单元，而且焦点和背景信息难以同时维持。应用实例中以中心走廊范围为焦点对象，按照 8.3.2 节中介绍的变形可视化方法，分别进行变形可视化变换，变形后的群集对象如图 8-38 所示。

如图 8-38 所示，蓝色走廊范围为焦点对象，整体变形中使用线段的连接表示产权体原本的拓扑关系，因为背景对象中存在较大幅度的缩小，产权体的形态和大小受到损害，线段的连接能够辅助用户认识群集产权体之间的相互关系，整体变形中用户从多数角度均能完整观察焦点对象的特征，群集的正交性和邻接性维护得较差；高斯变形中背景对象有组织地围绕在焦点位置处附近，群集对象空间上在焦点对象附近形成大容量的空闲面积，产权体的邻接性整体上维持得较好；临近正交变形中焦点对象在垂直高度形成上下的空闲空间，将背景对象与焦点对象隔断，并保持良好的正交关系，焦点对象同一高度的背景对象围绕在其附近，形成较好的邻接关系；正交变形与临近正交变形方法存在相似点，均在垂直高度形成隔断的空闲空间，而正交变形在每一个维度上均形

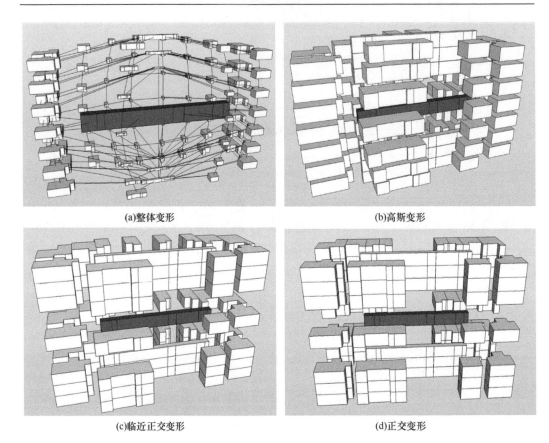

(a)整体变形　　　　　　　　　　　　　　　　(b)高斯变形

(c)临近正交变形　　　　　　　　　　　　　　(d)正交变形

图 8-38　群集三维房产的变形可视化示例

成隔断的空闲空间，群集对象整体的正交性维持得更好，且方便视线观察，不容易产生视线遮挡。

　　应用实例的变形可视化分析结果与在二维环境中的变换相一致，表明变形函数在二维平面和三维空间中对群集对象拓扑关系维持上发挥着各自的特点，虽然从二维平面过渡到三维空间，变形函数依旧保留维持邻接性和正交性的能力。统计分析变形可视化后群集对象中焦点对象的可视性，每一次变形函数的视线可达性研究中选取 100 个随机均匀分布的视线立于群集对象空间的包围球上，统计视点的可视边点总数和视点的可视边点平均值，结果如表 8-5 所示。

表 8-5　公寓群集三维对象的可视性

指标	可视边点总数	可视边点平均值
整体变形	668	6.68
高斯变形	127	1.27
临近正交变形	331	3.31
正交变形	439	4.39

　　焦点对象的几何空间为长方体，边点总数为 8 个。从上表可知整体变形中焦点对象的可视边点平均值最高，视线可达性效果最好；高斯变形中由于背景对象的紧密围绕容

易造成直观的视觉遮挡，可视性较差；临近正交变形和正交变形中存在上下垂直隔断的空闲空间，临近正交变形在焦点水平面上保持着良好的临近性，正交变形中以焦点对象为中心，形成三个坐标轴方向上隔断的空闲空间，与外部空间形成绿色通道，是视线可达的重要保证。

　　研究高斯变形和正交变形后群集对象空间的空间密度的分布状况，以相同包围盒大小和相同步长对群集空间进行采样，并选取焦点对象平面的采样点进行样条函数插值，插值结果按照一致的图例和配色进行制图，如图 8-39 所示。

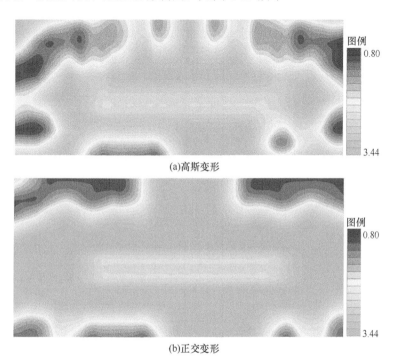

图 8-39　群集三维房产中焦点对象平面的空间密度分布图

　　如图 8-39 所示，插值结果图的中心位置处是焦点对象，以长方形的形式展现，群集空间中焦点对象占据一定的空间范围，空闲空间计算时要除去焦点对象自身，因此空间密度表达上不如周围空间疏通，群集对象空间边缘的背景对象由于空闲空间压缩，分布密集，导致结果图的四周空间密度较大；正交变形中焦点对象平面的空间密度比高斯变形要小，而且形成平面上水平和垂直方向上的通透，高斯变形中背景对象围绕在焦点对象附近，较高密度的背景对象导致视线不容易到达焦点对象，形成视线遮挡。

8.4.4　变形可视化原型系统介绍

　　本节介绍了变形可视化的原理分析，变形函数的设计思路、公式和其在邻接性和正交性维持上的功能作用，研究变形后群集对象空间中焦点对象的可视性，采样和反演群集对象空间密度，并运用现实生活中群集产权体进行变形可视化表达和分析，上述理论和实验流程均是变形可视化原型系统中的一部分，原型系统在设计之初是为了方便论文实验的开展、分析和三维对象的可视化需求，系统的功能设计补充了城市三维地籍中对产权体的可视化，提供一种新型的解决方案，原型系统的运行环境是 Sketchup 软件环境，通过脚本语言设计自定义插件的功能和界面，其中主要功能模块可以划分为群集三维对象构建、群集对象变形可视化和群集对象可视化等。

1. 群集三维对象构建

群集三维对象构建是以群集对象的平面数据为数据源，用户指定三维对象的垂直高度和群集对象层数，自动构建群集三维对象，并将三维对象之间的邻接关系存储到自身的属性表中，形成邻接关系的快速检索，拓扑关系存储对变形后用线段连接三维对象，辅助用户认知原本的群集对象关系有很大作用，其中群集对象构建的流程如下：

（1）在三维空间中选择群集对象的平面数据，输入三维对象的垂直高度 height 和群集对象层数 number。

（2）平面数据根据垂直高度 height 进行拉伸，生成三维对象；迭代复制 number 次产权体几何空间，并向上垂直平移 height 距离，形成垂直叠加的群集对象。

（3）群集三维对象进行唯一标识符设定，本书中根据三维对象中心点坐标的相对位置，生成多个坐标维度的索引标识唯一信息，同时采用三元组的形式记录房屋单元与其他房屋单元的邻接信息：

Object1：<index1，Object2_id，index2>

其中 Object1 为当前的房屋单元，index1 为当前房屋单元中相邻面的索引，Object2_id 为邻接房屋单元的标识符，index2 为邻接房屋单元中相邻面的索引。

群集三维对象构建的前后示意图如图 8-40 所示。

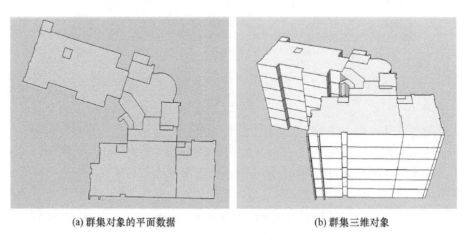

(a) 群集对象的平面数据　　　　　　　　　　(b) 群集三维对象

图 8-40　群集三维对象构建

2. 群集对象变形可视化

群集对象变形变换则是通过对三维对象的平移和缩放过程以达到突显焦点对象的过程。在群集对象中，用户感兴趣的对象为焦点对象，焦点对象可以有多个，其余的三维对象则是背景对象。一般而言，群集对象空间中经常会存在对焦点对象的视线遮挡问题,用户难以观察;群集变形可视化则是通过三维变形函数,对焦点对象和背景对象执行不同的仿射变换,依据背景对象与焦点对象之间的相对关系,而且在变形变换的过程中保证一定的正交性和邻接性,尽量维持群集对象原有的空间分布特征。在本变形可视化原型系统中,涵盖了整体变形、高斯变形、临近正交变形和正交变形函数,本书 8.3.2 节详细介绍了变形函数的变换公式和详细特征,在此不做过多描述。另外在变形变换过程中,用户可以选择 X、Y、Z 轴是否作用。例如,选择 Y、Z 轴方向的作用,X 轴方向不作用,则只有 Y 和 Z 轴方向的仿射变换,X 轴方向的相对位置保持不变。另外可以输入变形变换的参数来控制变形变换的幅度范围。其中群集对象变形可视化的流程如下:

(1)三维空间中存在构建成功的群集三维对象,用户选择 X、Y、Z 轴是否作用、变形函数类别和变形变换的幅度范围。

(2)用户在群集空间中确定感兴趣的对象,原型系统根据变形函数的设计公式,计算每一个三维对象的平移向量和缩放值。

(3)群集对象中三维对象重新定位和分布,根据三维对象的属性表中存储的邻接关系,查找到"邻接"三维对象,索引到相应的邻接面信息,重绘线段来连接起"相邻"面,表示三维对象间原本的邻接关系。

群集三维对象变形前后可视化示意图如图 8-41 所示。

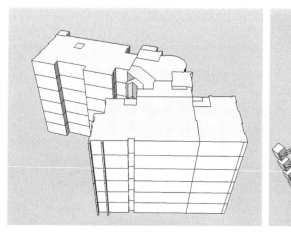

(a)变形前群集对象　　　　　　　　(b)高斯变形后群集对象,红色为焦点对象

图 8-41　群集三维对象变形前后可视化示意图

3. 群集对象可视化

群集对象可视化中根据用户分别输入焦点对象和背景对象的颜色值与透明度,原型系统对焦点对象和背景对象整体进行渲染,从视觉上进一步突显焦点和背景之间的差异。

群集对象拓扑关系是一种内置的隐含关系,特别是原本相互邻接的三维对象变形变换后形成离散化的状态,拓扑关系主要用于辅助用户认识变形后群集对象中三维对象的空间关系,通常是用线段的绘制表达原本的邻接关系,或者是将相邻面渲染为相同的颜色进行隐晦表达。如图 8-42 所示。

图 8-42　透明度和颜色渲染群集对象

图 8-42 为高斯变形后的群集对象，红色表示焦点对象，蓝色表示背景对象，其中焦点对象为实心，而背景对象存在一定程度的透明，图中用线段的连接表示群集对象原本的拓扑关系。

为方便用户识别和了解三维对象的几何特征，对三维对象整体和局部的范围大小有直观的认识，原型系统实现三维对象包围盒边长标定和三维对象边长的标定，三维对象的包围盒是平行于三维坐标轴的最小外接长方体，而三维对象边长则是几何要素中所有的线段。标点结果示意图如图 8-43 所示。

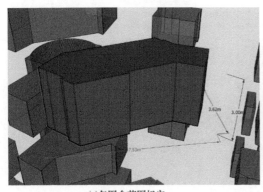

(a)包围盒范围标定　　　　　　　　　　　(b)三维对象的边长标定

图 8-43　三维对象范围标定

如图 8-43 所示，包围盒范围长度标定由三个相互垂直的线段长度标识信息组成，而三维对象边长标定是由平行于边长的线段长度标识信息表达的，从中可以知道每条边长的长度值。

参 考 文 献

陈蕾英. 2013. 面向用户关注度的地图增强显示. 杭州: 浙江大学硕士学位论文.

Furnas G W. 1986. Generalized fisheye views. Acm Sigchi Bulletin, 17(4): 16-23.

Leung Y K, Apperley M D. 1994. A review and taxonomy of distortion-oriented presentation techniques. ACM Transactions on Computer-Human Interaction(TOCHI), 1(2): 126-160.

Mackinlay J D, Robertson G G, Card S K. 1991. The perspective wall: Detail and context smoothly integrated. Proceedings of the SIGCHI conference on Human factors in computing systems.

Milgram P, Kishino F. 1994. A taxonomy of mixed reality visual displays. IEICE Transactions on Information and Systems, 77(12): 1321-1329.

Sarkar M, Brown M H. 1992. Graphical fisheye views of graphs. Proceedings of the SIGCHI Conference on Human Factors in Computing Systems: 83-91.

Spence R. 2001. Information Visualization. New York: Addison-Wesley.